华章科技
HZBOOKS | Science & Technology

神策数据系列丛书

Android AutoTrack Solution

Android 全埋点解决方案

王灼洲 著

机械工业出版社
China Machine Press

图书在版编目（CIP）数据

Android 全埋点解决方案/王灼洲著. —北京：机械工业出版社，2019.3

ISBN 978-7-111-62149-2

I. A… II. 王… III. 移动终端 - 应用程序 - 程序设计 IV. TN929.53

中国版本图书馆 CIP 数据核字（2019）第 038462 号

Android 全埋点解决方案

出版发行：机械工业出版社（北京市西城区百万庄大街 22 号 邮政编码：100037）

责任编辑：张锡鹏　　　　　　　　　　　　　责任校对：李秋荣

印　　刷：北京诚信伟业印刷有限公司　　　版　　次：2019 年 3 月第 1 版第 1 次印刷

开　　本：186mm×240mm　1/16　　　　　印　　张：20.5

书　　号：ISBN 978-7-111-62149-2　　　　定　　价：89.00 元

凡购本书，如有缺页、倒页、脱页，由本社发行部调换

客服热线：（010）88379426　88361066　　投稿热线：（010）88379604

购书热线：（010）68326294　　　　　　　　读者信箱：hzit@hzbook.com

到目前为止，中国的信息化建设大致经历了两个阶段。2015 年之前，IT 系统的引入主要是为了提升业务运营的效率，形成一套人与 IT 组件构成的业务系统，在纯线上产品中，只有 IT 组件构成的业务系统。在 IT 化的过程中，产生了数据这一副产品，通过数据可以进行一些基础的统计和分析工作。2015 年之后，大数据的概念深入人心，大数据的场景逐步落地，之前的数据生成思路需要进行革新，不能只把数据当成副产品来看待，而是要考虑面向数据流的思路，IT 系统只是数据生成的载体。

这就要求我们在 IT 系统建设时，不能只是为了完成业务功能，还要考虑如何进行有效的数据采集，对工程师的技能要求发生了变化，不仅要会写代码实现功能，还要建立数据思维。

我 2007 年加入百度，2015 年离开，这八年的时间我主要做了一件事情，就是从零构建百度的用户行为数据平台，这其中走了不少弯路，也实现了不少价值。最深刻的一点体会就是：数据这件事情要做好，最重要的是数据源。只要数据源头解决好了，后面的分析处理都比较好办。那怎么才叫把数据源解决好呢？我也总结了四个字：大、全、细、时。大是指宏观上，当然也有物理层面的含义；全就是指要把多种数据源都采集下来，是全量而非抽样；细强调多维度，维度越多，越能精细化分析；时就是时效性，数据采集和查询分析都需要尽可能地实时。

为了实现对数据的采集，可以有三种方式：代码埋点、工具导入和全埋点。这三种方式都是手段，并且各有优缺点，选择时需要完全基于实际的业务需求和现状来设计，而不能一味地追求某一种方式，如果把全埋点当成必杀技，那就大错特错了。

灼洲作为神策数据的 iOS 和 Android SDK 开发负责人，这两年多来对相关的技术进行了深入的研究和大量实践。特别是得益于 Android 系统的开放性，使数据的自动收集更为容易。由于自动收集的本质是对所有操作进行拦截，相比于代码埋点只是采集的一部分必要操作，显然利用自动收集的方式收集的操作类型更全面，因此我们将它命名为全埋点，而不是无埋点。

当然，虽然这种方式是自动化的，但有一些精细化的维度，以及后端的数据，无法用这种方式来实现。但如果想要及时地看到一些产品的宏观指标，又不想要工程师做太多的配合，这是一种很好的方式。

神策数据志在推动国内企业数据化的建设进程。因此，我们将探索和实践的成果全部贡献出来，供各位开发者学习，期待更多的人能够认识到数据的重要性，以及学会数据采集的具体方法。

桑文锋

神策数据创始人 &CEO

为什么要写这本书?

转眼间，我从事 Android 研发工作已经有 9 个年头，作为国内第一批 Android 研发工作者，我见证了 Android 的发展历程，也开发和维护着国内第一个商用的开源 Android & iOS 数据埋点 SDK。

我目前就职于神策数据，担任神策数据合肥研发中心负责人。神策数据是一家以重构中国互联网数据根基为使命的公司，十分重视基础数据的采集与建模。随着大数据行业的快速发展，数据采集也变得越来越重要，数据基础夯实与否，取决于数据的采集方式。埋点方式多种多样，按照埋点位置不同，可以分为前端（客户端）埋点与后端（服务器端）埋点。其中全埋点（无埋点）是目前较为流行的前端埋点方式之一。

在服务数百家客户的过程中，我逐渐萌生出写此书的想法，原因有三：

第一，国内企业对全埋点技术需求迫切，但是图书市场仍处空白。

全埋点技术炙手可热，全埋点采用"全部采集，按需选取"的形式，对页面中所有交互元素的用户行为进行采集，通过界面配置来决定哪些数据需要进行分析，也被誉为"最全、最便捷、界面友好、技术门槛低"的数据采集方式。

第二，市面上存在对全埋点概念过度包装的情况，希望本书能够揭开全埋点的神秘面纱。

数据埋点技术在互联网（尤其是移动端）上使用非常普遍，一些数据分析服务厂商将全埋点概念经过包装后，作为核心技术来卖，给人神秘无比的感觉。

第三，给企业带来价值，推动开发者参与大数据行业的生态建设。

神策数据的采集技术一直在不断革新，神策 SDK 组件统称为 OpenSasdk，包括 C SDK、C++ SDK、CSharp SDK、Java SDK、Python SDK、PHP SDK、Ruby SDK、Golang SDK、Node SDK、APICloud SDK、Android SDK、iOS SDK 等，神策数据愿意将一些成熟的技术与国内外开发者交流与分享，并已于 2019 年 1 月正式成立供 IT 开发者的分享、使用与交流技术的开源社区——Sensors Data 开源社区，一方面能够更好地服务客户，推动企业的数字化转型；一方面借此造福同行，推动开发者参与数据行业生态建设。

我希望通过此书全面公开 Android 全埋点技术，从 0 到 1 进行详细介绍，尤其是控件点击事件全埋点采集的 8 种方法，并都提供了完整的项目源码。

读者对象

本书适用于初级、中级、高级水平的 Android 开发工程师、技术经理、技术总监等。

如何阅读这本书

本书系统讲解了 Android 全埋点的解决方案，特别是控件点击事件的全埋点采集，总结并归纳了如下 8 种解决方案，并且都提供了完整的项目源码。

$AppStart、$AppEnd 全埋点方案

❑ $AppClick 全埋点方案 1：代理 View.OnClickListener
❑ $AppClick 全埋点方案 2：代理 Window.Callback
❑ $AppClick 全埋点方案 3：代理 View.AccessibilityDelegate
❑ $AppClick 全埋点方案 4：透明层
❑ $AppClick 全埋点方案 5：AspectJ
❑ $AppClick 全埋点方案 6：ASM
❑ $AppClick 全埋点方案 7：Javassist
❑ $AppClick 全埋点方案 8：AST

勘误和支持

由于作者的水平有限，编写时间仓促，以及技术不断地更新和迭代，书中难免会出现一些错误或者不准确的地方，恳请读者批评指正。为此，特意创建了一个网站：http://book.blendercn.org，读者可以将书中的错误发布在 Bug 勘误表页面中。同时，如果你遇到任何问题，也可以访问 Q&A 页面，我将尽量在线上为读者提供满意的解答。书中的全部源文件可以从上面这个网站下载，我会将相应的功能更新及时发布出来。如果你有更多的宝贵意见，也欢迎发送邮件至邮箱 congcong009@gmail.com，期待能够得到你们的真挚反馈。

致谢

感谢神策数据创始人团队桑文锋、曹犟、付力力、刘耀洲在工作中的指导和帮助。

感谢机械工业出版社华章公司的编辑杨福川老师，在这半年多的时间中始终支持我的写作，你的鼓励和帮助引导我能顺利完成全部书稿。

谨以此书献给大数据行业的关注者和建设者！

Contents 目 录

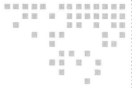

第 1 章 *Chapter 1*

全埋点概述

全埋点，也叫无埋点、无码埋点、无痕埋点、自动埋点。全埋点是指无须 Android 应用程序开发工程师写代码或者只写少量的代码，就能预先自动收集用户的所有行为数据，然后就可以根据实际的业务分析需求从中筛选出所需行为数据并进行分析。

全埋点采集的事件目前主要包括以下四种（事件名称前面的 $ 符号，是指该事件是预置事件，与之对应的是自定义事件）。

❑ $AppStart 事件

是指应用程序启动，同时包括冷启动和热启动场景。热启动也就是指应用程序从后台恢复的情况。

❑ $AppEnd 事件

是指应用程序退出，包括应用程序的正常退出、按 Home 键进入后台、应用程序被强杀、应用程序崩溃等场景。

❑ $AppViewScreen 事件

是指应用程序页面浏览，对于 Android 应用程序来说，就是指切换 Activity 或 Fragment。

❑ $AppClick 事件

是指应用程序控件点击，也即 View 被点击，比如点击 Button、ListView 等。

在采集的这四种事件当中，最重要并且采集难度最大的是 $AppClick 事件。所以，全埋点的解决方案基本上也都是围绕着如何采集 $AppClick 事件来进行的。

对于 $AppClick 事件的全埋点整体解决思路，归根结底，就是要自动找到那个被点击的控件处理逻辑（后文统称原处理逻辑），然后再利用一定的技术原理，对原处理逻辑进行"拦截"，或者在原处理逻辑的执行前面或执行者后面"插入"相应的埋点代码逻辑，从而达到自动埋点的效果。

至于如何做到自动"拦截"控件的原处理逻辑，一般都是参考 Android 系统的事件处理机制来进行的。关于 Android 系统的事件处理机制，本书由于篇幅有限，不再详述。

至于如何做到自动"插入"埋点代码逻辑，基本上都是参考编译器对 Java 代码的整体处理流程来进行的，即：

```
JavaCode --> .java --> .class --> .dex
```

选择在不同的处理阶段"插入"埋点代码，所采用的技术或者原理也不尽相同，所以全埋点的解决方案也是多种多样的。

面对这么多的全埋点方案，我们究竟该如何做选择呢？

在选择全埋点的解决方案时，我们需要从效率、兼容性、扩展性等方面进行综合考虑。

❑ **效率**

全埋点的基本原理，如上所述，其实就是利用某些技术对某些方法（控件被点击时的处理逻辑）进行拦截（或者叫代理）或者"插入"相关埋点代码。比如按钮 Button，如果要给它设置点击处理逻辑，需要设置 android.view.View.OnClickListener，并重写它的 onClick(android.view.View) 方法。如果要实现 $AppClick 事件的全埋点，我们就可以"拦截" onClick(android.view.View) 方法，或者在 onClick(android.view.View) 方法的前面或者后面"插入"相应的埋点逻辑代码。按照"在什么时候去代理或者插入代码"这个条件来区分的话，$AppClick 事件的全埋点技术可以大致分为如下两种方式。

❑ **静态代理**

所谓静态代理，就是指通过 Gradle Plugin 在应用程序编译期间"插入"代码或者修改代码（.class 文件）。比如 AspectJ、ASM、Javassist、AST 等方案均属于这种方式。这几种方案，我们在后面会一一进行介绍。

这几种方式处理的时机可以参考图 1-1。

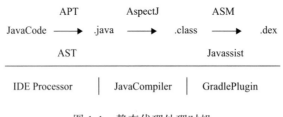

图 1-1　静态代理处理时机

❑ **动态代理**

所谓动态代理，就是指在代码运行的时候（Runtime）去进行代理。比如我们比较常见的代理 View.OnClickListener、Window.Callback、View.AccessibilityDelegate 等方案均属于这种方式。这几种方案，我们也会在后面一一进行介绍。

不同的方案，其处理能力和运行效率各不相同，同时对应用程序的侵入程度以及对应用程序的整体性能的影响也各不相同。从总体上来说，静态代理明显优于动态代理，这是因为静态代理的"动作"是在应用程序的编译阶段处理的，不会对应用程序的整体性能有太大的影响，而动态代理的"动作"是在应用程序运行阶段发生的（也即 Runtime），所以会对应用程序的整体性能有一定的影响。

❑ **兼容性**

随着 Android 生态系统的快速发展，不管是 Android 系统本身，还是与 Android 应用程序开发相关的组件和技术，都在飞速发展和快速迭代，从而也给我们研发全埋点方案带来一定的难度。比如不同的 Android 应用程序可以有不同的开发语言（Java、Kotlin）、不同的 Java 版本（Java7、Java8）、不同的开发 IDE（eclipse、Android Studio），更有不同的开发方式（原生开发、H5、混合开发），使用不同的第三方开发框架（React Native、APICloud、Weex）、不同的 Gradle 版本，以及 Lambda、D8、Instant Run、DataBinding、Fragment 等新技术的出现，都会给全埋点带来很多兼容性方面的问题。

❑ **扩展性**

随着业务的快速发展和对数据分析需求的不断提高，对使用全埋点进行数据采集，也提出了更高的要求。一方面要求可以全部自动采集（采集的范围），同时又要求能有更精细化的采集控制粒度（采集可以自定义）。比如，如何给某个控件添加自定义属性？如果不想采集某个控件的点击事件应该如何控制？如果不想采集某种控件类型（ImageView）的点击事件又该如何处理？如果某个页面（Activity）上所有控件的点击事件都不想采集又该如何处理等。

任何一种全埋点的技术方案，都有优点和缺点，没有一种普适的完美解决方案。我们只需要针对不同的应用场景，选择最合适的数据采集方案即可。能满足实际数据采集需求的方案，才是最优的方案。

1.1　Android View 类型

在 Android 系统中，控件（View）的类型非常丰富。分类方式也是多种多样的。我们根据控件设置的监听器（listener）的不同，可以大致将控件分为如下几类。

❑ **Button、CheckedTextView、TextView、ImageButton、ImageView 等**

为这些控件设置的 listener 均是 android.view.View.OnClickListener。

下面以 Button 为例：

```
Button button = findViewById(R.id.button);
button.setOnClickListener(new View.OnClickListener() {
    @Override
    public void onClick(View view) {
        //do something
    }
});
```

❑ SeekBar

SeekBar 设置的 listener 是 android.widget.SeekBar.OnSeekBarChangeListener，如：

```
SeekBar seekBar = findViewById(R.id.seekBar);
seekBar.setOnSeekBarChangeListener(new SeekBar.OnSeekBarChangeListener() {
    @Override
    public void onProgressChanged(SeekBar seekBar, int i, boolean b) {
        // do something
    }

    @Override
    public void onStartTrackingTouch(SeekBar seekBar) {
        // do something
    }

    @Override
    public void onStopTrackingTouch(SeekBar seekBar) {
        // do something
    }
});
```

❑ TabHost

TabHost 设置的 listener 是 android.widget.TabHost.OnTabChangeListener，如：

```
TabHost tabHost = findViewById(R.id.tabhost);
tabHost.setOnTabChangedListener(new TabHost.OnTabChangeListener() {
    @Override
    public void onTabChanged(String tabName) {
        //do something
    }
});
```

❑ RatingBar

RatingBar 设置的 listerner 是 android.widget.RatingBar.OnRatingBarChangeListener，如：

```
RatingBar ratingBar = findViewById(R.id.ratingBar);
ratingBar.setOnRatingBarChangeListener(newRatingBar.OnRatingBarChangeListener() {
    @Override
    public void onRatingChanged(RatingBar ratingBar, float rating, boolean fromUser) {
        //do something
    }
});
```

❑ CheckBox、SwitchCompat、RadioButton、ToggleButton、RadioGroup 等

这些 View 属于同一种类型，它们都是属于带有"状态"的按钮，它们设置的 listener 均是 CompoundButton.OnCheckedChangeListener。

下面以 CheckBox 为例：

```
CheckBox checkBox = findViewById(R.id.checkbox);
```

```
checkBox.setOnCheckedChangeListener(newCompoundButton.OnCheckedChangeListener(){
    @Override
    public void onCheckedChanged(CompoundButton compoundButton, boolean isChecked) {
        //do something
    }
});
```

❑ Spinner

Spinner 设置的 listener 是 android.widget.AdapterView.OnItemSelectedListener，如：

```
Spinner spinner = findViewById(R.id.spinner);
spinner.setOnItemSelectedListener(new AdapterView.OnItemSelectedListener() {
    @Override
    public void onItemSelected(AdapterView<?> parent, View view, int position, long id) {
        //do something
    }

    @Override
    public void onNothingSelected(AdapterView<?> parent) {
    }
});
```

❑ MenuItem

主要是通过重写 Activity 的相关方法（onOptionsItemSelected、onContextItemSelected）来设置 listener，如：

```
//选项菜单
@Override
public boolean onOptionsItemSelected(android.view.MenuItem) {
    //do something
}

//上下文菜单
@Override
public boolean onContextItemSelected(android.view.MenuItem) {
    //do something
}
```

❑ ListView、GridView

ListView 和 GridView 都是 AdapterView 的子类，显示的内容都是一个"集合"。它们设置的 listener 均是 android.widget.AdapterView.OnItemClickListener，如：

```
ListView listView = findViewById(R.id.listView);
listView.setOnItemClickListener(new AdapterView.OnItemClickListener(){
    @Override
    public void onItemClick(AdapterView<?> parent, View view, int position, long id) {
        //do something
    }
});
```

❑ ExpandableListView

ExpandableListView 也是 AdapterView 的子类，同时也是 ListView 的子类。它的点击分为 ChildClick 和 GroupClick 两种情况，所以，它设置的 listener 也是分为两种情况，即：android.widget.ExpandableListView.OnChildClickListener 和 android.widget.ExpandableList-View.OnGroupClickListener，如：

```
ExpandableListView listview = findViewById(R.id.expandablelistview);
//ChildClick
listview.setOnChildClickListener(new ExpandableListView.OnChildClickListener() {
    @Override
    public boolean onChildClick(ExpandableListView expandableListView,
                     View view, int groupPosition, int childPosition, long id) {
        //do something
        return true;
    }
});

//GroupClick
listview.setOnGroupClickListener(new ExpandableListView.OnGroupClickListener() {
    @Override
    public boolean onGroupClick(ExpandableListView expandableListView,
                   View view, int childPosition, long id) {
        //do something
        return true;
    }
});
```

❑ Dialog

Dialog 设置的 listener 分为两种情况。对于常见的普通 Dialog，设置的 listener 是 android.content.DialogInterface.OnClickListener，如：

```
AlertDialog.Builder builder = new AlertDialog.Builder(context);
builder.setPositiveButton("确定", new DialogInterface.OnClickListener() {
    @Override
    public void onClick(DialogInterface dialog, int which) {
        //do something
    }
});
```

还有一种是显示列表的 Dialog，它设置的 listener 是 android.content.DialogInterface.OnMultiChoiceClickListener，如：

```
AlertDialog.Builder builder = new AlertDialog.Builder(context);
DialogInterface.OnMultiChoiceClickListener mutiListener =
                   new DialogInterface.OnMultiChoiceClickListener() {

    @Override
    public void onClick(DialogInterface dialogInterface, int which, boolean isChecked) {
```

```
        //do something
    }
};
```

1.2 View 绑定 listener 方式

随着 Android 相关技术的不断更新迭代，给 View 绑定 listener 的方式也是多种多样的。下面以 Button 为例来介绍日常开发中比较常见的几种绑定 listener 的方式。

❑ 通过代码来设置 listener

```
Button button = findViewById(R.id.button);
button.setOnClickListener(new View.OnClickListener() {
    @Override
    public void onClick(View view) {
        //do something
    }
});
```

这种方式是目前开发中最常用的方式，也是我们全埋点方案需要重点解决和重点支持的方式。

❑ 通过 android:onClick 属性绑定 listener

先在布局文件中声明 Button 的 android:onClick 属性，如：

```
<android.support.v7.widget.AppCompatButton
    android:id="@+id/xmlOnClick"
    android:layout_width="match_parent"
    android:layout_height="wrap_content"
    android:onClick="xmlOnClick"
    android:text="android:onClick 绑定OnClickListener"/>
```

我们设置 android:onClick 的属性值为"xmlOnClick"，此时的"xmlOnClick"代表点击处理逻辑对应的方法名。然后在对应的 Activity 文件中声明 android:onClick 属性指定的方法 xmlOnClick：

```
public void xmlOnClick(View view) {
    //do something
}
```

注意：该方法必须有且仅有一个 View 类型的参数。

这种方式在一些新的项目中不是很常见，在一些比较老的 Android 项目中可能会有这样大量的使用方式。

❑ 通过注解绑定 listener

目前有很多第三方的库都提供了类似的功能，下面以 ButterKnife 为例：

```
@OnClick({R2.id.butterknife})
```

```
public void butterKnifeButtonOnClick(View view) {
    //do something
}
```

首先定义一个方法，并且该方法有且仅有一个 View 类型的参数，然后在该方法上使用 ButterKnife 的 @OnClick 注解声明，其中的参数代表控件的 android:id。

这种方式，也是目前比较流行的其中一种使用方式。

关于 ButterKnife 更详细用法可以参考其官网：https://github.com/JakeWharton/butterknife。

❑ listener 含有 Lambda 语法

Lambda 是 Java8 开始支持的，如：

```
AppCompatButton button = findViewById(R.id.lamdbaButton);
button.setOnClickListener(view ->Log.i("MainActivity", "Lambda OnClick"));
```

这种方式，也是目前比较流行的一种使用方式。

事实上，这根本就不算一种绑定 listener 的方式，只是绑定的 listener 中含有 Lambda 语法而已。之所以在这里要提到它，是因为这种方式会对我们选择全埋点方案时产生一定的影响，比如后面将要介绍的 AspectJ 全埋点方案目前就无法支持这种带有 Lambda 语法的点击事件。

关于 Lambda 的详细信息可以参考：https://docs.oracle.com/javase/tutorial/java/javaOO/lambdaexpressions.html。

❑ 通过 DataBinding 绑定 listener

先在布局文件中声明 android:onClick 属性：

```
<?xml version="1.0" encoding="utf-8"?>
<layout xmlns:android="http://schemas.android.com/apk/res/android">
<data>
    <variable
        name="handlers"
        type="cn.sensorsdata.autotrack.android.app.MainActivity" />
</data>
<LinearLayoutxmlns:tools="http://schemas.android.com/tools"
    android:id="@+id/rootView"
    android:layout_width="match_parent"
    android:layout_height="wrap_content"
    android:orientation="vertical"
    android:padding="16dp">
        <android.support.v7.widget.AppCompatButton
            android:id="@+id/dataBinding"
            android:layout_width="match_parent"
            android:layout_height="wrap_content"
            android:onClick="@{handlers::dataBindingOnClick}"
            android:text="DataBinding 绑定 OnClickListener"
            android:textAllCaps="false" />
</LinearLayout>
</layout>
```

android:onClick 属性值为 " @{handlers::dataBindingOnClick}"，意为该按钮的点击处理逻辑为 handlers 对象的 dataBindingOnClick 方法，其中 handlers 对象是 MainActivity 的实例．

然后在对应的 Java 文件中声明 android:onClick 属性指定的方法 dataBindingOnClick：

```java
public void dataBindingOnClick(View view) {
    //do something
}
```

注意：该方法必须有且仅有一个 View 类型的参数。

这种方式，也是目前新流行的一种使用方式。

关于 DataBinding 更详细的用法请参考官网：https://developer.android.com/topic/libraries/data-binding/index.html。

由于全埋点重点解决的是控件的点击行为数据，所以了解控件都能设置哪些 listener，以及设置或者绑定 listener 的不同方式，对于我们研究或者选择全埋点的方案，都会有非常大的帮助。

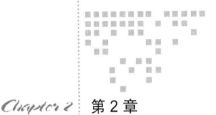

$AppViewScreen 全埋点方案

$AppViewScreen 事件，即页面浏览事件。在 Android 系统中，页面浏览其实就是指切换不同的 Activity 或 Fragment（本书暂时只讨论切换 Activity 的情况）。对于一个 Activity，它的哪个生命周期执行了，代表该页面显示出来了呢？通过对 Activity 生命周期的了解可知，其实就是 onResume(Activity activity) 的回调方法。所以，当一个 Activity 执行到 onResume(Activity activity) 生命周期时，也就代表该页面已经显示出来了，即该页面被浏览了。我们只要自动地在 onResume 里触发 $AppViewScreen 事件，即可解决 $AppViewScreen 事件的全埋点。

2.1 关键技术 Application.ActivityLifecycleCallbacks

ActivityLifecycleCallbacks 是 Application 的一个内部接口，是从 API 14（即 Android 4.0）开始提供的。Application 类通过此接口提供了一系列的回调方法，用于让开发者可以对 Activity 的所有生命周期事件进行集中处理（或称监控）。我们可以通过 Application 类提供的 registerActivityLifecycleCallback(ActivityLifecycleCallbacks callback) 方法来注册 ActivityLifecycleCallbacks 回调。

我们下面先看看 Application.ActivityLifecycleCallbacks 都提供了哪些回调方法。Application.ActivityLifecycleCallbacks 接口定义如下：

```
public interface ActivityLifecycleCallbacks {
    void onActivityCreated(Activity activity, Bundle savedInstanceState);
    void onActivityStarted(Activity activity);
    void onActivityResumed(Activity activity);
    void onActivityPaused(Activity activity);
```

```
void onActivityStopped(Activity activity);
void onActivitySaveInstanceState(Activity activity, Bundle outState);
void onActivityDestroyed(Activity activity);
}
```

以 Activity 的 onResume(Activity activity) 生命周期为例，如果我们注册了 Activity-LifecycleCallbacks 回调，Android 系统会先回调 ActivityLifecycleCallbacks 的 onActivity-Resumed(Activity activity) 方法，然后再执行 Activity 本身的 onResume 函数（请注意这个调用顺序，因为不同的生命周期的执行顺序略有差异）。通过 registerActivityLifecycleCallback 方法名中的"register"字样可以知道，一个 Application 是可以注册多个 ActivityLifecycleCallbacks 回调的，我们通过 registerActivityLifecycleCallback 方法的内部实现也可以证实这一点。

```
public void registerActivityLifecycleCallbacks(ActivityLifecycleCallbacks callback) {
    synchronized (mActivityLifecycleCallbacks) {
        mActivityLifecycleCallbacks.add(callback);
    }
}
```

内部定义了一个 list 用来保存所有已注册的 ActivityLifecycleCallbacks。

2.2　原理概述

实现 Activity 的页面浏览事件，大家首先想到的是定义一个 BaseActivity，然后让其他 Activity 继承这个 BaseActivity。这种方法理论上是可行的，但不是最优选择，有些特殊的场景是无法适应的。比如，你在应用程序里集成了一个第三方的库（比如 IM 相关的），而这个库里恰巧也包含 Activity，此时你是无法让这个第三方的库也去继承你的 BaseActivity（最起码驱使第三方服务商去做这件事的难度比较大）。所以，为了实现全埋点中的页面浏览事件，最优的方案还是基于我们上面讲的 Application.ActivityLifecycleCallbacks。

不过，使用 Application.ActivityLifecycleCallbacks 机制实现全埋点的页面浏览事件，也有一个明显的缺点，就是注册 Application.ActivityLifecycleCallbacks 回调要求 API 14+。

在应用程序自定义的 Application 类的 onCreate() 方法中初始化埋点 SDK，并传入当前的 Application 对象。埋点 SDK 拿到 Application 对象之后，通过调用 Application 的 registerActivityLifecycleCallback(ActivityLifecycleCallbacks callback) 方法注册 Application.ActivityLifecycleCallbacks 回调。这样埋点 SDK 就能对当前应用程序中所有的 Activity 的生命周期事件进行集中处理（监控）了。在注册的 Application.ActivityLifecycleCallbacks 的 onActivityResumed(Activity activity) 回调方法中，我们可以拿到当前正在显示的 Activity 对象，然后调用 SDK 的相关接口触发页面浏览事件（$AppViewScreen）即可。

2.3 案例

下面我们会详细介绍 $AppViewScreen 事件全埋点方案的实现步骤。

完整的项目源码可以参考以下网址：

https://github.com/wangzhzh/AutoTrackAppViewScreen。

第 1 步：新建一个项目（Project）

在新建的项目中，会自动包含一个主 module，即：app。

第 2 步：创建 sdk module

新建一个 Android Library module，名称叫 sdk，这个模块就是我们的埋点 SDK 模块。

第 3 步：添加依赖关系

app module 需要依赖 sdk module。可以通过修改 app/build.gradle 文件，在其 dependencies 节点中添加依赖关系：

```
apply plugin: 'com.android.application'

android {
    compileSdkVersion 28
    defaultConfig {
        applicationId "com.sensorsdata.analytics.android.app.appviewscreen"
        minSdkVersion 15
        targetSdkVersion 28
        versionCode 1
        versionName "1.0"
    }
    buildTypes {
        release {
            minifyEnabled false
            proguardFiles getDefaultProguardFile('proguard-android.txt'), 'proguard-
                rules.pro'
        }
    }
}

dependencies {
    implementation fileTree(dir: 'libs', include: ['*.jar'])
    implementation 'com.android.support:appcompat-v7:28.0.0-rc02'
    implementation 'com.android.support.constraint:constraint-layout:1.1.3'

    implementation project(':sdk')
}
```

也可以通过 Project Structure 给模块添加依赖关系，在此不再详细描述。

第 4 步：编写埋点 SDK

在 sdk module 中我们新建一个埋点 SDK 的主类，即 SensorsDataAPI.java，完整的源码参考如下：

```java
package com.sensorsdata.analytics.android.sdk;

import android.app.Application;
import android.support.annotation.Keep;
import android.support.annotation.NonNull;
import android.support.annotation.Nullable;
import android.util.Log;

import org.json.JSONObject;

import java.util.Map;

/**
 * Created by 王灼洲 on 2018/7/22
 */
@Keep
public class SensorsDataAPI {
    private final String TAG = this.getClass().getSimpleName();
    public static final String SDK_VERSION = "1.0.0";
    private static SensorsDataAPI INSTANCE;
    private static final Object mLock = new Object();
    private static Map<String, Object> mDeviceInfo;
    private String mDeviceId;

    @Keep
    @SuppressWarnings("UnusedReturnValue")
    public static SensorsDataAPI init(Application application) {
        synchronized (mLock) {
            if (null == INSTANCE) {
                INSTANCE = new SensorsDataAPI(application);
            }
            return INSTANCE;
        }
    }

    @Keep
    public static SensorsDataAPI getInstance() {
        return INSTANCE;
    }

    private SensorsDataAPI(Application application) {
        mDeviceId = SensorsDataPrivate.getAndroidID(application.getApplicationContext());
        mDeviceInfo = SensorsDataPrivate.getDeviceInfo(application.getApplicationContext());
        SensorsDataPrivate.registerActivityLifecycleCallbacks(application);
    }

    /**
     * track 事件
     * @param eventName String 事件名称
     * @param properties JSONObject 事件自定义属性
```

```
        */
    public void track(@NonNull String eventName, @Nullable JSONObject properties) {
        try {
            JSONObject jsonObject = new JSONObject();
            jsonObject.put("event", eventName);
            jsonObject.put("device_id", mDeviceId);

            JSONObject sendProperties = new JSONObject(mDeviceInfo);

            if (properties != null) {
                SensorsDataPrivate.mergeJSONObject(properties, sendProperties);
            }

            jsonObject.put("properties", sendProperties);
            jsonObject.put("time", System.currentTimeMillis());

            Log.i(TAG, SensorsDataPrivate.formatJson(jsonObject.toString()));
        } catch (Exception e) {
            e.printStackTrace();
        }
    }
}
```

目前这个主类比较简单，主要包含如下几个方法。

❑ init(Application application)

这是一个静态方法，是埋点 SDK 的初始化函数，有一个 Application 类型的参数。内部实现使用到了单例设计模式，然后调用私有构造函数初始化埋点 SDK。app module 就是调用这个方法来初始化我们的埋点 SDK。

❑ getInstance()

它也是一个静态方法，app 通过该方法可以获取埋点 SDK 的实例对象。

❑ SensorsDataAPI(Application application)

私有的构造函数，也是埋点 SDK 真正的初始化逻辑。在其方法内部通过调用 SDK 的内部私有类 SensorsDataPrivate 中的方法来注册 ActivityLifecycleCallbacks。

❑ track(@NonNull final String eventName, @Nullable JSONObject properties)

对外公开的 track 事件接口。通过调用该方法可以触发事件，第一个参数 eventName 代表事件名称，第二个参数 properties 代表事件属性。本书为了简化，触发事件仅仅通过 Log.i 打印了事件的 JSON 信息。

关于 SensorsDataPrivate 类中的 getAndroidID(Context context)、getDeviceInfo(Context context)、mergeJSONObject(final JSONObject source, JSONObject dest)、formatJson(String jsonStr) 方法实现可以参考如下源码：

```
package com.sensorsdata.analytics.android.sdk;

import android.annotation.SuppressLint;
```

```java
import android.annotation.TargetApi;
import android.app.ActionBar;
import android.app.Activity;
import android.app.Application;
import android.content.Context;
import android.content.pm.ActivityInfo;
import android.content.pm.PackageInfo;
import android.content.pm.PackageManager;
import android.os.Build;
import android.os.Bundle;
import android.provider.Settings;
import android.support.annotation.Keep;
import android.support.v7.app.AppCompatActivity;
import android.text.TextUtils;
import android.util.DisplayMetrics;

import org.json.JSONException;
import org.json.JSONObject;

import java.text.SimpleDateFormat;
import java.util.ArrayList;
import java.util.Collections;
import java.util.Date;
import java.util.HashMap;
import java.util.Iterator;
import java.util.List;
import java.util.Locale;
import java.util.Map;

/*public*/ class SensorsDataPrivate {
    private static List<Integer> mIgnoredActivities;

    static {
        mIgnoredActivities = new ArrayList<>();
    }

    private static final SimpleDateFormat mDateFormat = new SimpleDateFormat("yyyy-
        MM-dd HH:mm:ss"
        + ".SSS", Locale.CHINA);

    public static void ignoreAutoTrackActivity(Class<?> activity) {
        if (activity == null) {
            return;
        }

        mIgnoredActivities.add(activity.hashCode());
    }

    public static void removeIgnoredActivity(Class<?> activity) {
        if (activity == null) {
            return;
```

```
        }

        if (mIgnoredActivities.contains(activity.hashCode())) {
            mIgnoredActivities.remove(activity.hashCode());
        }
    }

    public static void mergeJSONObject(final JSONObject source, JSONObject dest)
            throws JSONException {
        Iterator<String> superPropertiesIterator = source.keys();
        while (superPropertiesIterator.hasNext()) {
            String key = superPropertiesIterator.next();
            Object value = source.get(key);
            if (value instanceof Date) {
                synchronized (mDateFormat) {
                    dest.put(key, mDateFormat.format((Date) value));
                }
            } else {
                dest.put(key, value);
            }
        }
    }

    @TargetApi(11)
    private static String getToolbarTitle(Activity activity) {
        try {
            ActionBar actionBar = activity.getActionBar();
            if (actionBar != null) {
                if (!TextUtils.isEmpty(actionBar.getTitle())) {
                    return actionBar.getTitle().toString();
                }
            } else {
                if (activity instanceof AppCompatActivity) {
                    AppCompatActivity appCompatActivity = (AppCompatActivity) activity;
                    android.support.v7.app.ActionBar supportActionBar = appCompat-
                        Activity.getSupportActionBar();
                    if (supportActionBar != null) {
                        if (!TextUtils.isEmpty(supportActionBar.getTitle())) {
                            return supportActionBar.getTitle().toString();
                        }
                    }
                }
            }
        } catch (Exception e) {
            e.printStackTrace();
        }
        return null;
    }

    /**
```

```
 * 获取 Activity 的 title
 *
 * @param activity Activity
 * @return String 当前页面 title
 */
@SuppressWarnings("all")
private static String getActivityTitle(Activity activity) {
    String activityTitle = null;

    if (activity == null) {
        return null;
    }

    try {
        activityTitle = activity.getTitle().toString();

        if (Build.VERSION.SDK_INT >= 11) {
            String toolbarTitle = getToolbarTitle(activity);
            if (!TextUtils.isEmpty(toolbarTitle)) {
                activityTitle = toolbarTitle;
            }
        }

        if (TextUtils.isEmpty(activityTitle)) {
            PackageManager packageManager = activity.getPackageManager();
            if (packageManager != null) {
                ActivityInfo activityInfo = packageManager.getActivityInfo
                    (activity.getComponentName(), 0);
                if (activityInfo != null) {
                    activityTitle = activityInfo.loadLabel(packageManager).
                        toString();
                }
            }
        }
    } catch (Exception e) {
        e.printStackTrace();
    }
    return activityTitle;
}

/**
 * Track 页面浏览事件
 *
 * @param activity Activity
 */
@Keep
private static void trackAppViewScreen(Activity activity) {
    try {
        if (activity == null) {
            return;
```

```
        }
        if (mIgnoredActivities.contains(activity.getClass().hashCode())) {
            return;
        }
        JSONObject properties = new JSONObject();
        properties.put("$activity", activity.getClass().getCanonicalName());
        properties.put("title", getActivityTitle(activity));
        SensorsDataAPI.getInstance().track("$AppViewScreen", properties);
    } catch (Exception e) {
        e.printStackTrace();
    }
}

/**
 * 注册 Application.ActivityLifecycleCallbacks
 *
 * @param application Application
 */
@TargetApi(14)
public static void registerActivityLifecycleCallbacks(Application application) {
    application.registerActivityLifecycleCallbacks(new Application.
        ActivityLifecycleCallbacks() {
        @Override
        public void onActivityCreated(Activity activity, Bundle bundle) {

        }

        @Override
        public void onActivityStarted(Activity activity) {

        }

        @Override
        public void onActivityResumed(Activity activity) {
            trackAppViewScreen(activity);
        }

        @Override
        public void onActivityPaused(Activity activity) {

        }

        @Override
        public void onActivityStopped(Activity activity) {

        }

        @Override
        public void onActivitySaveInstanceState(Activity activity, Bundle bundle) {
```

```
        }

        @Override
        public void onActivityDestroyed(Activity activity) {

        }
    });
}

public static Map<String, Object> getDeviceInfo(Context context) {
    final Map<String, Object> deviceInfo = new HashMap<>();
    {
        deviceInfo.put("$lib", "Android");
        deviceInfo.put("$lib_version", SensorsDataAPI.SDK_VERSION);
        deviceInfo.put("$os", "Android");
        deviceInfo.put("$os_version",
                Build.VERSION.RELEASE == null ? "UNKNOWN" : Build.VERSION.
                    RELEASE);
        deviceInfo
                .put("$manufacturer", Build.MANUFACTURER == null ? "UNKNOWN":
                    Build.MANUFACTURER);
        if (TextUtils.isEmpty(Build.MODEL)) {
            deviceInfo.put("$model", "UNKNOWN");
        } else {
            deviceInfo.put("$model", Build.MODEL.trim());
        }

        try {
            final PackageManager manager = context.getPackageManager();
            final PackageInfo packageInfo = manager.getPackageInfo(context.
                getPackageName(), 0);
            deviceInfo.put("$app_version", packageInfo.versionName);

            int labelRes = packageInfo.applicationInfo.labelRes;
            deviceInfo.put("$app_name", context.getResources().getString(labelRes));
        } catch (final Exception e) {
            e.printStackTrace();
        }

        final DisplayMetrics displayMetrics = context.getResources().
            getDisplayMetrics();
        deviceInfo.put("$screen_height", displayMetrics.heightPixels);
        deviceInfo.put("$screen_width", displayMetrics.widthPixels);

        return Collections.unmodifiableMap(deviceInfo);
    }
}

/**
 * 获取 Android ID
```

```
 *
 * @param mContext Context
 * @return String
 */
@SuppressLint("HardwareIds")
public static String getAndroidID(Context mContext) {
    String androidID = "";
    try {
        androidID = Settings.Secure.getString(mContext.getContentResolver(),
            Settings.Secure.ANDROID_ID);
    } catch (Exception e) {
        e.printStackTrace();
    }
    return androidID;
}

private static void addIndentBlank(StringBuilder sb, int indent) {
    try {
        for (int i = 0; i < indent; i++) {
            sb.append('\t');
        }
    } catch (Exception e) {
        e.printStackTrace();
    }
}

public static String formatJson(String jsonStr) {
    try {
        if (null == jsonStr || "".equals(jsonStr)) {
            return "";
        }
        StringBuilder sb = new StringBuilder();
        char last;
        char current = '\0';
        int indent = 0;
        boolean isInQuotationMarks = false;
        for (int i = 0; i < jsonStr.length(); i++) {
            last = current;
            current = jsonStr.charAt(i);
            switch (current) {
                case '"':
                    if (last != '\\') {
                        isInQuotationMarks = !isInQuotationMarks;
                    }
                    sb.append(current);
                    break;
                case '{':
                case '[':
                    sb.append(current);
                    if (!isInQuotationMarks) {
```

```
                            sb.append('\n');
                            indent++;
                            addIndentBlank(sb, indent);
                        }
                        break;
                    case '}':
                    case ']':
                        if (!isInQuotationMarks) {
                            sb.append('\n');
                            indent--;
                            addIndentBlank(sb, indent);
                        }
                        sb.append(current);
                        break;
                    case ',':
                        sb.append(current);
                        if (last != '\\' && !isInQuotationMarks) {
                            sb.append('\n');
                            addIndentBlank(sb, indent);
                        }
                        break;
                    default:
                        sb.append(current);
                }
            }

            return sb.toString();
        } catch (Exception e) {
            e.printStackTrace();
            return "";
        }
    }
}
```

第 5 步：注册 ActivityLifecycleCallbacks 回调

我们是通过调用 SDK 的内部私有类 SensorsDataPrivate 的 registerActivityLifecycleCall
backs(Application application) 方法来注册 ActivityLifecycleCallbacks 的。

```
/**
 * 注册 Application.ActivityLifecycleCallbacks
 *
 * @param application Application
 */
@TargetApi(14)
public static void registerActivityLifecycleCallbacks(Application application) {
    application.registerActivityLifecycleCallbacks(new Application.Activity-
        LifecycleCallbacks() {
        @Override
        public void onActivityCreated(final Activity activity, Bundle bundle) {
        }
```

```
    @Override
    public void onActivityStarted(Activity activity) {

    }

    @Override
    public void onActivityResumed(final Activity activity) {
        trackAppViewScreen(activity);
    }

    @Override
    public void onActivityPaused(Activity activity) {
    }

    @Override
    public void onActivityStopped(Activity activity) {
    }

    @Override
    public void onActivitySaveInstanceState(Activity activity, Bundle bundle) {
    }

    @Override
    public void onActivityDestroyed(Activity activity) {
    }
});
}
```

需要我们注意的是，只有 API 14+ 才能注册 ActivityLifecycleCallbacks 回调。

在 ActivityLifecycleCallbacks 的 onActivityResumed(final Activity activity) 回调方法中，我们通过调用 SensorsDataPrivate 的 trackAppViewScreen(Activity activity) 方法来触发页面浏览事件（$AppViewScreen）。

trackAppViewScreen(Activity activity) 方法的内部实现逻辑比较简单，可以参考如下：

```
/**
 * Track 页面浏览事件
 *
 * @param activity Activity
 */
@Keep
private static void trackAppViewScreen(Activity activity) {
    try {
        JSONObject properties = new JSONObject();
        properties.put("$activity", activity.getClass().getCanonicalName());
        SensorsDataAPI.getInstance().track("$AppViewScreen", properties);
    } catch (Exception e) {
        e.printStackTrace();
    }
}
```

在此示例中，我们添加了一个 $activity 属性，代表当前 Activity 的名称，我们使用包名 + 类名的形式表示。然后又定义了事件名称为 "$AppViewScreen"，最后调用 Sensors-DataAPI 的 track 方法来触发页面浏览事件。

第 6 步：初始化埋点 SDK

需要在应用程序自定义的 Application 类中初始化埋点 SDK，一般是建议在 onCreate() 方法中初始化。

```
package com.sensorsdata.analytics.android.app;

import android.app.Application;

import com.sensorsdata.analytics.android.sdk.SensorsDataAPI;

public class MyApplication extends Application {
    @Override
    public void onCreate() {
        super.onCreate();
        initSensorsDataAPI(this);
    }

    /**
     * 初始化埋点 SDK
     *
     * @param application Application
     */
    private void initSensorsDataAPI(Application application) {
        SensorsDataAPI.init(application);
    }
}
```

第 7 步：声明自定义的 Application

以上面定义的 MyApplication 为例，需要在 AndroidManifest.xml 文件的 application 节点中声明 MyApplication。

```
<?xml version="1.0" encoding="utf-8"?>
<manifest xmlns:android="http://schemas.android.com/apk/res/android"
    package="com.sensorsdata.analytics.android.app">
    <application
        android:name=".MyApplication"
        android:allowBackup="true"
        android:icon="@mipmap/ic_launcher"
        android:label="@string/app_name"
        android:roundIcon="@mipmap/ic_launcher_round"
        android:supportsRtl="true"
        android:theme="@style/AppTheme">
        <activity android:name=".MainActivity">
```

```
            <intent-filter>
                <action android:name="android.intent.action.MAIN" />
                <category android:name="android.intent.category.LAUNCHER" />
            </intent-filter>
        </activity>
    </application>
</manifest>
```

运行 demo 并启动一个 Activity，可以看到如下打印的事件信息，参考图 2-1。

```
{
    "event":"$AppViewScreen",
    "device_id":"cf7dbccbb9aefb1f",
    "properties":{
        "$app_name":"AutoTrackAppViewScreen",
        "$model":"FRD-AL10",
        "$os_version":"7.0",
        "$app_version":"1.0",
        "$manufacturer":"HUAWEI",
        "$screen_height":1794,
        "$os":"Android",
        "$screen_width":1080,
        "$lib_version":"1.0.0",
        "$lib":"Android",
        "$activity":"com.sensorsdata.analytics.android.app.MainActivity"
    },
    "time":1533972947099
}
```

图 2-1　页面浏览事件详细信息

上面的事件名称叫 "$AppViewScreen"，代表的是页面浏览事件，它有一个自定义属性，叫 "$activity"，代表当前正在显示的 Activity 名称（包名＋类名）。

至此，页面浏览事件 ($AppViewScreen) 的全埋点方案就算完成了。

2.4　完善方案

在 Android 6.0（API 23）发布的同时又引入了一种新的权限机制，即 Runtime Permissions，又称运行时权限。

在一般情况下，我们如果要使用 Runtime Permissions 主要分为四个步骤，下面我们以使用（申请）"android.permission.READ_CONTACTS" 权限为例来介绍。

第 1 步：声明权限

需要在 AndroidManifest.xml 文件中使用 uses-permission 声明应用程序要使用的权限列表。

```
<?xml version="1.0" encoding="utf-8"?>
<manifest xmlns:android="http://schemas.android.com/apk/res/android"
    package="com.sensorsdata.analytics.android.app">
```

```
<uses-permission android:name="android.permission.READ_CONTACTS" />

<application
    android:name=".MyApplication"
    android:allowBackup="true"
    android:icon="@mipmap/ic_launcher"
    android:label="@string/app_name"
    android:roundIcon="@mipmap/ic_launcher_round"
    android:supportsRtl="true"
    android:theme="@style/AppTheme">
    <activity android:name=".MainActivity">
        <intent-filter>
            <action android:name="android.intent.action.MAIN" />

            <category android:name="android.intent.category.LAUNCHER" />
        </intent-filter>
    </activity>
</application>

</manifest>
```

第 2 步：检查权限

如果应用程序需要使用 READ_CONTACTS 权限，则要在每次真正使用 READ_CONTACTS 权限之前，检测当前应用程序是否已经拥有该权限，这是因为用户可能随时会在 Android 系统的设置中关掉授予当前应用程序的任何权限。检测权限可以使用 ContextCompat 的 checkSelfPermission 方法，简单示例如下：

```
if (ContextCompat.checkSelfPermission(this, Manifest.permission.READ_CONTACTS) ==
        PackageManager.PERMISSION_GRANTED) {
    //拥有权限
} else {
    //没有权限，需要申请权限
}
```

其中，PackageManager.PERMISSION_GRANTED 代表当前应用程序已经拥有了该权限；反之，PackageManager.PERMISSION_DENIED 代表当前应用程序没有获得该权限，需要再次申请。

第 3 步：申请权限

可以通过调用 ActivityCompat 的 requestPermissions 方法来申请一个或者一组权限，简单示例如下：

```
ActivityCompat.requestPermissions(this, new String[]{Manifest.permission.READ_
    CONTACTS},
                    PERMISSIONS_REQUEST_READ_CONTACTS);
```

调用 ActivityCompat.requestPermissions 方法之后，系统会弹出如图 2-2 的请求权限对话框（该对话框可能会随着 ROM 的不同而略有差异）：

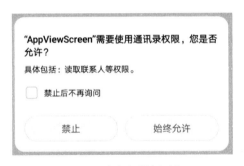

图 2-2 请求权限提示框

第 4 步：处理权限请求结果

用户选择之后的结果会回调当前 Activity 的 onRequestPermissionsResult(int requestCode, @NonNull String[] permissions, @NonNull int[] grantResults) 方法，我们可以根据 requestCode 和 grantResults 参数来判断用户选择了"允许"还是"禁止"按钮。

```
@Override
public void onRequestPermissionsResult(int requestCode, @NonNull String[]
    permissions, @NonNull int[] grantResults) {
    switch (requestCode) {
        case PERMISSIONS_REQUEST_READ_CONTACTS:
            if (grantResults.length > 0 &&
                    grantResults[0] == PackageManager.PERMISSION_GRANTED) {
                //用户点击允许
            } else {
                //用户点击禁止
            }
            break;
    }
    super.onRequestPermissionsResult(requestCode, permissions, grantResults);
}
```

讲到这里，你肯定开始疑惑了，这跟采集页面浏览事件有什么关系呢？

其实是有关系的！我们继续往下看。

通过测试可以发现，我们调用 ActivityCompat.requestPermissions 方法申请权限之后，不管用户选择了"允许"还是"禁止"按钮，系统都会先调用 onRequestPermissionsResult 回调方法，然后再调用当前 Activity 的 onResume 生命周期函数。而我们上面介绍的，就是通过 onResume 生命周期函数来采集页面浏览事件的，这个现象会直接导致我们的埋点 SDK 再一次触发页面浏览事件。

对于这个问题，我们该如何解决呢？事实上，虽然目前也没有非常完美的解决方案，但是我们还是可以借助其他方法来尝试解决。毕竟，在一个完整的应用程序中，真正需要申请权限的页面并不是很多。所以，我们可以在这些申请权限的页面里进行一些特殊的"操作"来规避上面的问题。

我们可以考虑给点 SDK 新增一个功能，即用户可以设置想要过滤哪些 Activity 的页面浏览事件（即指定不采集哪些 Activity 的页面浏览事件），然后通过灵活使用这个接口，解决上面的问题。

下面我们详细地介绍一下具体的实现步骤。

第 1 步：在 SensorsDataAPI 中新增两个接口

```java
package com.sensorsdata.analytics.android.sdk;

import android.app.Application;
import android.support.annotation.Keep;
import android.support.annotation.NonNull;
import android.support.annotation.Nullable;
import android.util.Log;

import org.json.JSONObject;

import java.util.Map;

/**
 * Created by 王灼洲 on 2018/7/22
 */
@Keep
public class SensorsDataAPI {
    ......

    /**
     *指定不采集哪个 Activity 的页面浏览事件
     *
     * @param activity Activity
     */
    public void ignoreAutoTrackActivity(Class<?> activity) {
        SensorsDataPrivate.ignoreAutoTrackActivity(activity);
    }

    /**
     * 恢复采集某个 Activity 的页面浏览事件
     *
     * @param activity Activity
     */
    public void removeIgnoredActivity(Class<?> activity) {
        SensorsDataPrivate.removeIgnoredActivity(activity);
    }

    ......
}
```

❑ ignoreAutoTrackActivity(Class<?> activity)

指定忽略采集哪个 Activity 的页面浏览事件。

❑ removeIgnoredActivity(Class<?> activity)

指定恢复采集哪个 Activity 的页面浏览事件。

以上两个接口，都是调用私有类 SensorsDataPrivate 中相对应的方法。

```
package com.sensorsdata.analytics.android.sdk;

......

/*public*/ class SensorsDataPrivate {
    private static List<String> mIgnoredActivities;

    static {
        mIgnoredActivities = new ArrayList<>();
    }

    public static void ignoreAutoTrackActivity(Class<?> activity) {
        if (activity == null) {
            return;
        }

        mIgnoredActivities.add(activity.getClass().getCanonicalName());
    }

    public static void removeIgnoredActivity(Class<?> activity) {
        if (activity == null) {
            return;
        }

        if (mIgnoredActivities.contains(activity.getClass().getCanonicalName())) {
            mIgnoredActivities.remove(activity.getClass().getCanonicalName());
        }
    }

    ......
}
```

内部实现机制比较简单，仅仅通过定义一个 List 来保存忽略采集页面浏览事件的 Activity 的名称（包名＋类名）。

第 2 步：修改 trackAppViewScreen(Activity activity) 方法添加相应的判断逻辑

```
/**
 * Track 页面浏览事件
 *
 * @param activity Activity
 */
@Keep
private static void trackAppViewScreen(Activity activity) {
    try {
```

```
        if (activity == null) {
            return;
        }
        if (mIgnoredActivities.contains(activity.getClass().getCanonicalName())) {
            return;
        }
        JSONObject properties = new JSONObject();
        properties.put("$activity", activity.getClass().getCanonicalName());
        SensorsDataAPI.getInstance().track("$AppViewScreen", properties);
    } catch (Exception e) {
        e.printStackTrace();
    }
}
```

首先判断当前 Activity 是否已经被忽略，如果被忽略，则不触发页面浏览事件，否则将触发页面浏览事件。

第 3 步：修改申请权限的 Activity

在申请权限的 Activity 中，在它的 onRequestPermissionsResult 回调中首先调用 ignoreAutoTrackActivity 方法来忽略当前 Activity 的页面浏览事件，然后在 onStop 生命周期函数中恢复采集当前 Activity 的页面浏览事件。

```
package com.sensorsdata.analytics.android.app;

import android.Manifest;
import android.content.pm.PackageManager;
import android.support.annotation.NonNull;
import android.support.v4.app.ActivityCompat;
import android.support.v4.content.ContextCompat;
import android.support.v7.app.AppCompatActivity;
import android.os.Bundle;

import com.sensorsdata.analytics.android.sdk.SensorsDataAPI;

public class MainActivity extends AppCompatActivity {
    private final static int PERMISSIONS_REQUEST_READ_CONTACTS = 100;

    @Override
    protected void onCreate(Bundle savedInstanceState) {
        super.onCreate(savedInstanceState);
        setContentView(R.layout.activity_main);

        setTitle("Home");

        if (ContextCompat.checkSelfPermission(this, Manifest.permission.READ_CONTACTS) ==
                PackageManager.PERMISSION_GRANTED) {
            //拥有权限
        } else {
            //没有权限，需要申请全新啊
            ActivityCompat.requestPermissions(this, new String[]{Manifest.permission.
                READ_CONTACTS},
                    PERMISSIONS_REQUEST_READ_CONTACTS);
```

```
            }
        }

        @Override
        public void onRequestPermissionsResult(int requestCode, @NonNull String[]
            permissions, @NonNull int[] grantResults) {
            SensorsDataAPI.getInstance().ignoreAutoTrackActivity(MainActivity.class);
            switch (requestCode) {
                case PERMISSIONS_REQUEST_READ_CONTACTS:
                    if (grantResults.length > 0 &&
grantResults[0] == PackageManager.PERMISSION_GRANTED) {
                        // 用户点击允许
                    } else {
                        // 用户点击禁止
                    }
                    break;
            }

            super.onRequestPermissionsResult(requestCode, permissions, grantResults);
        }

        @Override
        protected void onStop() {
            super.onStop();
            SensorsDataAPI.getInstance().removeIgnoredActivity(MainActivity.class);
        }
    }
```

这样处理之后，就可以解决申请权限再次触发页面浏览事件的问题了。

2.5 扩展采集能力

对于 Activity 的页面浏览事件，仅仅采集当前 Activity 的名称（包名 + 类名）是远远不够的，还需要采集当前 Activity 的 title（标题）才能满足实际的分析需求。

但是一个 Activity 的 title 的来源是非常复杂的，因为可以通过不同的方式来设置一个 Activity 的 title，甚至可以使用自定义的 View 来设置 title。比如说，可以在 Android-Manifest.xml 文件中声明 activity 时通过 android:label 属性来设置，还可以通过 activity.setTitle() 来设置，也可以通过 ActionBar、ToolBar 来设置。所以，在获取 Activity 的 title 时，需要兼容不同的设置 title 的方式，同时更需要考虑其优先级顺序。

我们目前写了一个比较简单的方法来获取一个 Activity 的 title，内容参考如下：

```
/**
 * 获取 Activity 的 title
 * @param activity Activity
 * @return
 */
public static String getActivityTitle(Activity activity) {
```

```
        String activityTitle = null;

        if (activity == null) {
            return null;
        }

        try {
            activityTitle = activity.getTitle().toString();

            if (Build.VERSION.SDK_INT >= 11) {
                String toolbarTitle = getToolbarTitle(activity);
                if (!TextUtils.isEmpty(toolbarTitle)) {
                    activityTitle = toolbarTitle;
                }
            }

            if (TextUtils.isEmpty(activityTitle)) {
                PackageManager packageManager = activity.getPackageManager();
                if (packageManager != null) {
                    ActivityInfo activityInfo = packageManager.getActivityInfo(activity.
                        getComponentName(), 0);
                    if (activityInfo != null) {
                        activityTitle = activityInfo.loadLabel(packageManager).toString();
                    }
                }
            }
        } catch (Exception e) {
            e.printStackTrace();
        }
        return activityTitle;
    }
```

我们首先通过 activity.getTitle() 获取当前 Activity 的 title，因为用户有可能会使用 ActionBar 或 ToolBar，所以我们还需要获取 ActionBar 或 ToolBar 设置的 title，如果能获取到，就以这个为准（即覆盖通过 activity.getTitle() 获取的 title）。如果以上两个步骤都没有获取到 title，那我们就要尝试获取 android:label 属性的值。

获取 ActionBar 或 ToolBar 的 title 逻辑如下：

```
@TargetApi(11)
private static String getToolbarTitle(Activity activity) {
    try {
        ActionBar actionBar = activity.getActionBar();
        if (actionBar != null) {
            if (!TextUtils.isEmpty(actionBar.getTitle())) {
                return actionBar.getTitle().toString();
            }
        } else {
            if (activity instanceof AppCompatActivity) {
                AppCompatActivity appCompatActivity = (AppCompatActivity) activity;
                android.support.v7.app.ActionBar supportActionBar = appCompat-
                    Activity.getSupportActionBar();
                if (supportActionBar != null) {
                    if (!TextUtils.isEmpty(supportActionBar.getTitle())) {
```

```
                       return supportActionBar.getTitle().toString();
                }
            }
        }
    } catch (Exception e) {
        e.printStackTrace();
    }
    return null;
}
```

修改 trackAppViewScreen(Activity activity) 方法，添加设置 $title 属性的逻辑：

```
/**
 * Track 页面浏览事件
 *
 * @param activity Activity
 */
@Keep
private static void trackAppViewScreen(Activity activity) {
    try {
        if (activity == null) {
            return;
        }
        if (mIgnoredActivities.contains(activity.getClass().hashCode())) {
            return;
        }
        JSONObject properties = new JSONObject();
        properties.put("$activity", activity.getClass().getCanonicalName());
        properties.put("$title", getActivityTitle(activity));
        SensorsDataAPI.getInstance().track("$AppViewScreen", properties);
    } catch (Exception e) {
        e.printStackTrace();
    }
}
```

运行 demo，可以看到打印的如下事件信息，参考图 2-3。

```
{
    "event":"$AppViewScreen",
    "device_id":"31f724493988e936",
    "properties":{
        "$lib":"Android",
        "$os_version":"9",
        "$app_name":"AppViewScreen",
        "$lib_version":"1.0.0",
        "$model":"Pixel 2 XL",
        "$os":"Android",
        "$screen_width":1440,
        "$screen_height":2712,
        "$manufacturer":"Google",
        "$app_version":"1.0",
        "$activity":"com.sensorsdata.analytics.android.app.MainActivity",
        "$title":"Home"
    },
    "time":1536759599457
}
```

图 2-3　页面浏览事件详细信息

至此，一个相对完善的用来采集页面浏览事件的全埋点方案就算完成了。

$AppStart、$AppEnd 全埋点方案

对于 $AppStart 和 $AppEnd 事件而言，归根结底就是判断当前应用程序是处于前台还是处于后台。而 Android 系统本身并没有给应用程序提供相关的接口来判断这些状态，所以我们只能借助其他方式来间接判断。

目前，业界也有很多种方案用来判断一个应用程序是处于前台还是后台，以 Github 上的一个开源项目为例：https://github.com/wenmingvs/AndroidProcess。

这个开源项目提供了 6 种方案。这 6 种方案的综合对比可以参考表 3-1。

表 3-1　6 种方案的对比

方案	原理	需要权限	特点
方案一	RunningTask	否	从 Android 5.0 开始，该方法被废弃了
方案二	RunningProcess	否	无
方案三	ActivityLifecycleCallbacks	否	简单、代码量少
方案四	UsageStatsManager	是	需要用户手动授予权限
方案五	无障碍服务	否	需要用户手动授予权限
方案六	读取 /proc 目录下的信息	是	效率比较低

以上 6 种方案，各有优缺点，但都无法解决我们最关心的几个问题：

❑ 应用程序如果有多个进程该如何判断？

❑ 应用程序如果发生崩溃了该如何判断？

❑ 应用程序如果被强杀了又该如何判断？

3.1 原理概述

针对上面列出的 3 个问题,我们下面将一一进行分析并解决。

(1)应用程序如果有多个进程该如何判断是处于前台还是处于后台?

众所周知,一个 Android 应用程序是可以有多个进程同时存在的,所以这就加大了我们判断一个应用程序是处于前台还是处于后台的难度,继而导致很多常见的判断方案也都会失效。

其实,对于这个问题,可以归于应用程序多进程间的数据共享问题。

Android 系统中支持多进程通信方式主要有以下几种,它们各有优缺点。

❏ AIDL

AIDL 的功能相对来说比较强大,支持进程间一对多的实时并发通信,并且可以实现 RPC(远程过程调用)。

❏ Messenger

Messenger 支持一对多的串行实时通信,它相当于是 AIDL 的简化版本。

❏ Bundle

Bundle 是 Android 系统中四大组件的进程间通信方式,目前只能传输 Bundle 支持的数据类型,比如 String、int 等。

❏ ContentProvider

ContentProvider 是一个非常强大的数据源访问组件,主要支持 CRUD 操作和一对多的进程间数据共享,例如我们的应用访问系统的图库数据。

❏ BroadcastReceiver

BroadcastReceiver 即广播,目前只能支持单向通信,接收者只能被动地接收消息。

❏ 文件共享

文件共享主要适用于在非高并发情况下共享一些比较简单的数据。

❏ Socket

Socket 主要通过网络传输数据。

我们目前的方案主要是采用 ContentProvider 机制来解决进程间的数据共享问题。ContentProvider 是基于 Binder 机制封装的系统组件,天生就是用来解决跨进程间的数据共享问题的。另一方面,Android 系统也提供了针对 ContentProvider 的数据回调监听机制——即 ContentObserver,这样就更加方便我们来处理跨进程间的数据通信方面的问题。

一般情况下,解决跨进程数据共享的问题,普遍采用的是 ContentProvider + SQLite3 方案,但是鉴于目前我们面临的实际情况,使用 SQLite3 数据库来存储一些简单的数据和标记位,明显太过重量级了。通常在 Android 系统以及应用程序开发中,针对一些比较简单的数据的存储,一般采用 SharedPreferences,从而可以做到快速读写。所以我们目前采用"ContentProvider + SharedPreferences"的方案来解决跨进程数据共享的问题。

（2）应用程序如果发生崩溃或者被强杀了该如何判断该应用程序是处于前台还是处于后台？

对于应用程序发生崩溃或者应用进程被强杀的场景，我们引入了 Session 的概念。简单理解就是：对于一个应用程序，当它的一个页面退出了，如果在 30s 之内没有新的页面打开，我们就认为这个应用程序处于后台了（触发 $AppEnd 事件）；当它的一个页面显示出来了，如果与上一个页面的退出时间的间隔超过了 30s，我们就认为这个应用程序重新处于前台了（触发 $AppStart 事件）。此时，Session 的间隔我们是以 30s 为例。

总体来说，我们首先注册一个 Application.ActivityLifecycleCallbacks 回调，用来监听应用程序内所有 Activity 的生命周期。然后我们再分两种情况分别进行处理。

在页面退出的时候（即 onPause 生命周期函数），我们会启动一个 30s 的倒计时，如果 30s 之内没有新的页面进来（或显示），则触发 $AppEnd 事件；如果有新的页面进来（或显示），则存储一个标记位来标记已有新的页面进来。这里需要注意的是，由于 Activity 之间可能是跨进程的（即给 Activity 设置了 android:process 属性），所以标记位需要实现进程间的共享，即通过 ContentProvider + SharedPreferences 来进行存储。然后通过 ContentObserver 监听到新页面进来的标记位改变，从而可以取消上个页面退出时启动的倒计时。如果 30s 之内没有新的页面进来（比如用户按 Home 键 / 返回键退出应用程序、应用程序发生崩溃、应用程序被强杀），则会触发 $AppEnd 事件，或者在下次启动的时候补发一个 $AppEnd 事件。之所以要补发 $AppEnd 事件，是因为对于一些特殊的情况（应用程序发生崩溃、应用程序被强杀），应用程序可能停止运行了，导致我们无法及时触发 $AppEnd 事件，只能在用户下次启动应用程序的时候进行补发。当然，如果用户再也不去启动应用程序或者将应用程序卸载，就会导致"丢失"$AppEnd 事件。

在页面启动的时候（即 onStart 生命周期函数），我们需要判断一下与上个页面的退出时间间隔是否超过了 30s，如果没有超过 30s，则直接触发 $AppViewScreen 事件。如果已超过了 30s，我们则需要判断之前是否已经触发了 $AppEnd 事件（因为如果 App 崩溃了或者被强杀了，可能没有触发 $AppEnd 事件），如果没有，则先触发 $AppEnd 事件，然后再触发 $AppStart 和 $AppViewScreen 事件。

3.2　案例

针对上面介绍的原理，接下来我们将详细介绍如何实现 $AppStart 和 $AppEnd 事件的全埋点方案。

完整的项目源码可以参考：https://github.com/wangzhzh/AutoTrackAppStartAppEnd。

第 1 步：新建一个项目（Project）

在新建的项目中，会自动包含一个主 module，即：app。

第 2 步：创建 sdk module

新建一个 Android Library module，名称叫 sdk，这个模块就是我们的埋点 SDK 模块。

第 3 步：添加依赖关系

app module 需要依赖 sdk module。可以通过修改 app/build.gradle 文件，在其 dependencies 节点中添加依赖关系：

```
apply plugin: 'com.android.application'

android {
    compileSdkVersion 28
    defaultConfig {
        applicationId "com.sensorsdata.analytics.android.app.startend"
        minSdkVersion 15
        targetSdkVersion 28
        versionCode 1
        versionName "1.0"
    }
    buildTypes {
        release {
            minifyEnabled false
            proguardFiles getDefaultProguardFile('proguard-android.txt'),
                'proguard-rules.pro'
        }
    }
}

dependencies {
    implementation fileTree(dir: 'libs', include: ['*.jar'])
    implementation 'com.android.support:appcompat-v7:28.0.0-rc02'
    implementation 'com.android.support.constraint:constraint-layout:1.1.3'

    implementation project(':sdk')
}
```

第 4 步：编写埋点 SDK

在 sdk module 中我们新建一个埋点 SDK 的主类，即 SensorsDataAPI.java，完整的源码可以参考如下：

```
package com.sensorsdata.analytics.android.sdk;

import android.app.Application;
import android.support.annotation.Keep;
import android.support.annotation.NonNull;
import android.support.annotation.Nullable;
import android.util.Log;

import org.json.JSONObject;
```

```java
import java.util.Map;

/**
 * Created by 王灼洲 on 2018/7/22
 */
@Keep
public class SensorsDataAPI {
    private final String TAG = this.getClass().getSimpleName();
    public static final String SDK_VERSION = "1.0.0";
    private static SensorsDataAPI INSTANCE;
    private static final Object mLock = new Object();
    private static Map<String, Object> mDeviceInfo;
    private String mDeviceId;

    @Keep
    @SuppressWarnings("UnusedReturnValue")
    public static SensorsDataAPI init(Application application) {
        synchronized (mLock) {
            if (null == INSTANCE) {
                INSTANCE = new SensorsDataAPI(application);
            }
            return INSTANCE;
        }
    }

    @Keep
    public static SensorsDataAPI getInstance() {
        return INSTANCE;
    }

    private SensorsDataAPI(Application application) {
        mDeviceId = SensorsDataPrivate.getAndroidID(application.getApplicationContext());
        mDeviceInfo = SensorsDataPrivate.getDeviceInfo(application.getApplicationContext());
        SensorsDataPrivate.registerActivityLifecycleCallbacks(application);
        SensorsDataPrivate.registerActivityStateObserver(application);
    }

    /**
     * track 事件
     *
     * @param eventName  String 事件名称
     * @param properties JSONObject 事件自定义属性
     */
    public void track(@NonNull String eventName, @Nullable JSONObject properties) {
        try {
            JSONObject jsonObject = new JSONObject();
            jsonObject.put("event", eventName);
            jsonObject.put("device_id", mDeviceId);

            JSONObject sendProperties = new JSONObject(mDeviceInfo);
```

```
        if (properties != null) {
            SensorsDataPrivate.mergeJSONObject(properties, sendProperties);
        }

        jsonObject.put("properties", sendProperties);
        jsonObject.put("time", System.currentTimeMillis());

        Log.i(TAG, SensorsDataPrivate.formatJson(jsonObject.toString()));
    } catch (Exception e) {
        e.printStackTrace();
    }
}
}
```

目前这个主类比较简单，主要包含如下几个方法。

❑ init(Application application)

这是一个静态方法，是埋点 SDK 的初始化函数，它有一个 Application 类型的参数，内部实现使用到了单例设计模式，然后调用私有构造函数初始化埋点 SDK。app module 就是调用这个方法来初始化我们埋点 SDK 的。

❑ getInstance()

这也是一个静态方法，通过该方法可以获取埋点 SDK 的实例对象。

❑ SensorsDataAPI(Application application)

私有的构造函数，也是埋点 SDK 真正的初始化逻辑。在其方法内部通过调用 SDK 的内部私有类 SensorsDataPrivate 中的方法来注册 ActivityLifecycleCallbacks，并给 Content-Provider 注册一个 ContentObserver。

❑ track(@NonNull final String eventName, @Nullable JSONObject properties)

对外公开的 track 事件接口。通过调用该方法可以触发事件，第一个参数 eventName 代表事件的名称，第二个参数 properties 代表事件的属性。本书为了简化，触发事件仅通过 Log.i 打印了事件的 JSON 信息。

关于 SensorsDataPrivate 类中的 getAndroidID(Context context)、getDeviceInfo(Context context)、mergeJSONObject(final JSONObject source, JSONObject dest)、formatJson(String jsonStr) 等方法实现可以参考工程的源码。

第 5 步：注册 ActivityLifecycleCallbacks 回调

我们是通过调用埋点 SDK 的内部私有类 SensorsDataPrivate 的 registerActivityLifecycle Callbacks(Application application) 方法来注册 ActivityLifecycleCallbacks 的。

```
/**
 * 注册 Application.ActivityLifecycleCallbacks
 *
 * @param application Application
 */
@TargetApi(14)
```

```java
public static void registerActivityLifecycleCallbacks(Application application) {
    mDatabaseHelper = new DatabaseHelper(application.getApplicationContext(),
        application.getPackageName());
    countDownTimer = new CountDownTimer(SESSION_INTERVAL_TIME, 10 * 1000) {
        @Override
        public void onTick(long l) {

        }

        @Override
        public void onFinish() {
            trackAppEnd(mCurrentActivity.get());
        }
    };

    application.registerActivityLifecycleCallbacks(new Application.ActivityLifecycle-
Callbacks() {
        @Override
        public void onActivityCreated(Activity activity, Bundle bundle) {
        }

        @Override
        public void onActivityStarted(Activity activity) {
            mDatabaseHelper.commitAppStart(true);
            double timeDiff = System.currentTimeMillis() - mDatabaseHelper.
                getAppPausedTime();
            if (timeDiff > 30 * 1000) {
                if (!mDatabaseHelper.getAppEndEventState()) {
                    trackAppEnd(activity);
                }
            }

            if (mDatabaseHelper.getAppEndEventState()) {
                mDatabaseHelper.commitAppEndEventState(false);
                trackAppStart(activity);
            }
        }

        @Override
        public void onActivityResumed(Activity activity) {
            trackAppViewScreen(activity);
        }

        @Override
        public void onActivityPaused(Activity activity) {
            mCurrentActivity = new WeakReference<>(activity);
            countDownTimer.start();
            mDatabaseHelper.commitAppPausedTime(System.currentTimeMillis());
        }
```

```
        @Override
        public void onActivityStopped(Activity activity) {
        }

        @Override
        public void onActivitySaveInstanceState(Activity activity, Bundle bundle) {

        }

        @Override
        public void onActivityDestroyed(Activity activity) {
        }
    });
}
```

首先初始化一个 SensorsDatabaseHelper 对象，这个主要是用来操作 ContentProvider 的，然后再初始化一个 30s 的计时器 CountDownTimer 对象，当计时器 finish 的时候，会触发 $AppEnd 事件。最后注册 Application.ActivityLifecycleCallbacks 回调。

在 Application.ActivityLifecycleCallbacks 的 onActivityStarted(Activity activity) 回调方法中，首先修改 AppStart 的标记位，这样之前注册的 ContentObserver 就能收到通知并取消掉 CountDownTimer 计时器。然后判断一下当前页面与上个页面退出时间的间隔是否超出了 30s，如果超出了 30s，并且没有触发过 $AppEnd 事件（应用程序发生崩溃或者应用程序被强杀等场景），则补发 $AppEnd 事件。如果触发了 $AppEnd 事件，说明是一个新的 Session 开始了，需要触发 $AppStart 事件。

在 onActivityResumed(Activity activity) 回调方法中，会直接触发 $AppViewScreen 页面浏览事件。

在 onActivityPaused(Activity activity) 回调方法中，启动 CountDownTimer 计时器，并且保存当前页面退出时的时间戳。

第 6 步：定义 SensorsDatabaseHelper

```
package com.sensorsdata.analytics.android.sdk;

import android.content.ContentResolver;
import android.content.ContentValues;
import android.content.Context;
import android.database.Cursor;
import android.net.Uri;

/*public*/ class SensorsDatabaseHelper {
    private static final String SensorsDataContentProvider = ".SensorsData-
        ContentProvider/";
    private ContentResolver mContentResolver;
    private Uri mAppStart;
    private Uri mAppEndState;
    private Uri mAppPausedTime;
```

```java
public static final String APP_STARTED = "$app_started";
public static final String APP_END_STATE = "$app_end_state";
public static final String APP_PAUSED_TIME = "$app_paused_time";


SensorsDatabaseHelper(Context context, String packageName) {
    mContentResolver = context.getContentResolver();
    mAppStart = Uri.parse("content://" + packageName + SensorsDataContentProvider
        + SensorsDataTable.APP_STARTED.getName());
    mAppEndState = Uri.parse("content://" + packageName + SensorsDataContentProvider
        + SensorsDataTable.APP_END_STATE.getName());
    mAppPausedTime = Uri.parse("content://" + packageName + SensorsDataContentProvider
        + SensorsDataTable.APP_PAUSED_TIME.getName());
}


/**
 * Add the AppStart state to the SharedPreferences
 *
 * @param appStart the ActivityState
 */
public void commitAppStart(boolean appStart) {
    ContentValues contentValues = new ContentValues();
    contentValues.put(APP_STARTED, appStart);
    mContentResolver.insert(mAppStart, contentValues);
}

/**
 * Add the Activity paused time to the SharedPreferences
 *
 * @param pausedTime Activity paused time
 */
public void commitAppPausedTime(long pausedTime) {
    ContentValues contentValues = new ContentValues();
    contentValues.put(APP_PAUSED_TIME, pausedTime);
    mContentResolver.insert(mAppPausedTime, contentValues);
}

/**
 * Return the time of Activity paused
 *
 * @return Activity paused time
 */
public long getAppPausedTime() {
    long pausedTime = 0;
    Cursor cursor = mContentResolver.query(mAppPausedTime, new String[]{APP_
PAUSED_TIME}, null, null, null);
    if (cursor != null && cursor.getCount() > 0) {
        while (cursor.moveToNext()) {
            pausedTime = cursor.getLong(0);
```

```java
                }
            }

            if (cursor != null) {
                cursor.close();
            }
            return pausedTime;
        }

        /**
         * Add the Activity End to the SharedPreferences
         *
         * @param appEndState the Activity end state
         */
        public void commitAppEndEventState(boolean appEndState) {
            ContentValues contentValues = new ContentValues();
            contentValues.put(APP_END_STATE, appEndState);
            mContentResolver.insert(mAppEndState, contentValues);
        }

        /**
         * Return the state of $AppEnd
         *
         * @return Activity End state
         */
        public boolean getAppEndEventState() {
            boolean state = true;
            Cursor cursor = mContentResolver.query(mAppEndState, new String[]{APP_
        END_STATE}, null, null, null);
            if (cursor != null && cursor.getCount() > 0) {
                while (cursor.moveToNext()) {
                    state = cursor.getInt(0) > 0;
                }
            }

            if (cursor != null) {
                cursor.close();
            }
            return state;
        }

        public Uri getAppStartUri() {
            return mAppStart;
        }
    }
```

这个工具类主要是用来操作 ContentProvider 用来保存相关的数据和标记位。

第 7 步：定义 SensorsDataContentProvider

```java
package com.sensorsdata.analytics.android.sdk;

import android.content.ContentProvider;
```

```java
import android.content.ContentResolver;
import android.content.ContentValues;
import android.content.Context;
import android.content.SharedPreferences;
import android.content.UriMatcher;
import android.database.Cursor;
import android.database.MatrixCursor;
import android.net.Uri;
import android.support.annotation.NonNull;
import android.support.annotation.Nullable;

public class SensorsDataContentProvider extends ContentProvider {
    private final static int APP_START = 1;
    private final static int APP_END_STATE = 2;
    private final static int APP_PAUSED_TIME = 3;

    private static SharedPreferences sharedPreferences;
    private static SharedPreferences.Editor mEditor;
    private static UriMatcher uriMatcher = new UriMatcher(UriMatcher.NO_MATCH);
    private ContentResolver mContentResolver;

    @Override
    public boolean onCreate() {
        if (getContext() != null) {
            String packName = getContext().getPackageName();
            uriMatcher.addURI(packName + ".SensorsDataContentProvider", Sensors-
                DataTable.APP_STARTED.getName(), APP_START);
            uriMatcher.addURI(packName + ".SensorsDataContentProvider", Sensors-
                DataTable.APP_END_STATE.getName(), APP_END_STATE);
            uriMatcher.addURI(packName + ".SensorsDataContentProvider", Sensors-
                DataTable.APP_PAUSED_TIME.getName(), APP_PAUSED_TIME);
            sharedPreferences = getContext().getSharedPreferences("com.sensorsdata.
                analytics.android.sdk.SensorsDataAPI", Context.MODE_PRIVATE);
            mEditor = sharedPreferences.edit();
            mEditor.apply();
            mContentResolver = getContext().getContentResolver();
        }
        return false;
    }


    @Nullable
    @Override
    public Uri insert(@NonNull Uri uri, @Nullable ContentValues contentValues) {
        if (contentValues == null) {
            return uri;
        }
        int code = uriMatcher.match(uri);
        switch (code) {
            case APP_START:
                boolean appStart = contentValues.getAsBoolean(SensorsDatabaseHel
                    per.APP_STARTED);
```

```
                    mEditor.putBoolean(SensorsDatabaseHelper.APP_STARTED, appStart);
                    mContentResolver.notifyChange(uri, null);
                    break;
                case APP_END_STATE:
                    boolean appEnd = contentValues.getAsBoolean(SensorsDatabaseHelp
                        er.APP_END_STATE);
                    mEditor.putBoolean(SensorsDatabaseHelper.APP_END_STATE, appEnd);
                    break;
                case APP_PAUSED_TIME:
                    long pausedTime = contentValues.getAsLong(SensorsDatabaseHelper.
                        APP_PAUSED_TIME);
                    mEditor.putLong(SensorsDatabaseHelper.APP_PAUSED_TIME, pausedTime);
                    break;
            }
            mEditor.commit();
            return uri;
        }


    @Nullable
    @Override
    public Cursor query(@NonNull Uri uri, @Nullable String[] strings, @Nullable
        String s, @Nullable String[] strings1, @Nullable String s1) {
        int code = uriMatcher.match(uri);
        MatrixCursor matrixCursor = null;
        switch (code) {
            case APP_START:
                int appStart = sharedPreferences.getBoolean(SensorsDatabaseHelpe
                    r.APP_STARTED, true) ? 1 : 0;
                matrixCursor = new MatrixCursor(new String[]{SensorsDatabase-
                    Helper.APP_STARTED});
                matrixCursor.addRow(new Object[]{appStart});
                break;
            case APP_END_STATE:
                int appEnd = sharedPreferences.getBoolean(SensorsDatabaseHelper.
                    APP_END_STATE, true) ? 1 : 0;
                matrixCursor = new MatrixCursor(new String[]{SensorsDatabase-
                    Helper.APP_END_STATE});
                matrixCursor.addRow(new Object[]{appEnd});
                break;
            case APP_PAUSED_TIME:
                long pausedTime = sharedPreferences.getLong(SensorsDatabase-
                    Helper.APP_PAUSED_TIME, 0);
                matrixCursor = new MatrixCursor(new String[]{SensorsDatabase-
                    Helper.APP_PAUSED_TIME});
                matrixCursor.addRow(new Object[]{pausedTime});
                break;
        }
        return matrixCursor;
    }


    @Nullable
    @Override
    public String getType(@NonNull Uri uri) {
```

```
        return null;
    }

    @Override
    public int delete(@NonNull Uri uri, @Nullable String s, @Nullable String[]
        strings) {
        return 0;
    }

    @Override
    public int update(@NonNull Uri uri, @Nullable ContentValues contentValues, @
        Nullable String s, @Nullable String[] strings) {
        return 0;
    }
}
```

实现了一个 ContentProvider，通过操作 SharedPreferences 来保存数据，可以解决多进
程间共享数据的问题，同时也能做到快速读写，提升效率。

SensorsDataTable 的定义如下：

```
package com.sensorsdata.analytics.android.sdk;

/*public*/ enum SensorsDataTable {
    APP_STARTED("app_started"),
    APP_PAUSED_TIME("app_paused_time"),
    APP_END_STATE("app_end_state");

    SensorsDataTable(String name) {
        this.name = name;
    }

    public String getName() {
        return name;
    }

    private String name;
}
```

第 8 步：初始化埋点 SDK

需要在应用程序自定义的 Application（比如叫 MyApplication）类中初始化 SDK，一般
建议在 onCreate() 方法中进行初始化。

```
package com.sensorsdata.analytics.android.app;
import android.app.Application;

import com.sensorsdata.analytics.android.sdk.SensorsDataAPI;

public class MyApplication extends Application {
    @Override
```

```java
public void onCreate() {
    super.onCreate();
    initSensorsDataAPI(this);
}

/**
 * 初始化埋点 SDK
 *
 * @param application Application
 */
private void initSensorsDataAPI(Application application) {
    SensorsDataAPI.init(application);
}
}
```

第 9 步：声明自定义的 Application

以上面定义的 MyApplication 为例，需要在 AndroidManifest.xml 文件的 application 节点中声明 MyApplication。

```xml
<?xml version="1.0" encoding="utf-8"?>
<manifest xmlns:android="http://schemas.android.com/apk/res/android"
    package="com.sensorsdata.analytics.android.app">
    <application
        android:name=".MyApplication"
        android:allowBackup="true"
        android:icon="@mipmap/ic_launcher"
        android:label="@string/app_name"
        android:roundIcon="@mipmap/ic_launcher_round"
        android:supportsRtl="true"
        android:theme="@style/AppTheme">
        <activity android:name=".MainActivity">
            <intent-filter>
                <action android:name="android.intent.action.MAIN" />
                <category android:name="android.intent.category.LAUNCHER" />
            </intent-filter>
        </activity>
    </application>
</manifest>
```

至此，$AppStart 和 $AppEnd 事件的全埋点方案就算完成了。

3.3　缺点

应用程序发生崩溃或者应用程序被强杀等场景，需要下次启动应用程序的时候才能有机会补发 $AppEnd 事件。如果用户不再启动应用程序或者将应用程序卸载掉，会导致"丢失" $AppEnd 事件。

$AppClick 全埋点方案 1：
代理 View.OnClickListener

前面讲解了全埋点中的 $AppStart、$AppEnd、$AppViewScreen 事件的实现原理，这些原理比较简单，也比较单一。但全埋点中的 $AppClick 事件就完全不一样了，为了采集 $AppClick 事件，目前有各种各样的技术或者方案。这些技术，难易程度不同，并且各有千秋。总体来说，目前大概有 8 种常用的技术可以实现采集 $AppClick 事件。它们整体上可以分为"动态方案"和"静态方案"。综合来说，"静态方案"明显优于"动态方案"，它不仅效率高，更容易扩展，而且兼容性也比较好。对于"动态方案"和"静态方案"，本书会各介绍 4 种。之所以介绍"动态方案"，是为了让大家可以逐步了解采集 $AppClick 事件的原理，从而可以更容易地理解后面更复杂、更先进的技术。

4.1　关键技术

android.R.id.content

android.R.id.content 对应的视图是一个 FrameLayout 布局，它目前只有一个子元素，就是我们平时开发的时候，在 onCreate 方法中通过 setContentView 设置的 View。换句说法就是，当我们在 layout 文件中设置一个布局文件时，实际上该布局会被一个 FrameLayout 容器所包含，这个 FrameLayout 容器的 android:id 属性值就是 android.R.id.content。

至于为什么是一个 FrameLayout 布局，我们可以参考 Android 官方文档的解释：

Generally, FrameLayout should be used to hold a single child view, because it can be difficult to organize child views in a way that's scalable to different screen sizes without the children overlapping each other.（通常，FrameLayout 布局只能包含一个子视图，这是因为它很难确保它的子视图可以适配不同的屏幕大小而又不相互重叠。）

关于 FrameLayout 布局的详情也可以参考如下网址：https://developer.android.com/reference/android/widget/FrameLayout.html

需要注意的是，在不同的 SDK 版本下，android.R.id.content 所指的显示区域有所不同。具体差异如下：

❑ SDK 14+ (Native ActionBar)：该显示区域指的是 ActionBar 下面的那部分；

❑ Support Library Revision lower than 19：使用 AppCompat，则显示区域包含 ActionBar；

❑ Support Library Revision 19 (or greater)：使用 AppCompat，则显示区域不包含 ActionBar，即与第一种情况相同。

所以，如果不使用 Support Library 或使用 Support Library 的最新版本，则 android.R.id.content 所指的区域都是 ActionBar 以下的内容。

关于这个差异的更详细信息可以参考如下链接：

https://stackoverflow.com/questions/ 24712227/android-r-id-content-as-container-for-fragment

4.2 原理概述

在应用程序自定义的 Application 对象的 onCreate() 方法中初始化埋点 SDK，并传入当前 Application 对象。埋点 SDK 拿到 Application 对象之后，就可以通过调用 registerActivityLifecycleCallback 方法来注册 Application.ActivityLifecycleCallbacks 回调。这样埋点 SDK 就能对当前应用程序中所有 Activity 的生命周期事件进行集中处理（监控）了。在 Application.ActivityLifecycleCallbacks 的 onActivityResumed(Activity activity) 回调方法中，我们可以拿到当前正在显示的 Activity 实例，通过 activity.findViewById(android.R.id.content) 方法就可以拿到整个内容区域对应的 View（是一个 FrameLayout）。本书有可能会用 RootView、ViewTree 和根视图概念来混称这个 View。然后，埋点 SDK 再逐层遍历这个 RootView，并判断当前 View 是否设置了 mOnClickListener 对象，如果已设置 mOnClickListener 对象并且 mOnClickListener 又不是我们自定义的 WrapperOnClickListener 类型，则通过 WrapperOnClickListener 代理当前 View 设置的 mOnClickListener。WrapperOnClickListener 是我们自定义的一个类，它实现了 View.OnClickListener 接口，在 WrapperOnClickListener 的 onClick 方法里会先调用 View 的原有 mOnClickListener 处理逻辑，然后再调用埋点代码，即可实现"插入"埋点代码，从而达到自动埋点的效果。

4.3　案例

下面我们以自动采集 Button 的点击事件为例，详细介绍该方案的实现步骤。其他控件的自动采集，后文会进行扩展。

完整的项目源码可以参考：

https://github.com/wangzhzh/AutoTrackAppClick1

第 1 步：新建一个项目（Project）

在新建的空项目中，会自动包含一个主 module，即：app。

第 2 步：创建 sdk module

新建一个 Android Library module，名称叫 sdk，这个模块就是我们的埋点 SDK 模块。

第 3 步：添加依赖关系

app module 需 要 依 赖 sdk module。 可 以 通 过 修 改 app/build.gradle 文 件，在 其 dependencies 节点中添加依赖关系。

```
apply plugin: 'com.android.application'
apply plugin: 'com.jakewharton.butterknife'

android {
    compileOptions {
        sourceCompatibility JavaVersion.VERSION_1_8
        targetCompatibility JavaVersion.VERSION_1_8
    }
    compileSdkVersion 28
    defaultConfig {
        applicationId "com.sensorsdata.analytics.android.app.appclick1"
        minSdkVersion 15
        targetSdkVersion 28
        versionCode 1
        versionName "1.0"
    }
    buildTypes {
        release {
            minifyEnabled false
            proguardFiles getDefaultProguardFile('proguard-android.txt'),
                'proguard-rules.pro'
        }
    }

    dataBinding {
        enabled = true
    }
}

dependencies {
    implementation fileTree(include: ['*.jar'], dir: 'libs')
```

```
    implementation 'com.android.support:appcompat-v7:28.0.0-beta01'
    implementation 'com.android.support.constraint:constraint-layout:1.1.2'

    //https://github.com/JakeWharton/butterknife
    implementation 'com.jakewharton:butterknife:8.8.1'
    annotationProcessor 'com.jakewharton:butterknife-compiler:8.8.1'
    implementation project(':sdk')
}
```

第 4 步：编写埋点 SDK

在 sdk module 中我们新建一个埋点 SDK 的主类，即 SensorsDataAPI.java。完整的源码如下：

```
package com.sensorsdata.analytics.android.sdk;

import android.app.Activity;
import android.app.Application;
import android.support.annotation.Keep;
import android.support.annotation.NonNull;
import android.support.annotation.Nullable;
import android.util.Log;
import android.view.View;

import org.json.JSONObject;

import java.util.Map;

/**
 * Created by 王灼洲 on 2018/7/22
 */
@Keep
public class SensorsDataAPI {
    private final String TAG = this.getClass().getSimpleName();
    public static final String SDK_VERSION = "1.0.0";
    private static SensorsDataAPI INSTANCE;
    private static final Object mLock = new Object();
    private static Map<String, Object> mDeviceInfo;
    private String mDeviceId;

    @Keep
    @SuppressWarnings("UnusedReturnValue")
    public static SensorsDataAPI init(Application application) {
        synchronized (mLock) {
            if (null == INSTANCE) {
                INSTANCE = new SensorsDataAPI(application);
            }
            return INSTANCE;
        }
    }

    @Keep
```

```java
public static SensorsDataAPI getInstance() {
    return INSTANCE;
}

private SensorsDataAPI(Application application) {
    mDeviceId = SensorsDataPrivate.getAndroidID(application.getApplication-
        Context());
    mDeviceInfo = SensorsDataPrivate.getDeviceInfo(application.getApplication-
        Context());
    SensorsDataPrivate.registerActivityLifecycleCallbacks(application);
}

/**
 * Track 事件
 *
 * @param eventName  String 事件名称
 * @param properties JSONObject 事件属性
 */
@Keep
    public void track(@NonNull final String eventName, @Nullable JSONObject
        properties) {
        try {
            JSONObject jsonObject = new JSONObject();
            jsonObject.put("event", eventName);
            jsonObject.put("device_id", mDeviceId);

            JSONObject sendProperties = new JSONObject(mDeviceInfo);

            if (properties != null) {
                    SensorsDataPrivate.mergeJSONObject(properties, sendProperties);
                }

            jsonObject.put("properties", sendProperties);
            jsonObject.put("time", System.currentTimeMillis());

            Log.i(TAG, SensorsDataPrivate.formatJson(jsonObject.toString()));
        } catch (Exception e) {
            e.printStackTrace();
        }
    }
}
```

目前这个主类比较简单，主要包含下面几个方法：

❑ init(Application application)

这是一个静态方法，是埋点 SDK 的初始化函数，内部实现使用到了单例设计模式，然后调用私有构造函数初始化埋点 SDK。app module 就是调用这个方法初始化埋点 SDK 的。

❑ getInstance()

这也是一个静态方法，app module 通过该方法可以获取埋点 SDK 的实例对象。

❑ SensorsDataAPI(Application application)

私有的构造函数，也是埋点 SDK 真正的初始化逻辑。在其方法内部通过调用 SDK 的私有类 SensorsDataPrivate 中的方法来注册 ActivityLifecycleCallbacks 回调。

❑ track(@NonNull final String eventName, @Nullable JSONObject properties)

对外公开的 track 接口，通过该方法可以触发事件。第一个参数 eventName 代表事件名称，第二个参数 properties 代表事件属性。本书为了简化，触发事件时仅仅是打印了事件的 JSON 信息。

关于 SensorsDataPrivate 类中的 getAndroidID(Context context)、getDeviceInfo(Context context)、mergeJSONObject(final JSONObject source, JSONObject dest)、formatJson(String jsonStr) 等方法的实现可以参考工程的源码。

第 5 步：注册 ActivityLifecycleCallbacks 回调

我们是通过调用 SDK 自定义的一个内部私有类 SensorsDataPrivate.java 的 registerActivityLifecycleCallbacks(Application application) 方法来注册 ActivityLifecycleCallbacks 回调的。

```java
/**
 * 注册 Application.ActivityLifecycleCallbacks
 *
 * @param application Application
 */
@TargetApi(14)
public static void registerActivityLifecycleCallbacks(Application application) {
    application.registerActivityLifecycleCallbacks(new Application.ActivityLifecycleCallbacks() {
        @Override
        public void onActivityCreated(final Activity activity, Bundle bundle) {
        }

        @Override
        public void onActivityStarted(Activity activity) {

        }

        @Override
        public void onActivityResumed(final Activity activity) {
            ViewGroup rootView = activity.findViewById(android.R.id.content);
            delegateViewsOnClickListener(activity, rootView);
        }

        @Override
        public void onActivityPaused(Activity activity) {
        }

        @Override
        public void onActivityStopped(Activity activity) {
        }

        @Override
        public void onActivitySaveInstanceState(Activity activity, Bundle bundle) {
```

```
        }

        @Override
        public void onActivityDestroyed(Activity activity) {
        }
    });
}
```

在 Application.ActivityLifecycleCallbacks 的 onActivityResumed(final Activity activity) 回调方法中，我们通过 activity.findViewById(android.R.id.content) 方法来获取当前正在显示的 Activity 的 RootView，然后调用 delegateViewsOnClickListener() 内部方法去遍历 RootView 的所有 SubView（子视图）并代理这些 View 的 mOnClickListener 对象。

需要注意的是，API 14+ 才支持注册 Application.ActivityLifecycleCallbacks 回调。

```
/**
 * Delegate view mOnClickListener
 *
 * @param context Context
 * @param view  View
 */
@TargetApi(15)
private static void delegateViewsOnClickListener(final Context context, final
    View view) {
    if (context == null || view == null) {
        return;
    }

    //获取当前 view 设置的mOnClickListener
    final View.OnClickListener listener = getOnClickListener(view);

    //判断已设置的mOnClickListener 类型，如果是自定义的 WrapperOnClickListener，说明已
       经被代理过，不要再去代理，防止重复代理
    if (listener != null &&!(listener instanceof WrapperOnClickListener)) {
        //替换成自定义的 WrapperOnClickListener
        view.setOnClickListener(new WrapperOnClickListener(listener));
    }

    //如果 view 是 ViewGroup，需要递归遍历子 View 并代理
    if (view instanceof ViewGroup) {
        final ViewGroup viewGroup = (ViewGroup) view;
        int childCount = viewGroup.getChildCount();
        if (childCount > 0) {
            for (int i = 0; i < childCount; i++) {
                View childView = viewGroup.getChildAt(i);
                //递归
                delegateViewsOnClickListener(context, childView);
            }
        }
    }
}
```

通过自定义的 getOnClickListener(View view) 方法可以获取当前 View 已经设置的 mOnClickListener 对象。如果获取的 mOnClickListener 对象不为空，并且又不是我们自定义的 WrapperOnClickListener 类型，则说明当前这个 View 的 mOnClickListener 还没有被代理过，则使用 WrapperOnClickListener 代理 mOnClickListener。如果当前 View 是 ViewGroup 类型，则继续递归遍历。

之所以需要判断获取到的 mOnClickListener 对象是否是我们自定义的 Wrapper-OnClickListener 类型，主要是为了防止重复代理。

这里还有一个小细节需要注意。上面判断是否去代理的条件是："如果获取的 mOnClickListener 对象不为空，并且又不是我们自定义的 WrapperOnClickListener 类型"，这里用的是"并且"(&&)，写成代码逻辑就是：

```
if (listener != null && !(listener instanceof WrapperOnClickListener)) {
    //替换成自定义的 WrapperOnClickListener
    view.setOnClickListener(new WrapperOnClickListener(listener));
}
```

这里还有另外一种判断方法，即："如果获取的 mOnClickListener 对象为空，或者不为空但又不是我们自定义的 WrapperOnClickListener 类型"，这里用的是"或者"(||)，写成代码逻辑就是：

```
if (listener == null || !(listener instanceof WrapperOnClickListener)) {
    //替换成自定义的 WrapperOnClickListener
    view.setOnClickListener(new WrapperOnClickListener(listener));
}
```

其实，这两种判断方法还是有差异的。本书建议使用第一种方法。对于一个控件，如果应用程序本身就不关心它的点击事件（即 mOnClickListener 对象为空），那么我们也就没有必要去采集它的点击事件了。如果使用了第二种方法，即使没有设置 mOnClickListener 对象我们也去代理，但如果后面应用程序根据实际业务需求，又给这个 View 设置了 mOnClickListener，那我们之前代理的 mOnClickListener（WrapperOnClickListener 类型）也会被覆盖掉，从而也会导致无法采集它的点击事件。

获取当前 View 已经设置的 mOnClickListener 对象，主要是用反射原理获取的，具体逻辑可以参考如下代码片段：

```
/**
 * 获取 View 当前设置的 OnClickListener对象
 *
 * @param view View
 * @return View.OnClickListener
 */
@SuppressWarnings({"all"})
@TargetApi(15)
private static View.OnClickListener getOnClickListener(View view) {
```

```
        boolean hasOnClick = view.hasOnClickListeners();
        if (hasOnClick) {
            try {
                Class viewClazz = Class.forName("android.view.View");
                Method listenerInfoMethod = viewClazz.getDeclaredMethod("getListenerInfo");
                if (!listenerInfoMethod.isAccessible()) {
                    listenerInfoMethod.setAccessible(true);
                }
                Object listenerInfoObj = listenerInfoMethod.invoke(view);
                Class listenerInfoClazz = Class.forName("android.view.View$ListenerInfo");
                Field onClickListenerField = listenerInfoClazz.getDeclaredField("mOn
                    ClickListener");
                if (!onClickListenerField.isAccessible()) {
                    onClickListenerField.setAccessible(true);
                }
                return (View.OnClickListener) onClickListenerField.get(listenerInfoObj);
            } catch (ClassNotFoundException e) {
                e.printStackTrace();
            } catch (NoSuchMethodException e) {
                e.printStackTrace();
            } catch (InvocationTargetException e) {
                e.printStackTrace();
            } catch (IllegalAccessException e) {
                e.printStackTrace();
            } catch (NoSuchFieldException e) {
                e.printStackTrace();
            }
        }
        return null;
    }
```

这里使用反射方法获取 mOnClickListener 对象，一方面会有效率的问题（毕竟反射是一个效率非常低的操作），另一方面可能会有兼容性的问题，即最新版本 Android Studio 中提示我们的：

Accessing internal APIs via reflection is not supported and may not work on all devices or in the future. Using reflection to access hidden/private Android APIs is not safe; it will often not work on devices from other vendors, and it may suddenly stop working (if the API is removed) or crash spectacularly (if the API behavior changes, since there are no guarantees for compatibility)。（不建议使用反射访问内部 APIs，因为无法确保这些内部 APIs 在所有的设备上或者以后的版本上可以正常使用。使用反射技术访问隐藏的或者私有的 Android APIs 其实并不安全，它通常在其他供应商的设备上无法正常运行，它有可能会产生很多问题，比如这些 APIs 被删除、发生崩溃等。如果 API 的行为发生了变化，就会带来很多兼容性方面的问题。）

其中 view.hasOnClickListeners() 方法，需要 API 15+ 才能使用。

第 6 步：自定义 WrapperOnClickListener 类型

```java
package com.sensorsdata.analytics.android.sdk;

import android.view.View;

/**
 * Created by 王灼洲 on 2018/7/22
 */
/*public*/ class WrapperOnClickListener implements View.OnClickListener {
    private View.OnClickListener source;

    WrapperOnClickListener(View.OnClickListener source) {
        this.source = source;
    }

    @Override
    public void onClick(View view) {
        //调用原有的 OnClickListener
        try {
            if (source != null) {
                source.onClick(view);
            }
        } catch (Exception e) {
            e.printStackTrace();
        }

        //插入埋点代码
        SensorsDataPrivate.trackViewOnClick(view);
    }
}
```

自定义的 WrapperOnClickListener 类实现了 View.OnClickListener 接口，在重写的 onClick(view) 方法里，会先调用原来的 mOnClickListener 对象的 onClick(view) 方法，然后再调用埋点的代码。这样，通过代理 View 的 mOnClickListener 对象，即可实现"插入"代码的效果了。

"插入"埋点代码，调用的是 SensorsDataPrivate.trackViewOnClick(view) 方法，具体实现可以参考如下代码片段：

```java
/**
 * View 被点击，自动埋点
 *
 * @param view View
 */
@Keep
protected static void trackViewOnClick(View view) {
    try {
        JSONObject jsonObject = new JSONObject();
        jsonObject.put("$element_type", view.getClass().getCanonicalName());
        jsonObject.put("$element_id", SensorsDataPrivate.getViewId(view));
        jsonObject.put("$element_content", SensorsDataPrivate.getElementContent(view));
```

```
        Activity activity = SensorsDataPrivate.getActivityFromView(view);
        if (activity != null) {
            jsonObject.put("$activity", activity.getClass().getCanonicalName());
        }

        SensorsDataAPI.getInstance().track("$AppClick", jsonObject);
    } catch (Exception e) {
        e.printStackTrace();
    }
}
```

在此示例中，我们确定了点击控件的行为事件名称叫"$AppClick"，并定义了几个相关的事件属性。

❏ $element_type

即控件的类型，比如 TextView、Button、ListView 等。本书为了方便，直接使用 view.getClass().getCanonicalName() 方法来获取控件的类型。其实，在真实的业务分析场景中，应该给控件规定一个大致的分类标准。我们以 Button 控件为例，即使是 Android 系统内置的 Button 控件，如果我们直接通过 view.getClass().getCanonicalName() 方法获取 $element_type 属性，得到的结果也可能会有两种情况，比如 android.widget.Button 和 android.support.v7.widget.AppCompatButton。但对于实际的分析来说，这两个是没有任何区别的，所以我们可以把这两个统一为 Button。对于其他控件，也是类似的情况和处理方式。

❏ $element_id

即控件的 id，也即 android:id 属性指定的值。我们可以通过 view.getId() 方法来获取。但这个方法返回的值是一个 int 类型，不可读，没有实际意义。我们需要把它转化成 android:id 属性指定的那个可读性比较高的字符串。我们可以通过参考下面的代码片段进行转化：

```
/**
 * 获取 view 的 android:id 属性对应的字符串
 *
 * @param view View
 * @return String
 */
private static String getViewId(View view) {
    String idString = null;
    try {
        if (view.getId() != View.NO_ID) {
            idString = view.getContext().getResources().getResourceEntryName
                (view.getId());
        }
    } catch (Exception e) {
        //ignore
    }
    return idString;
}
```

注意，一个 View 如果没有设置 android:id 属性，或者也没有通过 view.setId(int) 设置过，那么 view.getId() 返回的值是 View.NO_ID，其实就是 -1。

❑ $element_content

即控件上显示的文本信息。以 Button 控件为例，其实就是 button.getText().toString() 的值。对于其他控件、更复杂的控件以及自定义 View 的显示文本，后面会详细介绍。现以获取 Button 控件的显示文本为例：

```
/**
 * 获取 View 上显示的文本
 *
 * @param view View
 * @return String
 */
private static String getElementContent(View view) {
    if (view == null) {
        return null;
    }

    String text = null;
    if (view instanceof Button) {
        text = ((Button) view).getText().toString();
    }
    return text;
}
```

❑ $activity

即当前控件所属的 Activity 页面，我们现以 "包名 + 类名" 的形式来表示。View 需要依附于 Activity 才能存在，所以获取当前被点击的 View 所属的 Activity（页面），有很大的实际分析意义。我们可以通过 view.getContext() 方法来获取 Context 对象，然后尝试将 Context 对象转成 Activity 对象。在这个转化的过程中，有一点需要我们特别注意，通过 view.getContext() 方法获取的 Context 有可能是 ContextWrapper 类型，此类型是无法直接转成 Activity 对象的，需要通过 context.getBaseContext() 方法逐层找到那个 Activity。完整的逻辑可以参考如下代码片段：

```
/**
 * 获取 View 所属的 Activity
 *
 * @param view View
 * @return Activity
 */
private static Activity getActivityFromView(View view) {
    Activity activity = null;
    if (view == null) {
        return null;
    }

    try {
```

```
        Context context = view.getContext();
        if (context != null) {
            if (context instanceof Activity) {
                activity = (Activity) context;
            } else if (context instanceof ContextWrapper) {
                while (!(context instanceof Activity) && context instanceof
                    ContextWrapper) {
                    context = ((ContextWrapper) context).getBaseContext();
                }
                if (context instanceof Activity) {
                    activity = (Activity) context;
                }
            }
        }
    } catch (Exception e) {
        e.printStackTrace();
    }
    return activity;
}
```

第 7 步：初始化埋点 SDK

在 app module 中新建 MyApplication.java 类，该类继承 Application，然后在 onCreate 方法中初始化我们的埋点 SDK。

```
package com.sensorsdata.analytics.android.app;

import android.app.Application;

import com.sensorsdata.analytics.android.sdk.SensorsDataAPI;

/**
 * Created by 王灼洲 on 2018/7/22
 */
public class MyApplication extends Application {
    @Override
    public void onCreate() {
        super.onCreate();
        initSensorsDataAPI(this);
    }

    /**
     * 初始化埋点 SDK
     *
     * @param application Application
     */
    private void initSensorsDataAPI(Application application) {
        SensorsDataAPI.init(application);
    }
}
```

第 8 步：配置 MyApplication

最后在 AndroidManifest.xml 文件的 application 节点配置我们上一步自定义的 MyApplication。

```xml
<?xml version="1.0" encoding="utf-8"?>
<manifest xmlns:android=http://schemas.android.com/apk/res/androidpackage="com.
    sensorsdata.analytics.android.app">

    <application
        android:name=".MyApplication"
        android:allowBackup="true"
        android:icon="@mipmap/ic_launcher"
        android:label="@string/app_name"
        android:roundIcon="@mipmap/ic_launcher_round"
        android:supportsRtl="true"
        android:theme="@style/AppTheme">
        <activity android:name=".MainActivity">
            <intent-filter>
                <action android:name="android.intent.action.MAIN" />
                <category android:name="android.intent.category.LAUNCHER" />
            </intent-filter>
        </activity>
    </application>
</manifest>
```

构建 App，运行 demo，然后点击 demo 中的 Button 按钮，通过 adb logcat 可以看到如下点击事件信息，参考图 4-1。

```
{
    "event":"$AppClick",
    "device_id":"cf7dbccbb9aefb1f",
    "properties":{
        "$app_name":"全埋点方案1",
        "$model":"FRD-AL10",
        "$os_version":"7.0",
        "$app_version":"1.0",
        "$manufacturer":"HUAWEI",
        "$screen_height":1794,
        "$os":"Android",
        "$screen_width":1080,
        "$lib_version":"1.0.0",
        "$lib":"Android",
        "$element_type":"android.support.v7.widget.AppCompatButton",
        "$element_id":"button",
        "$element_content":"普通 setOnClickListener",
        "$activity":"com.sensorsdata.analytics.android.app.project1.MainActivity"
    },
    "time":1533353038552
}
```

图 4-1 $AppClick 事件详细信息

至此，一个简单的基于代理 View.OnClickListener 的全埋点方案就算完成了。

经过测试发现，通过如下方式设置的 listener 均可以正常采集：

❑ 通过代码设置 mOnClickListener 对象；

❑ 通过 android:onClick 属性绑定处理函数；

- 通过注解绑定处理函数，如 ButterKnife 绑定处理函数；
- 含有 Lambda 语法的 mOnClickListener。

但是经过测试发现，通过 DataBinding 绑定处理函数的点击事件是无法正常采集的。
这是为什么呢？

通过继续测试我们可以发现，这是由于 DataBinding 框架给 Button 设置 mOnClickListener 对象的动作稍微晚于 onActivityResumed 生命周期函数。即我们去代理 Button 已设置的 mOnClickListener 对象时，DataBinding 框架还没有完成给 Button 设置 mOnClickListener 对象的操作，所以我们去遍历 RootView 时，当前 View 不满足 hasOnClickListener 的判断条件，因此没有去代理其 mOnClickListener 对象，从而导致无法采集其点击事件。

针对这个问题，我们可以先用一个简单的方法来处理。

既然是某些动作延迟导致的，那我们可以在 Application.ActivityLifecycleCallbacks 的 onActivityResumed(final Activity activity) 回调方法中，也去延迟一定的时间，然后再去调用 delegateViewsOnClickListener(Context context, View view) 方法遍历 RootView，这样就相当于给 DataBinding 框架一些时间去处理。在这里，我们以延迟 300 毫秒为例：

```java
@Override
public void onActivityResumed(final Activity activity) {
    new Handler().postDelayed(new Runnable() {
        @Override
        public void run() {
            delegateViewsOnClickListener(activity, activity.findViewById(android.
                R.id.content));
        }
    }, 300);
}
```

我们发现，采用这种方法处理之后，就可以正常采集通过 DataBinding 绑定的点击事件了，参考图 4-2。

```json
{
    "event":"$AppClick",
    "device_id":"cf7dbccbb9aefb1f",
    "properties":{
        "$app_name":"全埋点方案1",
        "$model":"FRD-AL10",
        "$os_version":"7.0",
        "$app_version":"1.0",
        "$manufacturer":"HUAWEI",
        "$screen_height":1794,
        "$os":"Android",
        "$screen_width":1080,
        "$lib_version":"1.0.0",
        "$lib":"Android",
        "$element_type":"android.support.v7.widget.AppCompatButton",
        "$element_id":"dataBinding",
        "$element_content":"DataBinding 绑定 OnClickListener",
        "$activity":"com.sensorsdata.analytics.android.app.project1.MainActivity"
    },
    "time":1533355666753
}
```

图 4-2　$AppClick 事件详细信息

4.4　引入 DecorView

我们通过继续测试可以发现，目前基于代理 View 的 mOnClickListener 对象的方案是无法采集 MenuItem 控件的点击事件的。

这又是什么原因呢？

其实，这是因为我们通过 android.R.id.content 获取到的 RootView 是不包含 Activity 标题栏的，也就是不包括 MenuItem 的父容器，一开始介绍 android.R.id.content 时也提到过。所以，当我们去遍历 RootView 时是无法遍历到 MenuItem 控件的，因此也无法去代理其 mOnClickListener 对象，从而导致无法采集 MenuItem 的点击事件。

下面使用 DecorView 来解决这个问题。

什么是 DecorView 呢？

DecorView 是整个 Window 界面的最顶层的 View（图 4-3 中编号为 0 的 View）。DecorView 只有一个子元素为 LinearLayout（图 4-3 中编号 1），代表整个 Window 界面，它包含通知栏、标题栏、内容显示栏三块区域。这个 LinearLayout 里含有两个 FrameLayout 子元素。第一个 FrameLayout（图 4-3 中编号 20）为标题栏显示界面。第二个 FrameLayout（图 4-3 中编号 21）为内容栏显示界面，就是上面所说的 android.R.id.content。

所以，针对上面提到的无法采集 MenuItem 点击事件的问题，我们只需要将之前方案中的 activity.findViewById(android.R.id.content) 换成 activity.getWindow().getDecorView()，就可以遍历到 MenuItem 了，从而就可以自动采集到 MenuItem 点击事件了。

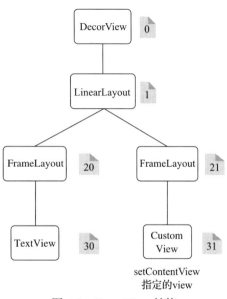

图 4-3　DecorView 结构

```java
@Override
public void onActivityResumed(final Activity activity) {
    new Handler().postDelayed(new Runnable() {
        @Override
        public void run() {
            delegateViewsOnClickListener(activity, activity.getWindow().
                getDecorView());
        }
    }, 300);
}
```

修改之后，运行 App，点击 MenuItem，就可以看到如下点击事件信息，参考图 4-4。

```
{
    "event":"$AppClick",
    "device_id":"cf7dbccbb9aefb1f",
    "properties":{
        "$app_name":"全埋点方案1",
        "$model":"FRD-AL10",
        "$os_version":"7.0",
        "$app_version":"1.0",
        "$manufacturer":"HUAWEI",
        "$screen_height":1794,
        "$os":"Android",
        "$screen_width":1080,
        "$lib_version":"1.0.0",
        "$lib":"Android",
        "$element_type":"android.support.v7.view.menu.ActionMenuItemView",
        "$element_id":"menu_more",
        "$activity":"com.sensorsdata.analytics.android.app.project1.MainActivity"
    },
    "time":1533356753006
}
```

图 4-4　$AppClick 事件详细信息

通过上图我们可以发现，事件中并没有 $element_content 属性。这又是什么原因导致的呢？还记得我们之前的获取 $element_content 的逻辑吗？

```
/**
 * 获取 View 上显示的文本
 *
 * @param view View
 * @return String
 */
private static String getElementContent(View view) {
    if (view == null) {
        return null;
    }

    String text = null;
    if (view instanceof Button) {
        text = ((Button) view).getText().toString();
    }
    return text;
}
```

我们之前只是简单地处理了获取 Button 类型的文本信息，而 MenuItem 点击时的 View 是 android.support.v7.view.menu.ActionMenuItemView 类型，所以我们只需要添加这个类型的 View 判断，然后获取其文本信息即可。

```
/**
 * 获取 View 上显示的文本
 *
 * @param view View
 * @return String
 */
private static String getElementContent(View view) {
```

```
    if (view == null) {
        return null;
    }

    String text = null;
    if (view instanceof Button) {
        text = ((Button) view).getText().toString();
    } else if (view instanceof ActionMenuItemView) {
        text = ((ActionMenuItemView) view).getText().toString();
    }
    return text;
}
```

再次运行 App，点击 MenuItem，可以看到如下点击事件信息，这时已经包含了 $element_content 属性，参考图 4-5。

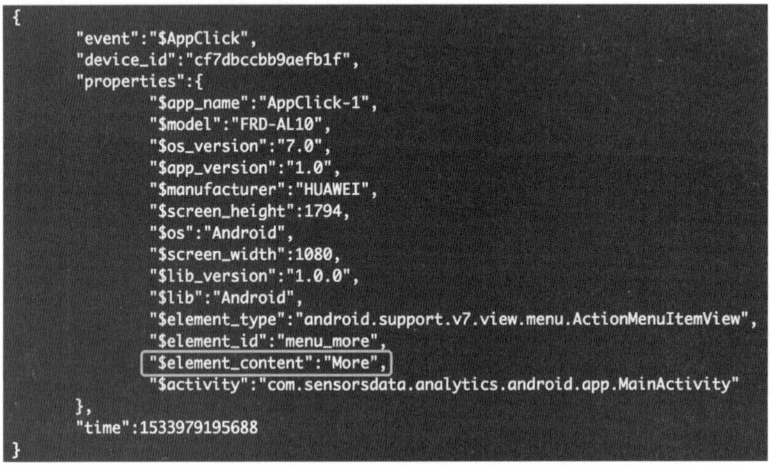

```
{
    "event":"$AppClick",
    "device_id":"cf7dbccbb9aefb1f",
    "properties":{
        "$app_name":"AppClick-1",
        "$model":"FRD-AL10",
        "$os_version":"7.0",
        "$app_version":"1.0",
        "$manufacturer":"HUAWEI",
        "$screen_height":1794,
        "$os":"Android",
        "$screen_width":1080,
        "$lib_version":"1.0.0",
        "$lib":"Android",
        "$element_type":"android.support.v7.view.menu.ActionMenuItemView",
        "$element_id":"menu_more",
        "$element_content":"More",
        "$activity":"com.sensorsdata.analytics.android.app.MainActivity"
    },
    "time":1533979195688
}
```

图 4-5　$AppClick 事件详细信息

这样，不仅可以正常采集 MenuItem 的点击事件，而且能正常获取它的显示文本信息。

4.5　引入 ViewTreeObserver.OnGlobalLayoutListener

通过继续测试还可以发现，当前的方案还有一个问题，即：该方案无法采集 onResume() 生命周期之后动态创建的 View 点击事件。比如，我们点击一个按钮，在其 OnClickListener 里动态创建一个 Button，然后通过 addView 添加到页面上：

```
ViewGroup rootView = findViewById(R.id.rootView);
AppCompatButton button = new AppCompatButton(this);
button.setText("动态创建的Button");
button.setOnClickListener(new View.OnClickListener() {
    @Override
```

```
    public void onClick(View view) {
    }
});
rootView.addView(button);
```

此时，点击这个动态创建的 Button，当前方案是无法采集其点击事件的。

这是因为我们是在 Activity 的 onResume 生命周期之前去遍历整个 RootView 并代理其 mOnClickListener 对象的。如果是在 onResume 生命周期之后动态创建的 View，当时肯定是无法被遍历到的，后来我们又没有再次去遍历，所以它的 mOnClickListener 对象就没有被我们代理过。因此，点击控件时，是无法采集到其点击事件的。

下面通过引入 ViewTreeObserver.OnGlobalLayoutListener 来解决这个问题。

什么是 ViewTreeObserver.OnGlobalLayoutListener？

OnGlobalLayoutListener 其实是 ViewTreeObserver 的一个内部接口。当一个视图树的布局发生改变时，如果我们给当前的 View 设置了 ViewTreeObserver.OnGlobalLayoutListener 监听器，就可以被 ViewTreeObserver.OnGlobalLayoutListener 监听器监听到（实际上是触发了它的 onGlobalLayout 回调方法）。所以，基于这个原理，我们可以给当前 Activity 的 RootView 也添加一个 ViewTreeObserver.OnGlobalLayoutListener 监听器，当收到 onGlobalLayout 方法回调时（即视图树的布局发生变化，比如新的 View 被创建），我们重新去遍历一次 RootView，然后找到那些没有被代理过 mOnClickListener 对象的 View 并进行代理，即可解决上面提到的问题。

```
@Override
public void onActivityResumed(final Activity activity) {
    final ViewGroup rootView = getRootViewFromActivity(activity, true);
    rootView.getViewTreeObserver().addOnGlobalLayoutListener(new ViewTreeObserver.
      OnGlobalLayoutListener() {
      @Override
      public void onGlobalLayout() {
          delegateViewsOnClickListener(activity, rootView);
      }
    });
}
```

采用这种方案之后，也可以直接采集通过 DataBinding 绑定的点击事件了，同时之前采用延迟的方案也可以废弃了。

另外，关于 ViewTreeObserver.OnGlobalLayoutListener 监听器，建议在页面退出的时候 remove 掉，即在 onStop 的时候调用 removeOnGlobalLayoutListener 方法。

完善之后的 registerActivityLifecycleCallbacks 代码片段如下：

```
/**
 * 注册 Application.ActivityLifecycleCallbacks
 *
 * @param application Application
```

```java
     */
    @TargetApi(14)
    public static void registerActivityLifecycleCallbacks(Application application) {
        application.registerActivityLifecycleCallbacks(new Application.ActivityLifecycle-
            Callbacks() {
                private ViewTreeObserver.OnGlobalLayoutListener onGlobalLayoutListener;

                @Override
                public void onActivityCreated(final Activity activity, Bundle bundle) {
                    final ViewGroup rootView = getRootViewFromActivity(activity, true);
                    onGlobalLayoutListener = new ViewTreeObserver.OnGlobalLayout-Listener() {
                        @Override
                        public void onGlobalLayout() {
                            delegateViewsOnClickListener(activity, rootView);
                        }
                    };
                }

                @Override
                public void onActivityStarted(Activity activity) {
                }

                @Override
                public void onActivityResumed(final Activity activity) {
                    final ViewGroup rootView = getRootViewFromActivity(activity, true);
    rootView.getViewTreeObserver().addOnGlobalLayoutListener(onGlobalLayoutListener);
                }

                @Override
                public void onActivityPaused(Activity activity) {
                }

                @Override
                public void onActivityStopped(Activity activity) {
                    if (Build.VERSION.SDK_INT >= 16) {
                        final ViewGroup rootView = getRootViewFromActivity(activity, true);
    rootView.getViewTreeObserver().removeOnGlobalLayoutListener(onGlobalLayoutListener);
                    }
                }

                @Override
                public void onActivitySaveInstanceState(Activity activity, Bundle bundle) {
                }

                @Override
                public void onActivityDestroyed(Activity activity) {
                }
            });
    }
```

需要注意的是，removeOnGlobalLayoutListener 方法要求 API 16+。

最后，由于该方案遍历的是 Activity 的 RootView，所以游离于 Activity 之上的 View 的点击是无法采集的，比如 Dialog、PopupWindow 等。

该方案从整体上来说比较简单、易懂，特别适合入门。通过这个方案，可以让我们对全埋点的整体思路或者整体思想有一个比较清晰的认识，对理解后面更深入的全埋点方案有很大的帮助。

4.6　扩展采集能力

上面介绍的内容是以 Button 控件为例的，相对比较简单。下面会扩展一下埋点 SDK，让它可以采集更多控件的点击事件，并让它的各项功能更完善。

扩展 1：支持获取 TextView 的显示文本

点击 TextView 控件时，虽然可以正常触发点击事件，但却没有 $element_content 属性。其实原因很简单，在前面的示例中，我们仅仅获取了 Button 和 MenuItem 的显示文本信息。下面稍微修改一下获取显示文本信息的代码逻辑，就可以支持获取 TextView 的 $element_content 属性了。

修改后的 SensorsDataPrivate. getElementContent(View view) 代码片段如下：

```
/**
 * 获取 View 上显示的文本
 *
 * @param view View
 * @return String
 */
private static String getElementContent(View view) {
    if (view == null) {
        return null;
    }

    String text = null;
    if (view instanceof Button) {
        text = ((Button) view).getText().toString();
    } else if (view instanceof ActionMenuItemView) {
        text = ((ActionMenuItemView) view).getText().toString();
    } else if (view instanceof TextView) {
        text = ((TextView) view).getText().toString();
    }
    return text;
}
```

获取其他控件的显示文本信息，处理逻辑与此类似，可以自行添加。

扩展 2：支持获取 ImageView 的显示文本信息

在此，我们扩展一下如何支持获取 ImageView 的 $element_content 属性。

其实，ImageView 控件本身没有显示文本这个概念。当我们点击 ImageView 的时候又该如何获取它的显示文本信息 ($element_content) 呢？或者说，对于图片的点击，我们如何知道更多关于 ImageView 的信息呢？其实，可以通过 android:contentDescription 的属性值来代替显示文本。

什么是 android:contentDescription 属性？

该属性可以为视力有障碍的用户提供方便。当我们为一个控件设置 android:content-Description 属性后，如果用户设备的可访问性选项作了相应的设置，当用户点击相应的按钮时，设备会用语音读出属性值的内容。

我们首先给 ImageView 设置 android:contentDescription 属性值：

```
<android.support.v7.widget.AppCompatImageView
    android:id="@+id/imageView"
    android:layout_width="wrap_content"
    android:layout_height="wrap_content"
    android:layout_gravity="center_horizontal"
    android:contentDescription="我是一张图片"
    app:srcCompat="@mipmap/ic_launcher" />
```

然后修改 SensorsDataPrivate.getElementContent(View view) 方法，用来支持获取 ImageView 的 android:contentDescription 属性值作为 $element_content。

```
/**
 * 获取 View 上显示的文本
 *
 * @param view View
 * @return String
 */
private static String getElementContent(View view) {
    if (view == null) {
        return null;
    }

    String text = null;
    if (view instanceof Button) {
        text = ((Button) view).getText().toString();
    } else if (view instanceof ActionMenuItemView) {
        text = ((ActionMenuItemView) view).getText().toString();
    } else if (view instanceof TextView) {
        text = ((TextView) view).getText().toString();
    } else if (view instanceof ImageView) {
        text = view.getContentDescription().toString();
    }
    return text;
}
```

我们是通过 view.getContentDescription() 方法获取 android:contentDescription 设置的属性值的。

点击 demo 的 ImageView，可以看到如下点击事件信息，参考图 4-6。

```
{
    "event":"$AppClick",
    "device_id":"cf7dbccbb9aefb1f",
    "properties":{
            "$app_name":"AppClick-1",
            "$model":"FRD-AL10",
            "$os_version":"7.0",
            "$app_version":"1.0",
            "$manufacturer":"HUAWEI",
            "$screen_height":1794,
            "$os":"Android",
            "$screen_width":1080,
            "$lib_version":"1.0.0",
            "$lib":"Android",
            "$element_type":"android.support.v7.widget.AppCompatImageView",
            "$element_id":"imageView",
            "$element_content":"我是一个图片",
            "$activity":"com.sensorsdata.analytics.android.app.MainActivity"
    },
    "time":1533981060336
}
```

图 4-6　$AppClick 事件详细信息

我们发现，系统已经可以正常显示 $element_content 属性了，对于其他一些特殊的控件，也可以采用类似的方案来获取它们的显示文本信息。

扩展 3：支持采集 CheckBox 的点击事件

下面，我们扩展一下 SDK 可以支持采集 CheckBox 的点击事件。

CheckBox 设置的 listener 是 CompoundButton.OnCheckedChangeListener，处理方式与代理 Button 的 mOnClickListener 对象类似。如果发现当前 View 是 CheckBox 类型或者其子类类型，首先通过反射获取它已经设置的 mOnCheckedChangeListener 对象，如果获取到的 mOnCheckedChangeListener 对象不为空并且又不是我们自定义的 WrapperOnCheckedChangeListener 类型，然后用 WrapperOnCheckedChangeListener 代理即可。

首先，在 delegateViewsOnClickListener(final Context context, final View view) 方法中增加判断当前 View 是否是 CheckBox 或者其子类的逻辑，代码片段参考如下：

```
/**
 * Delegate view OnClickListener
 *
 * @param context Context
 * @param view    View
 */
@TargetApi(15)
private static void delegateViewsOnClickListener(final Context context, final
View view) {
    if (context == null || view == null) {
        return;
    }
```

```
//获取当前 view 设置的 OnClickListener
final View.OnClickListener listener = getOnClickListener(view);

//判断已设置的 OnClickListener 类型, 如果是自定义的 WrapperOnClickListener, 说明已
  经被 hook 过, 防止重复 hook
if (listener != null && !(listener instanceof WrapperOnClickListener)) {
    //替换成自定义的 WrapperOnClickListener
    view.setOnClickListener(new WrapperOnClickListener(listener));
} else if (view instanceof CheckBox) {
    final CompoundButton.OnCheckedChangeListener onCheckedChangeListener =
            getOnCheckedChangeListener(view);
    if (onCheckedChangeListener != null &&
            !(onCheckedChangeListener instanceof WrapperOnCheckedChangeListener)) {
        ((CompoundButton) view).setOnCheckedChangeListener(
            new WrapperOnCheckedChangeListener(onCheckedChangeListener));
    }
}

//如果 view 是 ViewGroup, 需要递归遍历子 View 并 hook
if (view instanceof ViewGroup) {
    final ViewGroup viewGroup = (ViewGroup) view;
    int childCount = viewGroup.getChildCount();
    if (childCount > 0) {
        for (int i = 0; i < childCount; i++) {
            View childView = viewGroup.getChildAt(i);
            //递归
            delegateViewsOnClickListener(context, childView);
        }
    }
}
}
```

如果发现当前 View 是 CheckBox 类类型或者是其子类类型, 则调用内部自定义的 getOnCheckedChangeListener(view) 方法通过反射获取其已经设置的 mOnChecked-ChangeListener 对象。如果获取到的 OnCheckedChangeListener 对象不为空, 并且又不是我们自定义的 WrapperOnCheckedChangeListener 类型, 则去代理并重新设置回去。

自定义的 getOnCheckedChangeListener(view) 方法的内部实现逻辑如下:

```
/**
 * 获取 CheckBox 设置的 OnCheckedChangeListener对象
 * @param view
 * @return
 */
@SuppressWarnings("all")
private static CompoundButton.OnCheckedChangeListener getOnCheckedChange-
    Listener(View view) {
    try {
        Class viewClazz = Class.forName("android.widget.CompoundButton");
        Field mOnCheckedChangeListenerField = viewClazz.getDeclaredField("mOnChe
```

```
                    ckedChangeListener");
            if (!mOnCheckedChangeListenerField.isAccessible()) {
                mOnCheckedChangeListenerField.setAccessible(true);
            }
            return (CompoundButton.OnCheckedChangeListener) mOnCheckedChange-
                ListenerField.get(view);
        } catch (ClassNotFoundException e) {
            e.printStackTrace();
        } catch (NoSuchFieldException e) {
            e.printStackTrace();
        } catch (IllegalAccessException e) {
            e.printStackTrace();
        }
        return null;
    }
```

以上主要是通过反射获取 CheckBox 的 mOnCheckedChangeListener 对象。

自定义的 WrapperOnCheckedChangeListener 的源码如下：

```
package com.sensorsdata.analytics.android.sdk;

import android.widget.CompoundButton;

/*public*/ class WrapperOnCheckedChangeListener implements CompoundButton.
    OnCheckedChangeListener {
    private CompoundButton.OnCheckedChangeListener source;

    WrapperOnCheckedChangeListener(CompoundButton.OnCheckedChangeListener source) {
        this.source = source;
    }

    @Override
    public void onCheckedChanged(CompoundButton compoundButton, boolean b) {
        //调用原有的 OnClickListener
        try {
            if (source != null) {
                source.onCheckedChanged(compoundButton, b);
            }
        } catch (Exception e) {
            e.printStackTrace();
        }

        //插入埋点代码
        SensorsDataPrivate.trackViewOnClick(compoundButton);
    }
}
```

WrapperOnCheckedChangeListener 继 承 CompoundButton.OnCheckedChangeListener，
在其 onCheckedChanged(CompoundButton compoundButton, boolean b) 方法中，我们首先调
用当前 CheckBox 之前设置的 mOnCheckedChangeListener 对象的 onCheckedChanged 方法，

然后再调用埋点代码，这样即可实现"插入"埋点代码的效果。

点击 demo 中的 CheckBox，可以在日志里看到相应的事件信息，参考图 4-7。

```json
{
    "event":"$AppClick",
    "device_id":"cf7dbccbb9aefb1f",
    "properties":{
        "$app_name":"AppClick-1",
        "$model":"FRD-AL10",
        "$os_version":"7.0",
        "$app_version":"1.0",
        "$manufacturer":"HUAWEI",
        "$screen_height":1794,
        "$os":"Android",
        "$screen_width":1080,
        "$lib_version":"1.0.0",
        "$lib":"Android",
        "$element_type":"android.support.v7.widget.AppCompatCheckBox",
        "$element_id":"checkBox",
        "$element_content":"我是 CheckBox",
        "$activity":"com.sensorsdata.analytics.android.app.MainActivity"
    },
    "time":1533987256119
}
```

图 4-7 $AppClick 事件详细信息

另外，由于 CheckBox、SwitchCompat、ToggleButton、RadioButton 等都是同一种类型的控件，即它们都是带有"状态"的按钮。同时，它们又都是 CompoundButton 的子类，而且设置的 listener 也属于同一种类型，即都是 CompoundButton.OnChecked-ChangeListener 类型。所以，我们只需要把前面 delegateViewsOnClickListener(final Context context, final View view) 中的判断语句"if (view instanceof CheckBox)"改成"if (view instanceof CompoundButton)"，即可同时支持采集以上控件的点击事件。

扩展 4：支持采集 RadioGroup 的点击事件

下面扩展一下埋点 SDK，使其可以采集 RadioGroup 的点击事件。

RadioGroup 设置的 listener 是 RadioGroup.OnCheckedChangeListener 类型。我们只需要判断当前 View 属于 RadioGroup 类型，然后通过反射获取其已经设置的 mOnChecked-ChangeListener 对象，如果获取到的 mOnCheckedChangeListener 对象不为空，并且又不是我们自定义的 WrapperRadioGroupOnCheckedChangeListener 类型，则通过 WrapperRadioGroupOnCheckedChangeListener 代理即可。

```java
if (view instanceof RadioGroup) {
    final RadioGroup.OnCheckedChangeListener radioOnCheckedChangeListener =
        getRadioGroupOnCheckedChangeListener(view);
    if (radioOnCheckedChangeListener != null &&
    !(radioOnCheckedChangeListener instanceof WrapperRadioGroupOnCheckedChangeListener)) {
        ((RadioGroup) view).setOnCheckedChangeListener(
            new WrapperRadioGroupOnCheckedChangeListener(radioOnCheckedChangeListener));
    }
}
```

自定义的 getRadioGroupOnCheckedChangeListener 的实现逻辑也比较简单，就是通过反射获取 RadioGroup 的 mOnCheckedChangeListener，代码片段如下：

```
private static RadioGroup.OnCheckedChangeListener getRadioGroupOnCheckedChangeLi
    stener(View view) {
    try {
        Class viewClazz = Class.forName("android.widget.RadioGroup");
        Field mOnCheckedChangeListenerField =
            viewClazz.getDeclaredField("mOnCheckedChangeListener");
        if (!mOnCheckedChangeListenerField.isAccessible()) {
            mOnCheckedChangeListenerField.setAccessible(true);
        }
        return (RadioGroup.OnCheckedChangeListener) mOnCheckedChangeListener-
            Field.get(view);
    } catch (ClassNotFoundException e) {
        e.printStackTrace();
    } catch (NoSuchFieldException e) {
        e.printStackTrace();
    } catch (IllegalAccessException e) {
        e.printStackTrace();
    }
    return null;
}
```

自定义的 WrapperRadioGroupOnCheckedChangeListener 的源码如下：

```
package com.sensorsdata.analytics.android.sdk;

import android.widget.RadioGroup;

/*public*/ class WrapperRadioGroupOnCheckedChangeListener implements RadioGroup.
    OnCheckedChangeListener {
    private RadioGroup.OnCheckedChangeListener source;

    WrapperRadioGroupOnCheckedChangeListener(RadioGroup.OnCheckedChangeListener
        source) {
        this.source = source;
    }

    @Override
    public void onCheckedChanged(RadioGroup radioGroup, int i) {
        //调用原有的 OnClickListener
        try {
            if (source != null) {
                source.onCheckedChanged(radioGroup, i);
            }
        } catch (Exception e) {
            e.printStackTrace();
        }

        //插入埋点代码
```

```
        SensorsDataPrivate.trackViewOnClick(radioGroup);
    }
}
```

WrapperRadioGroupOnCheckedChangeListener 继承 RadioGroup.OnCheckedChange-Listener，在其 onCheckedChanged 方法中，我们首先调用原有 listener 的 onCheckedChanged 方法，然后再调用埋点代码，这样即可达到"插入"埋点代码的效果。

我们又该如何去获取 RadioGroup 的显示文本呢？

RadioGroup 的显示文本应该是当时被选中的 RadioButton 的显示文本。所以，这里的关键是如何找到当时被选中的 RadioButton。RadioGroup 有一个叫 getChecked-RadioButtonId() 的方法，它返回的是当时被选中的 RadioButton 的 android:id。拿到这个 android:id，又该如何获取 RadioButton 对象呢？既然已经拿到了 RadioGroup 对象，通过 radioGroup.getContext() 方法可以拿到 Context 对象，然后再将 Context 对象转成 Activity 对象，最后通过 activity.findViewById(checkedRadioButtonId) 方法就可以拿到那个 id 对应的 RadioButton 对象了。拿到了 RadioButton 对象，调用其 getText() 方法即可获取它的显示文本信息。

完整的 getElementContent(View view) 代码片段如下：

```
/**
 * 获取 View 上显示的文本
 *
 * @param view View
 * @return String
 */
private static String getElementContent(View view) {
    if (view == null) {
        return null;
    }

    String text = null;
    if (view instanceof Button) {
        text = ((Button) view).getText().toString();
    } else if (view instanceof ActionMenuItemView) {
        text = ((ActionMenuItemView) view).getText().toString();
    } else if (view instanceof TextView) {
        text = ((TextView) view).getText().toString();
    } else if (view instanceof ImageView) {
        text = view.getContentDescription().toString();
    } else if (view instanceof RadioGroup) {
        try {
            RadioGroup radioGroup = (RadioGroup) view;
            Activity activity = getActivityFromView(view);
            if (activity != null) {
                int checkedRadioButtonId = radioGroup.getCheckedRadioButtonId();
                RadioButton radioButton = activity.findViewById(checkedRadioButtonId);
                if (radioButton != null) {
```

```
            text = radioButton.getText().toString();
        }
    }
} catch (Exception e) {
    e.printStackTrace();
}
    }
    return text;
}
```

点击 demo 中的 RadioGroup，可以在日志中看到相应的点击事件信息，参考图 4-8。

```
{
    "event":"$AppClick",
    "device_id":"cf7dbccbb9aefb1f",
    "properties":{
        "$app_name":"AppClick-1",
        "$model":"FRD-AL10",
        "$os_version":"7.0",
        "$app_version":"1.0",
        "$manufacturer":"HUAWEI",
        "$screen_height":1794,
        "$os":"Android",
        "$screen_width":1080,
        "$lib_version":"1.0.0",
        "$lib":"Android",
        "$element_type":"android.widget.RadioGroup",
        "$element_id":"radioGroup",
        "$element_content":"男",
        "$activity":"com.sensorsdata.analytics.android.app.MainActivity"
    },
    "time":1533988068062
}
```

图 4-8　$AppClick 事件详细信息

扩展 5：支持采集 RatingBar 的点击事件

RatingBar 设置的 listener 是 RatingBar.OnRatingBarChangeListener 类型。RatingBar 与前面讲到的 View 相比有一个好处就是，它已经有一个 getOnRatingBarChangeListener() 方法了，通过这个方法可以直接获取它已设置的 mOnRatingBarChangeListener 对象，无须通过反射获取。遍历 RootView 的时候，如果发现当前 View 是 RatingBar 类型，就通过 getOnRatingBarChangeListener() 方法获取它的 mOnRatingBarChangeListener 对象。如果 mOnRatingBarChangeListener 对象不为空，并且又不是我们自定义的 WrapperOnRatingBarChangeListener 类型，则去代理即可。详细的代码如下：

```
if (view instanceof RadioGroup) {
    final RadioGroup.OnCheckedChangeListener radioOnCheckedChangeListener =
        getRadioGroupOnCheckedChangeListener(view);
    if (radioOnCheckedChangeListener != null &&
        !(radioOnCheckedChangeListener instanceof WrapperRadioGroupOnCheckedChan
            geListener)) {
        ((RadioGroup) view).setOnCheckedChangeListener(
                new WrapperRadioGroupOnCheckedChangeListener(radioOnCheckedC
                    hangeListener));
    }
}
```

自定义的 WrapperOnRatingBarChangeListener 类型的源码如下：

```java
package com.sensorsdata.analytics.android.sdk;

import android.widget.RatingBar;

/*public*/ class WrapperOnRatingBarChangeListener implements RatingBar.
    OnRatingBarChangeListener {
    private RatingBar.OnRatingBarChangeListener source;

    WrapperOnRatingBarChangeListener(RatingBar.OnRatingBarChangeListener source) {
        this.source = source;
    }

    @Override
    public void onRatingChanged(RatingBar ratingBar, float v, boolean b) {
        //调用原有的 OnClickListener
        try {
            if (source != null) {
                source.onRatingChanged(ratingBar, v, b);
            }
        } catch (Exception e) {
            e.printStackTrace();
        }

        //插入埋点代码
        SensorsDataPrivate.trackViewOnClick(ratingBar);
    }
}
```

WrapperOnRatingBarChangeListener 继 承 RatingBar.OnRatingBarChangeListener， 在其 onRatingChanged 方法中，我们首先调用原有 listener 的 onRatingChanged 方法，然后再调用埋点代码，这样即可实现"插入"埋点代码的效果。

RatingBar 的 $element_content 属性值可以采用 String.valueOf(((RatingBar) view).getRating()) 来表示。

扩展 6：支持采集 SeekBar 的点击事件

SeekBar 设置的 listener 是 SeekBar.OnSeekBarChangeListener 类型。SeekBar.OnSeekBar-ChangeListener 接口有三个回调方法：

```java
public interface OnSeekBarChangeListener {

    /**
     * 拖动条进度改变的时候调用
     */
    void onProgressChanged(SeekBar seekBar, int progress, boolean fromUser);

    /**
     * 拖动条开始拖动的时候调用
```

```
     */
    void onStartTrackingTouch(SeekBar seekBar);

    /**
     * 拖动条停止拖动的时候调用
     */
    void onStopTrackingTouch(SeekBar seekBar);
}
```

根据实际的业务分析需求，我们只需要关注 onStopTrackingTouch(SeekBar seekBar) 回调即可。SeekBar 的处理方案与 RatingBar 的处理方案非常类似，也是通过反射获取 SeekBar 已经设置的 mOnSeekBarChangeListener 对象，如果获取到的 mOnSeekBarChangeListener 对象不为空，并且又不是我们自定义的 WrapperOnSeekBarChangeListener 类型，则去代理即可，代码片段如下：

```
if (view instanceof SeekBar) {
    final SeekBar.OnSeekBarChangeListener onSeekBarChangeListener =
            getOnSeekBarChangeListener(view);
    if (onSeekBarChangeListener != null &&
            !(onSeekBarChangeListener instanceof WrapperOnSeekBarChangeListener)) {
        ((SeekBar) view).setOnSeekBarChangeListener(
            new WrapperOnSeekBarChangeListener(onSeekBarChangeListener));
    }
}
```

自定义的 getOnSeekBarChangeListener(View view) 方法代码片段如下：

```
private static SeekBar.OnSeekBarChangeListener getOnSeekBarChangeListener(View view) {
    try {
        Class viewClazz = Class.forName("android.widget.SeekBar");
        Field mOnCheckedChangeListenerField =
                viewClazz.getDeclaredField("mOnSeekBarChangeListener");
        if (!mOnCheckedChangeListenerField.isAccessible()) {
            mOnCheckedChangeListenerField.setAccessible(true);
        }
        return (SeekBar.OnSeekBarChangeListener) mOnCheckedChangeListenerField.
            get(view);
    } catch (ClassNotFoundException e) {
        e.printStackTrace();
    } catch (NoSuchFieldException e) {
        e.printStackTrace();
    } catch (IllegalAccessException e) {
        e.printStackTrace();
    }
    return null;
}
```

自定义的 WrapperOnSeekBarChangeListener 类源码如下：

```
package com.sensorsdata.analytics.android.sdk;
```

```java
import android.widget.SeekBar;

/*public*/ class WrapperOnSeekBarChangeListener implements SeekBar.OnSeekBarChange-
    Listener {
    private SeekBar.OnSeekBarChangeListener source;

    WrapperOnSeekBarChangeListener(SeekBar.OnSeekBarChangeListener source) {
        this.source = source;
    }

    @Override
    public void onStopTrackingTouch(SeekBar seekBar) {
        if (source != null) {
            source.onStopTrackingTouch(seekBar);
        }

        SensorsDataPrivate.trackViewOnClick(seekBar);
    }

    @Override
    public void onStartTrackingTouch(SeekBar seekBar) {
        if (source != null) {
            source.onStartTrackingTouch(seekBar);
        }
    }

    @Override
    public void onProgressChanged(SeekBar seekBar, int i, boolean b) {
        if (source != null) {
            source.onProgressChanged(seekBar, i, b);
        }
    }
}
```

WrapperOnSeekBarChangeListener 继承 SeekBar.OnSeekBarChangeListener，由于我们不关心 onStartTrackingTouch、onProgressChanged 回调，所以在其内部直接调用原有 listener 的相应方法。对于我们关心的 onStopTrackingTouch 回调，在其内部先调用原有 listener 的 onStopTrackingTouch 方法，然后再调用埋点代码，这样即可实现"插入"埋点代码的效果。

关于 SeekBar 的 \$element_content 属性值，我们可以采用 String.valueOf(((SeekBar)view).getProgress()) 来表示。

扩展 7：支持采集 Spinner 的点击事件

Spinner 设置的 listener 是 AdapterView.OnItemSelectedListener 类型。Spinner 的处理逻辑整体上和 RatingBar 的处理逻辑一致，它也有一个 getOnItemSelectedListener() 方法，可以获取当前已设置的 AdapterView.OnItemSelectedListener 对象。

AdapterView.OnItemSelectedListener 接口有两个回调方法：

```
public interface OnItemSelectedListener {
    //选择某一项时回调
    void onItemSelected(AdapterView<?> adapterView, View view, int position, long id);

    //什么都不选择时回调
    void onNothingSelected(AdapterView<?> adapterView);
}
```

根据实际的业务需求，一般情况下只需要关注 onItemSelected 回调。

Spinner 属于 AdapterView 的子类，我们首先在 SensorsDataPrivate.java 中定义 trackAdapter-View(AdapterView<?> adapterView, View view, int position) 方法，用来触发 Spinner 的点击事件，代码片段如下：

```
public static void trackAdapterView(AdapterView<?> adapterView, View view, int position) {
    try {
        JSONObject jsonObject = new JSONObject();
        jsonObject.put("$element_type", adapterView.getClass().getCanonicalName());
        jsonObject.put("$element_id", getViewId(adapterView));
        jsonObject.put("$element_position", String.valueOf(position));
        StringBuilder stringBuilder = new StringBuilder();
        String viewText = traverseViewContent(stringBuilder, view);
        if (!TextUtils.isEmpty(viewText)) {
            jsonObject.put("$element_element", viewText);
        }
        Activity activity = getActivityFromView(adapterView);
        if (activity != null) {
            jsonObject.put("$activity", activity.getClass().getCanonicalName());
        }

        SensorsDataAPI.getInstance().track("$AppClick", jsonObject);
    } catch (Exception e) {
        e.printStackTrace();
    }
}
```

大家从上面代码中应该也可以发现，这里获取 $element_content 的方式与之前获取基础控件的显示文本不太一样。这是因为 AdapterView 的 item 可能是基础控件，也可能是自定义的 ViewGroup 类型。在 item 是 ViewGroup 类型的情况下，我们该如何获取它的显示文本信息（$element_content）呢？

在此，以一种比较简单粗暴的方式——遍历 ViewGroup 的所有 SubView 来处理。如果 item 是基础控件，比如 Button、TextView 等，可以通过相应的方法获取其显示文本，最后将所有文本拼接在一起。详细的实现逻辑参考如下代码片段：

```
private static String traverseViewContent(StringBuilder stringBuilder, View root) {
    try {
        if (root == null) {
            return stringBuilder.toString();
```

```
        }

        if (root instanceof ViewGroup) {
            final int childCount = ((ViewGroup) root).getChildCount();
            for (int i = 0; i < childCount; ++i) {
                final View child = ((ViewGroup) root).getChildAt(i);

                if (child.getVisibility() != View.VISIBLE) {
                    continue;
                }

                if (child instanceof ViewGroup) {
                    traverseViewContent(stringBuilder, child);
                } else {
                    String viewText = getElementContent(child);

                    if (!TextUtils.isEmpty(viewText)) {
                        stringBuilder.append(viewText);
                    }
                }
            }
        } else {
            return getElementContent(root);
        }

        return stringBuilder.toString();
    } catch (Exception e) {
        e.printStackTrace();
        return stringBuilder.toString();
    }
}
```

在遍历的过程中，最好判断一下当前 View 是否是可见状态，即 view.getVisibility() 是否为 View.VISIBLE，如果是不可见状态，可以不用去获取其显示文本。

和 RatingBar 一样，Spinner 也有相应的获取其设置的 AdapterView.OnItemSelected-Listener 的方法，即 getOnItemSelectedListener() 方法。如果返回的 AdapterView.OnItem-SelectedListener 对象不为空，并且又不是我们自定义的 WrapperAdapterViewOnItemSelecte-dListener 类型，则去代理即可。

```
if (view instanceof AdapterView) {
    if (view instanceof Spinner) {
        AdapterView.OnItemSelectedListener onItemSelectedListener =
                ((Spinner) view).getOnItemSelectedListener();
        if (onItemSelectedListener != null &&
                !(onItemSelectedListener instanceof WrapperAdapterViewOnItemSele
                    ctedListener)) {
            ((Spinner) view).setOnItemSelectedListener(
                new WrapperAdapterViewOnItemSelectedListener(onItemSelectedListe
                    ner));
```

```
            }
        }
    }
```

自定义的 WrapperAdapterViewOnItemSelectedListener 源码参考如下：

```
package com.sensorsdata.analytics.android.sdk;

import android.view.View;
import android.widget.AdapterView;

/*public */class WrapperAdapterViewOnItemSelectedListener implements AdapterView.
    OnItemSelectedListener {
    private AdapterView.OnItemSelectedListener source;

    WrapperAdapterViewOnItemSelectedListener(AdapterView.OnItemSelectedListener source) {
        this.source = source;
    }

    @Override
    public void onItemSelected(AdapterView<?> adapterView, View view, int
        position, long id) {
        if (source != null) {
            source.onItemSelected(adapterView, view, position, id);
        }

        SensorsDataPrivate.trackAdapterView(adapterView, view, position);
    }

    @Override
    public void onNothingSelected(AdapterView<?> adapterView) {
        if (source != null) {
            source.onNothingSelected(adapterView);
        }
    }
}
```

WrapperAdapterViewOnItemSelectedListener 继承 AdapterView.OnItemSelectedListener，在其 onItemSelected 方法内部，我们首先调用原有 listener 的 onItemSelected 方法，然后再调用埋点代码，这样即可实现"插入"埋点代码的效果。

在这里，我们调用的是上面定义的 trackAdapterView(adapterView, view, position) 方法来触发 Spinner 的选择某一项的点击事件。

扩展 8：支持采集 ListView、GridView 的点击事件

ListView、GridView 与 Spinner 一样，都是 AdapterView 的子类，只是设置的 listener 与 Spinner 不同而已。ListView 和 GridView 设置的 listener 是 AdapterView.OnItemClickListener 类型，而且它只有一个回调函数，即 onItemClick(AdapterView<?> parent, View view, int position, long id) 回调方法。与 Spinner 类似，ListView 和 GridView 也有一个 getOnItemClickListener()

方法用来获取其已设置的 AdapterView.OnItemClickListener 对象。如果返回的 AdapterView.OnItemClickListener 对象不为空，并且又不是我们自定义的 WrapperAdapterViewOnItemSelectedListener 类型，则去代理即可。

```
if (view instanceof AdapterView) {
    if (view instanceof Spinner) {
        AdapterView.OnItemSelectedListener onItemSelectedListener =
                ((Spinner) view).getOnItemSelectedListener();
        if (onItemSelectedListener != null &&
                !(onItemSelectedListener instanceof WrapperAdapterViewOnItemSele
                    ctedListener)) {
            ((Spinner) view).setOnItemSelectedListener(
                new WrapperAdapterViewOnItemSelectedListener(onItemSelectedListener));
        }
    } else if (view instanceof ListView ||
            view instanceof GridView) {
        AdapterView.OnItemClickListener onItemClickListener =
                ((AdapterView) view).getOnItemClickListener();
        if (onItemClickListener != null &&
                !(onItemClickListener instanceof WrapperAdapterViewOnItemClick)) {
            ((AdapterView) view).setOnItemClickListener(
                new WrapperAdapterViewOnItemClick(onItemClickListener));
        }
    }
}
```

自定义的 WrapperAdapterViewOnItemClick 的源码如下：

```
package com.sensorsdata.analytics.android.sdk;

import android.view.View;
import android.widget.AdapterView;

/*public*/class WrapperAdapterViewOnItemClick implements AdapterView.
    OnItemClickListener {
    private AdapterView.OnItemClickListener source;

    WrapperAdapterViewOnItemClick(AdapterView.OnItemClickListener source) {
        this.source = source;
    }

    @Override
    public void onItemClick(AdapterView<?> adapterView, View view, int position,
        long id) {
        if (source != null) {
            source.onItemClick(adapterView, view, position, id);
        }

        SensorsDataPrivate.trackAdapterView(adapterView, view, position);
    }
}
```

WrapperAdapterViewOnItemClick 继承 AdapterView.OnItemClickListener，在其 onItem-Click 内部，我们首先调用原有 listener 的 onItemClick 方法，然后再调用埋点代码，这样即可实现"插入"埋点代码的效果。

点击 demo 中 ListView，可以看到相应的事件信息，参考图 4-9。

```
{
    "event":"$AppClick",
    "device_id":"cf7dbccbb9aefb1f",
    "properties":{
        "$app_name":"AppClick-1",
        "$model":"FRD-AL10",
        "$os_version":"7.0",
        "$app_version":"1.0",
        "$manufacturer":"HUAWEI",
        "$screen_height":1794,
        "$os":"Android",
        "$screen_width":1080,
        "$lib_version":"1.0.0",
        "$lib":"Android",
        "$element_type":"com.sensorsdata.analytics.android.app.FixedHeightListView",
        "$element_id":"listView",
        "$element_position":"2",
        "$element_element":"位置 2",
        "$activity":"com.sensorsdata.analytics.android.app.AdapterViewTestActivity"
    },
    "time":1533996690851
}
```

图 4-9　$AppClick 事件详细信息

扩展 9：支持采集 ExpandableListView 的点击事件

ExpandableListView 是 AdapterView 的子类，同时也是 ListView 的子类。Expandable-ListView 的点击分为 GroupClick 和 ChildClick 两种情况，所以它设置的 listener 也有两种，即 ExpandableListView.OnGroupClickListener 和 ExpandableListView.OnChildClickListener。

由于 ExpandableListView 的点击事件的处理逻辑与之前的都不一样，所以需要新增一个方法用来触发 ExpandableListView 的点击事件。

```java
public static void trackAdapterView(AdapterView<?> adapterView, View view, int
    groupPosition, int childPosition) {
    try {
        JSONObject jsonObject = new JSONObject();
        jsonObject.put("$element_type", adapterView.getClass().getCanonicalName());
        jsonObject.put("$element_id", getViewId(adapterView));
        if (childPosition > -1) {
            jsonObject.put("$element_position", String.format(Locale.CHINA,
                "%d:%d", groupPosition, childPosition));
        } else {
            jsonObject.put("$element_position", String.format(Locale.CHINA, "%d",
                groupPosition));
        }
        StringBuilder stringBuilder = new StringBuilder();
        String viewText = traverseViewContent(stringBuilder, view);
        if (!TextUtils.isEmpty(viewText)) {
            jsonObject.put("$element_element", viewText);
        }
        Activity activity = getActivityFromView(adapterView);
```

```
        if (activity != null) {
            jsonObject.put("$activity", activity.getClass().getCanonicalName());
        }

        SensorsDataAPI.getInstance().track("$AppClick", jsonObject);
    } catch (Exception e) {
        e.printStackTrace();
    }
}
```

与 ListView、GridView 触发点击事件的逻辑相比，差异主要体现在获取 $element_position 的逻辑上，这是因为 ExpandableListView 有 groupPosition 和 childPosition 的概念。所以，我们在获取 $element_position 的时候，需要根据当前点击的是 group 还是 child 做不同的处理。

```
if (view instanceof ExpandableListView) {
    try {
        Class viewClazz = Class.forName("android.widget.ExpandableListView");
        //Child
        Field mOnChildClickListenerField = viewClazz.getDeclaredField("mOnChildClickListener");
        if (!mOnChildClickListenerField.isAccessible()) {
            mOnChildClickListenerField.setAccessible(true);
        }
        ExpandableListView.OnChildClickListener onChildClickListener =
                (ExpandableListView.OnChildClickListener) mOnChildClickListenerField.
                    get(view);
        if (onChildClickListener != null &&
                !(onChildClickListener instanceof WrapperOnChildClickListener)) {
            ((ExpandableListView) view).setOnChildClickListener(
                new WrapperOnChildClickListener(onChildClickListener));
        }

        //Group
        Field mOnGroupClickListenerField = viewClazz.getDeclaredField("mOnGroupClickListener");
        if (!mOnGroupClickListenerField.isAccessible()) {
            mOnGroupClickListenerField.setAccessible(true);
        }
        ExpandableListView.OnGroupClickListener onGroupClickListener =
                (ExpandableListView.OnGroupClickListener) mOnGroupClickListenerField.
                    get(view);
        if (onGroupClickListener != null &&
                !(onGroupClickListener instanceof WrapperOnGroupClickListener)) {
            ((ExpandableListView) view).setOnGroupClickListener(
                new WrapperOnGroupClickListener(onGroupClickListener));
        }
    } catch (Exception e) {
        e.printStackTrace();
    }
}
```

首先通过反射分别获取 mOnChildClickListener 对象和 mOnGroupClickListener 对象，如果获取的 listener 对象不为空，并且又不是我们自定义的类型，然后分别通过

OnChildClickListenerWrapper 和 WrapperOnGroupClickListener 代理。

自定义的 WrapperOnGroupClickListener 的源码如下：

```
package com.sensorsdata.analytics.android.sdk;

import android.view.View;
import android.widget.ExpandableListView;

/*public*/ class WrapperOnGroupClickListener implements ExpandableListView.
    OnGroupClickListener {
    private ExpandableListView.OnGroupClickListener source;

    WrapperOnGroupClickListener(ExpandableListView.OnGroupClickListener source) {
        this.source = source;
    }

    @Override
    public boolean onGroupClick(ExpandableListView expandableListView, View view,
        int groupPosition, long id) {
        SensorsDataPrivate.trackAdapterView(expandableListView, view, groupPosition,
            -1);
        if (source != null) {
            source.onGroupClick(expandableListView, view, groupPosition, id);
        }
        return false;
    }
}
```

WrapperOnGroupClickListener 继承 ExpandableListView.OnGroupClickListener，在其 onGroupClick 方法内部，我们首先调用埋点代码，然后再调用原有 listener 的 onGroupClick 方法，这样即可实现"插入"埋点代码的效果。

自定义的 OnChildClickListenerWrapper 的源码如下：

```
package com.sensorsdata.analytics.android.sdk;

import android.view.View;
import android.widget.ExpandableListView;

/*public*/ class WrapperOnChildClickListener implements ExpandableListView.
    OnChildClickListener {
    private ExpandableListView.OnChildClickListener source;

    WrapperOnChildClickListener(ExpandableListView.OnChildClickListener source) {
        this.source = source;
    }

    @Override
    public boolean onChildClick(ExpandableListView expandableListView, View view,
        int groupPosition, int childPosition, long id) {

        SensorsDataPrivate.trackAdapterView(expandableListView, view, groupPosition,
            childPosition);
```

```
        if (source != null) {
            return source.onChildClick(expandableListView, view, groupPosition,
                childPosition, id);
        }

        return false;
    }
}
```

OnChildClickListenerWrapper 继承 ExpandableListView.OnChildClickListener，在其 onChild-Click 方法内部，我们首先调用埋点代码，然后再调用原有 listener 的 onChildClick 方法，这样即可实现"插入"埋点代码的效果。

点击 demo 中的 ExpandableListView，可以看到相应的事件信息，参考图 4-10。

```
{
    "event":"$AppClick",
    "device_id":"cf7dbccbb9aefb1f",
    "properties":{
        "$app_name":"AppClick-1",
        "$model":"FRD-AL10",
        "$os_version":"7.0",
        "$app_version":"1.0",
        "$manufacturer":"HUAWEI",
        "$screen_height":1794,
        "$os":"Android",
        "$screen_width":1080,
        "$lib_version":"1.0.0",
        "$lib":"Android",
        "$element_type":"android.widget.ExpandableListView",
        "$element_id":"expandableListView",
        "$element_position":"0:1",
        "$element_element":"first-second",
        "$activity":"com.sensorsdata.analytics.android.app.ExpandableListViewTestActivity"
    },
    "time":1533998799002
}
```

图 4-10　$AppClick 事件详细信息

扩展 10：支持采集 Dialog 的点击事件

目前这种全埋点方案无法采集游离于 Activity 之上的 View 的点击事件，比如 Dialog、PopupWindow 等。之所以无法采集，是因为无法遍历到被点击的 View。对于这种比较特殊的情况，可以采用代码埋点来辅助的办法解决。对于 Dialog，我们可以通过 dialog.getWindow().getDecorView() 拿到它的 RootView，然后手动触发遍历并代理即可。可以在 SensorsDataAPI.java 中新增一个 trackDialog(@NonNull final Activity activity, @NonNull final Dialog dialog) 方法：

```
/**
 * Track Dialog 的点击
 * @param activity Activity
 * @param dialog Dialog
 */
public void trackDialog(@NonNull final Activity activity, @NonNull final Dialog
    dialog) {
    if (dialog.getWindow() != null) {
        dialog.getWindow().getDecorView().getViewTreeObserver().addOnGlobalLayout-
```

```
        Listener(new ViewTreeObserver.OnGlobalLayoutListener() {
        @Override
        public void onGlobalLayout() {
            SensorsDataPrivate.delegateViewsOnClickListener(activity, dialog.
                getWindow().getDecorView());
        }
    });
    }
}
```

然后在 Dialog 创建之后 show 之前调用即可：

```
private void showDialog(Context context) {
    AlertDialog.Builder builder = new AlertDialog.Builder(context);
    builder.setTitle("标题");
    builder.setMessage("内容");
    builder.setNegativeButton("取消", new DialogInterface.OnClickListener() {
        @Override
        public void onClick(DialogInterface dialog, int which) {

        }
    });
    builder.setPositiveButton("确定", new DialogInterface.OnClickListener() {
        @Override
        public void onClick(DialogInterface dialog, int which) {

        }
    });

    AlertDialog dialog = builder.create();
    SensorsDataAPI.getInstance().trackDialog(this, dialog);

    dialog.show();
}
```

点击 demo 中的 Dialog，可以看到相应的事件信息，参考图 4-11。

```
{
    "event":"$AppClick",
    "device_id":"cf7dbccbb9aefb1f",
    "properties":{
        "$app_name":"AppClick-1",
        "$model":"FRD-AL10",
        "$os_version":"7.0",
        "$app_version":"1.0",
        "$manufacturer":"HUAWEI",
        "$screen_height":1794,
        "$os":"Android",
        "$screen_width":1080,
        "$lib_version":"1.0.0",
        "$lib":"Android",
        "$element_type":"android.support.v7.widget.AppCompatButton",
        "$element_id":"button2",
        "$element_content":"取消",
        "$activity":"com.sensorsdata.analytics.android.app.MainActivity"
    },
    "time":1534024813707
}
```

图 4-11　$AppClick 事件详细信息

至此，完整的 delegateViewsOnClickListener 方法的源码如下：

```java
/**
 * Delegate view OnClickListener
 *
 * @param context Context
 * @param view    View
 */
@TargetApi(15)
@SuppressWarnings("all")
protected static void delegateViewsOnClickListener(final Context context, final
    View view) {
    if (context == null || view == null) {
        return;
    }

    if (view instanceof AdapterView) {
        if (view instanceof Spinner) {
            AdapterView.OnItemSelectedListener onItemSelectedListener =
                    ((Spinner) view).getOnItemSelectedListener();
            if (onItemSelectedListener != null &&
                    !(onItemSelectedListener instanceof WrapperAdapterViewOnItem
                        SelectedListener)) {
                ((Spinner) view).setOnItemSelectedListener(
                        new WrapperAdapterViewOnItemSelectedListener(onItemSelec
                            tedListener));
            }
        } else if (view instanceof ExpandableListView) {
            try {
                Class viewClazz = Class.forName("android.widget.ExpandableListView");
                //Child
                Field mOnChildClickListenerFieldviewClazz.getDeclaredField("mOn
                    ChildClickListener");
                if (!mOnChildClickListenerField.isAccessible()) {
                    mOnChildClickListenerField.setAccessible(true);
                }
                ExpandableListView.OnChildClickListener onChildClickListener =
                        (ExpandableListView.OnChildClickListener) mOnChildClick-
                            ListenerField.get(view);
                if (onChildClickListener != null &&
                        !(onChildClickListener instanceof WrapperOnChild-
                            ClickListener)) {
                    ((ExpandableListView) view).setOnChildClickListener(
                            new WrapperOnChildClickListener(onChildClickListener));
                }

                //Group
                Field mOnGroupClickListenerFieldviewClazz.getDeclaredField("mOn
```

```
            GroupClickListener");
        if (!mOnGroupClickListenerField.isAccessible()) {
            mOnGroupClickListenerField.setAccessible(true);
        }
        ExpandableListView.OnGroupClickListener onGroupClickListener =
        (ExpandableListView.OnGroupClickListener) mOnGroupClickListener
            Field.get(view);
        if (onGroupClickListener != null &&
                !(onGroupClickListener instanceof WrapperOnGroupClick
                    Listener)) {
            ((ExpandableListView) view).setOnGroupClickListener(
                new WrapperOnGroupClickListener(onGroupClickListener));
        }
    } catch (Exception e) {
        e.printStackTrace();
    }
} else if (view instanceof ListView ||
        view instanceof GridView) {
    AdapterView.OnItemClickListener onItemClickListener =
        ((AdapterView) view).getOnItemClickListener();
    if (onItemClickListener != null &&
            !(onItemClickListener instanceof WrapperAdapterView
                OnItemClick)) {
        ((AdapterView) view).setOnItemClickListener(
            new WrapperAdapterViewOnItemClick(onItemClickListener));
    }
}
} else {
    //获取当前 view 设置的 OnClickListener
    final View.OnClickListener listener = getOnClickListener(view);

    //判断已设置的 OnClickListener 类型，如果是自定义的 WrapperOnClickListener，
    // 说明已经被代理过，防止重复代理
    if (listener != null && !(listener instanceof WrapperOnClickListener)) {
        //替换成自定义的 WrapperOnClickListener
        view.setOnClickListener(new WrapperOnClickListener(listener));
    } else if (view instanceof CompoundButton) {
        final CompoundButton.OnCheckedChangeListener onCheckedChangeListener =
                getOnCheckedChangeListener(view);
        if (onCheckedChangeListener != null &&
                !(onCheckedChangeListener instanceof WrapperOnCheckedChangeListener)) {
            ((CompoundButton) view).setOnCheckedChangeListener(
                new WrapperOnCheckedChangeListener(onCheckedChangeListener));
        }
    } else if (view instanceof RadioGroup) {
        final RadioGroup.OnCheckedChangeListener radioOnCheckedChangeListener =
                getRadioGroupOnCheckedChangeListener(view);
        if (radioOnCheckedChangeListener != null &&
```

```
        !(radioOnCheckedChangeListener instanceof WrapperRadioGroupOnCheckedChangeListener)) {
                ((RadioGroup) view).setOnCheckedChangeListener(
                new WrapperRadioGroupOnCheckedChangeListener(radioOnCheckedChangeLis
                    tener));
            }
    } else if (view instanceof RatingBar) {
        final RatingBar.OnRatingBarChangeListener onRatingBarChangeListener =
                ((RatingBar) view).getOnRatingBarChangeListener();
        if (onRatingBarChangeListener != null &&
                !(onRatingBarChangeListener instanceof WrapperOnRatingBarCha
                    ngeListener)) {
            ((RatingBar) view).setOnRatingBarChangeListener(
                    new WrapperOnRatingBarChangeListener(onRatingBarChangeLi
                        stener));
        }
    } else if (view instanceof SeekBar) {
        final SeekBar.OnSeekBarChangeListener onSeekBarChangeListener =
                getOnSeekBarChangeListener(view);
        if (onSeekBarChangeListener != null &&
                !(onSeekBarChangeListener instanceof WrapperOnSeekBarChangeL
                    istener)) {
            ((SeekBar) view).setOnSeekBarChangeListener(
                    new WrapperOnSeekBarChangeListener(onSeekBarChangeListener));
        }
    }
    }
    }

    //如果 view 是 ViewGroup, 需要递归遍历子 View 并代理
    if (view instanceof ViewGroup) {
        final ViewGroup viewGroup = (ViewGroup) view;
        int childCount = viewGroup.getChildCount();
        if (childCount > 0) {
            for (int i = 0; i < childCount; i++) {
                View childView = viewGroup.getChildAt(i);
                //递归
                delegateViewsOnClickListener(context, childView);
            }
        }
    }
}
```

　　这里有一个细节，就是最后对 View 是否是 Viewgroup 的判断，与上面的关系不是"if {} else if {} else {}"的关系。之所以要这么处理，就是为了兼容自定义 View 里的标准基础控件又被设置了点击处理逻辑的情况。比如，一个 ListView 的 Item 是一个自定义 View，然后 Item 里又包含一个 Button，而这个 Button 又设置了点击处理逻辑。

　　至此，一个相对完善的全埋点方案就算已经完成了。

另外，Github 上也有一个类似的开源项目：https://github.com/fengcunhan/AutoTrace。

4.7　缺点

- ❑ 由于使用反射，效率比较低，对 App 的整体性能有一定的影响，也可能会引入兼容性方面的风险；
- ❑ Application.ActivityLifecycleCallbacks 要求 API 14+；
- ❑ View.hasOnClickListeners() 要求 API 15+；
- ❑ removeOnGlobalLayoutListener 要求 API 16+；
- ❑ 无法直接支持采集游离于 Activity 之上的 View 的点击，比如 Dialog、Popup-Window 等。

$AppClick 全埋点方案 2：
代理 Window.Callback

5.1 关键技术

Window.Callback

　　Window.Callback 是 Window 类的一个内部接口。该接口包含了一系列类似于 dispatchXXX 和 onXXX 的接口。当 Window 接收到外界状态改变的通知时，就会回调其中的相应方法。比如，当用户点击某个控件时，就会回调 Window.Callback 中的 dispatchTouchEvent(MotionEvent event) 方法。

　　Window.Callback 的定义如下：

```
/**
 * API from a Window back to its caller.  This allows the client to
 * intercept key dispatching, panels and menus, etc.
 */
public interface Callback {
    ......

    /**
     * Called to process touch screen events.  At the very least your
     * implementation must call
     * {@link android.view.Window#superDispatchTouchEvent} to do the
     * standard touch screen processing.
     *
     * @param event The touch screen event.
     *
     * @return boolean Return true if this event was consumed.
```

```
    */
    public boolean dispatchTouchEvent(MotionEvent event);

    ......
}
```

关于 Window.Callback 接口的更详细信息，可以参考如下链接：

http://www.android-doc.com/reference/android/view/Window.Callback.html

5.2　原理概述

在应用程序自定义的 Application 的 onCreate() 方法中初始化埋点 SDK，并传入当前的 Application 对象。埋点 SDK 在拿到这个 Application 对象之后，就可以调用 Application 的 registerActivityLifecycleCallback 方法来注册 Application.ActivityLifecycleCallbacks 回调。这样，埋点 SDK 就能对应用程序中所有的 Activity 的生命周期事件进行集中处理（监控）了。在 Application.ActivityLifecycleCallbacks 的 onActivityCreated(Activity activity, Bundle bundle) 回调方法中，我们可以拿到当前正在显示的 Activity 对象，通过 activity.getWindow() 方法可以拿到这个 Activity 对应的 Window 对象，再通过 window.getCallback() 方法就可以拿到当前对应的 Window.Callback 对象，最后通过自定义的 WrapperWindowCallback 代理这个 Window. Callback 对象。然后，在 WrapperWindowCallback 的 dispatchTouchEvent(MotionEvent event) 方法中通过 MotionEvent 参数找到那个被点击的 View 对象，并插入埋点代码，最后再调用原有 Window.Callback 的 dispatchTouchEvent(MotionEvent event) 方法，即可达到"插入"埋点代码的效果。

5.3　案例

下面以自动采集 Button 的点击事件为例，详细介绍该全埋点方案的实现步骤。其他控件的自动采集，后文会进行扩展。

完整的项目源码可以参考：

https://github.com/wangzhzh/AutoTrackAppClick2

第 1 步：新建一个项目（Project）
在新建的空项目中，会自动包含一个主 module，即：app。

第 2 步：创建 sdk module
新建一个 Android Library module，名称叫 sdk，这个模块就是我们的埋点 SDK 模块。

第 3 步：添加依赖关系
app module 需要依赖 sdk module。可以通过修改 app/build.gradle 文件，在其 dependencies

节点中添加依赖关系：

```
apply plugin: 'com.android.application'
apply plugin: 'com.jakewharton.butterknife'

android {
    compileOptions {
        sourceCompatibility JavaVersion.VERSION_1_8
        targetCompatibility JavaVersion.VERSION_1_8
    }

    compileSdkVersion 28
    defaultConfig {
        applicationId "com.sensorsdata.analytics.android.app.appclick2"
        minSdkVersion 15
        targetSdkVersion 28
        versionCode 1
        versionName "1.0"
    }
    buildTypes {
        release {
            minifyEnabled false
            proguardFiles getDefaultProguardFile('proguard-android.txt'),
                'proguard-rules.pro'
        }
    }

    dataBinding {
        enabled = true
    }
}

dependencies {
    implementation fileTree(include: ['*.jar'], dir: 'libs')
    implementation 'com.android.support:appcompat-v7:28.0.0-beta01'
    implementation 'com.android.support.constraint:constraint-layout:1.1.2'

    //https://github.com/JakeWharton/butterknife
    implementation 'com.jakewharton:butterknife:8.8.1'
    annotationProcessor 'com.jakewharton:butterknife-compiler:8.8.1'

    implementation project(':sdk')
}
```

第 4 步：编写埋点 SDK

在 sdk module 中我们新建一个埋点 SDK 的主类，即 SensorsDataAPI.java。完整的源码可以如下：

```
package com.sensorsdata.analytics.android.sdk;

import android.app.Application;
```

```java
import android.support.annotation.Keep;
import android.support.annotation.NonNull;
import android.support.annotation.Nullable;
import android.util.Log;

import org.json.JSONObject;

import java.util.Map;

/**
 * Created by 王灼洲 on 2018/7/22
 */
@Keep
public class SensorsDataAPI {
    private final String TAG = this.getClass().getSimpleName();
    public static final String SDK_VERSION = "1.0.0";
    private static SensorsDataAPI INSTANCE;
    private static final Object mLock = new Object();
    private static Map<String, Object> mDeviceInfo;
    private String mDeviceId;

    @Keep
    @SuppressWarnings("UnusedReturnValue")
    public static SensorsDataAPI init(Application application) {
        synchronized (mLock) {
            if (null == INSTANCE) {
                INSTANCE = new SensorsDataAPI(application);
            }
            return INSTANCE;
        }
    }

    @Keep
    public static SensorsDataAPI getInstance() {
        return INSTANCE;
    }

    private SensorsDataAPI(Application application) {
        mDeviceId = SensorsDataPrivate.getAndroidID(application.getApplicationContext());
        mDeviceInfo = SensorsDataPrivate.getDeviceInfo(application.getApplicationContext());
        SensorsDataPrivate.registerActivityLifecycleCallbacks(application);
    }

    /**
     * Track 事件
     *
     * @param eventName   String 事件名称
     * @param properties JSONObject 事件属性
     */
    @Keep
```

```
public void track(@NonNull final String eventName, @Nullable JSONObject
    properties) {
    try {
        JSONObject jsonObject = new JSONObject();
        jsonObject.put("event", eventName);
        jsonObject.put("device_id", mDeviceId);

        JSONObject sendProperties = new JSONObject(mDeviceInfo);

        if (properties != null) {
            SensorsDataPrivate.mergeJSONObject(properties, sendProperties);
        }

        jsonObject.put("properties", sendProperties);
        jsonObject.put("time", System.currentTimeMillis());

        Log.i(TAG, SensorsDataPrivate.formatJson(jsonObject.toString()));
    } catch (Exception e) {
        e.printStackTrace();
    }
}
```

❑ init(Application application)

这是一个静态方法，是埋点 SDK 的初始化函数，其内部实现用到了单例设计模式，然后调用私有构造函数初始化埋点 SDK。app module 就是调用这个方法初始化埋点 SDK 的。

❑ getInstance()

这也是一个静态方法，通过该方法可以获取埋点 SDK 的实例对象。

❑ SensorsDataAPI(Application application)

私有的构造函数，也是埋点 SDK 真正的初始化逻辑。在其方法内部通过调用 SDK 的私有类 SensorsDataPrivate 中的方法来注册 ActivityLifecycleCallbacks 回调。

❑ track(@NonNull final String eventName, @Nullable JSONObject properties)

是对外公开的 track 接口，通过该方法可以触发事件。第一个参数 eventName 代表事件的名称，第二个参数 properties 代表事件的属性。本书为了简化，触发事件仅仅是打印了事件的 JSON 信息。

关于 SensorsDataPrivate 类中的 getAndroidID(Context context)、getDeviceInfo(Context context)、mergeJSONObject(final JSONObject source, JSONObject dest)、formatJson(String jsonStr) 等方法的实现可以参考工程的源码。

第 5 步：注册 ActivityLifecycleCallbacks 回调

我们是通过调用埋点 SDK 的内部私有类 SensorsDataPrivate.java 的 registerActivityLifecycleCallbacks(Application application) 方法来注册 ActivityLifecycleCallbacks 回调的。

```
@TargetApi(14)
public static void registerActivityLifecycleCallbacks(Application application) {
    application.registerActivityLifecycleCallbacks(new Application.
        ActivityLifecycleCallbacks() {
        @Override
        public void onActivityCreated(Activity activity, Bundle bundle) {
            Window window = activity.getWindow();
            Window.Callback callback = window.getCallback();
            window.setCallback(new WrapperWindowCallback(activity, callback));
        }

    ......

    });
}
```

在 Application.ActivityLifecycleCallbacks 的 onActivityCreated(Activity activity, Bundle bundle) 回调方法中，通过 activity.getWindow() 方法可以拿到当前 Activity 的 Window 对象，然后通过 window.getCallback() 方法可以拿到当前 Window 对应的 Callback 对象，最后再通过我们自定义的 WrapperWindowCallback 代理拿到这个 Callback 对象。

自定义的 WrapperWindowCallback 源码如下：

```
package com.sensorsdata.analytics.android.sdk;

import android.annotation.TargetApi;
import android.app.Activity;
import android.support.annotation.Nullable;
import android.view.ActionMode;
import android.view.KeyEvent;
import android.view.Menu;
import android.view.MenuItem;
import android.view.MotionEvent;
import android.view.SearchEvent;
import android.view.View;
import android.view.Window;
import android.view.WindowManager;
import android.view.accessibility.AccessibilityEvent;

public class WrapperWindowCallback implements Window.Callback {
    private Window.Callback callback;
    private Activity activity;

    WrapperWindowCallback(Activity activity, Window.Callback callback) {
        this.callback = callback;
        this.activity = activity;
    }

    @Override
    public boolean dispatchTouchEvent(MotionEvent event) {
```

```
        TouchEventHandler.dispatchTouchEvent(activity, event);
        return this.callback.dispatchTouchEvent(event);
    }

    ......

}
```

我们自定义的这个 WrapperWindowCallback 类，实现了 Window.Callback 接口。我们重点关注它的 dispatchTouchEvent(MotionEvent event) 回调方法，在这个回调方法中，我们首先调用 TouchEventHandler.dispatchTouchEvent (activity, event) 方法，通过 event 参数里的信息，在 activity 的 RootView 里可以找到被点击的 View，然后就可以进行埋点，最后再调用原有 callback 的 dispatchTouchEvent(event) 方法并返回。

第 6 步：通过 MotionEvent 找到那个被点击的 View 对象

MotionEvent 对象里包含了当前点击事件的详细信息，比如通过 getAction() 方法可以知道当前动作是按下（ACTION_DOWN）还是抬起（ACTION_UP），通过 getRawX() 方法可以知道点击时的 x 坐标，通过 getRawY() 方法可以知道点击时的 y 坐标等。

```
@SuppressWarnings("all")
public static void dispatchTouchEvent(Activity activity, MotionEvent event) {
    if (event.getAction() == MotionEvent.ACTION_UP) {
        ViewGroup rootView = (ViewGroup) activity.getWindow().getDecorView();
        ArrayList<View> targetVies = getTargetViews(rootView, event);
        if (targetVies == null) {
            return;
        }
        for (View view : targetVies) {
            if (view == null) {
                continue;
            }
            if (view instanceof AdapterView) {
                //do something
            } else {
                SensorsDataPrivate.trackViewOnClick(view);
            }
        }
    }
}
```

目前只需要处理抬起的情况，即 event.getAction() == MotionEvent.ACTION_UP。然后通过 activity.getWindow().getDecorView() 方法可以拿到当前 Activity 的 RootView 对象，再通过自定义的 getTargetViews(rootView, event) 方法可以找到当前被点击的那个 View 对象，如果找到了，就进行埋点。在处理找到的 View 时，需要分两种情况进行处理，一类是 AdapterView 的子类，比如 Spinner、ListView、GridView、ExpandableListView 等控件；另一类是普通的 View，比如 Button、CheckBox、自定义 View 等控件。我们暂时

先不考虑 AdapterView 类型。如果是普通的控件，就调用自定义的 SensorsDataPrivate. trackViewOnClick(view) 方法来触发埋点事件。具体的逻辑可以参考如下代码片段：

```
private static ArrayList<View> getTargetViews(View parent, MotionEvent event) {
    ArrayList<View> targetViews = new ArrayList<>();
    try {
        if (isVisible(parent) && isContainView(parent, event)) {
            if (parent instanceof AdapterView) {
                targetViews.add(parent);
                getTargetViewsInGroup((ViewGroup) parent, event, targetViews);
            } else if (parent.isClickable() ) {
                targetViews.add(parent);
            } else if (parent instanceof ViewGroup) {
                getTargetViewsInGroup((ViewGroup) parent, event, targetViews);
            }
        }
    } catch (Exception e) {
        e.printStackTrace();
    }
    return targetViews;
}
```

我们首先判断当前 View 是否处于显示状态（通过 view.getVisibility() == View.VISIBLE 来判断），以及当时点击时的坐标是否处于当前这个 View 的内部，如果以上两个条件都没有满足，则忽略。反之，如果 View 是 AdapterView 的子类，说明点击的是列表中的某一项，即我们要找的 View；如果不是 AdapterView 的子类，但当前 View 的 isClickable() 返回 true，则说明这个 View 就是那个被点击的 View；如果当前 View 是一个 ViewGroup，调用 getTargetViewsInGroup 方法继续递归遍历。具体的逻辑可以参考如下代码片段：

```
private static void getTargetViewsInGroup(ViewGroup parent,
                                MotionEvent event, ArrayList<View> hitViews) {
    try {
        int childCount = parent.getChildCount();
        for (int i = 0; i < childCount; i++) {
            View child = parent.getChildAt(i);
            ArrayList<View> hitChildren = getTargetViews(child, event);
            if (!hitChildren.isEmpty()) {
                hitViews.addAll(hitChildren);
            }
        }
    } catch (Exception e) {
        e.printStackTrace();
    }
}
```

遍历 ViewGroup 的每一个 SubView，判断是否符合条件。

如何判断一个（x，y）坐标是否处于一个 View 的内部呢？

可以通过下面这种方式来判断：

```
private boolean isContainView(View view, MotionEvent event) {
    double x = event.getRawX();
    double y = event.getRawY();
    Rect outRect = new Rect();
    view.getGlobalVisibleRect(outRect);
    return outRect.contains((int) x, (int) y);
}
```

总的来说，我们要找的那个普通 View 必须同时满足三个条件：

❑ View 处于显示状态，即 view.getVisibility() 的值是 View.VISIBLE；

❑ View 必须是可点击的，即 view.isClickable() 返回 true；

❑ MotionEvent 的（x，y）坐标必须处于 View 的内部。

第 7 步：初始化埋点 SDK

在 app module 中新建 MyApplication.java 类，该类继承 Application，然后在 onCreate 方法中初始化埋点 SDK。完整的源码如下：

```
package com.sensorsdata.analytics.android.app;

import android.app.Application;

import com.sensorsdata.analytics.android.sdk.SensorsDataAPI;

/**
 * Created by 王灼洲 on 2018/7/22
 */
public class MyApplication extends Application {
    @Override
    public void onCreate() {
        super.onCreate();
        initSensorsDataAPI(this);
    }

    /**
     * 初始化埋点 SDK
     *
     * @param application Application
     */
    private void initSensorsDataAPI(Application application) {
        SensorsDataAPI.init(application);
    }
}
```

第 8 步：配置 MyApplication

最后，在 AndroidManifest.xml 文件的 application 节点中配置我们上一步自定义的 MyApplication。

```
<?xml version="1.0" encoding="utf-8"?>
<manifest xmlns:android="http://schemas.android.com/apk/res/android"
```

```
        package="com.sensorsdata.analytics.android.app">

    <application
        android:name=".MyApplication"
        android:allowBackup="true"
        android:icon="@mipmap/ic_launcher"
        android:label="@string/app_name"
        android:roundIcon="@mipmap/ic_launcher_round"
        android:supportsRtl="true"
        android:theme="@style/AppTheme">
        <activity android:name=".MainActivity">
            <intent-filter>
                <action android:name="android.intent.action.MAIN" />
                <category android:name="android.intent.category.LAUNCHER" />
            </intent-filter>
        </activity>
    </application>
</manifest>
```

至此，基于代理 Window.callback 的全埋点方案就算完成了。

与方案一相比，这种方案更好地解决了动态创建的 View 无法采集其点击事件的问题。但是，由于每次点击时都需要遍历一次 RootView，所以这种方案的效率相对较低，同时对应用程序的整体性能影响也比较大。而方案一只会在视图树状态发生变化的时候，才会去遍历一次 RootView。同时，这种方案也同样无法采集游离于 Activity 之外的 View 的点击事件，比如 Dialog、PopupWindow 等。

5.4　扩展采集能力

上面介绍的内容是以 Button 控件为例的，相对比较简单。下面将扩展埋点 SDK，让它可以采集更多控件的点击事件，并让它的各项功能更完善。

扩展 1：支持采集 RatingBar 的点击事件

根据上面的判断条件可知，支持采集 RatingBar 点击事件的其中一个条件就是要求 view.isClickable() 必须返回真。但通过测试发现，view.isClickable() 的判断条件对 RatingBar 总是失效的，即使给 RatingBar 设置了 listener 对象，isClickable() 方法返回的也是 false。其实，对于 RatingBar 的判断我们可以换一种思路，即只需要满足下面三个条件即可：

❑ View 处于显示状态，即 view.getVisibility() 是 View.VISIBLE；

❑ MotionEvent 的（x，y）坐标必须在 View 的内部；

❑ 当前 View 是 RatingBar 类型或者其子类类型。

所以，对于支持采集 RatingBar 点击事件，我们只需要在 parent.isClickable() 上或（||）一个 (parent instanceof RatingBar) 的条件即可，这个逻辑的具体实现可以参考下面的代码片段：

```java
private static ArrayList<View> getTargetViews(View parent, MotionEvent event) {
    ArrayList<View> targetViews = new ArrayList<>();
    try {
        if (isVisible(parent) && isContainView(parent, event)) {
            if (parent instanceof AdapterView) {
                targetViews.add(parent);
                getTargetViewsInGroup((ViewGroup) parent, event, targetViews);
            } else if (parent instanceof ViewGroup) {
                getTargetViewsInGroup((ViewGroup) parent, event, targetViews);
            } else if (parent.isClickable() ||
                    parent instanceof RatingBar) {
                targetViews.add(parent);
            }
        }
    } catch (Exception e) {
        e.printStackTrace();
    }
    return targetViews;
}
```

此时点击 demo 中的 RatingBar，就可以看到相应的点击事件信息，参考图 5-1。

```json
{
    "event":"$AppClick",
    "device_id":"cf7dbccbb9aefb1f",
    "properties":{
        "$app_name":"AppClick-2",
        "$model":"FRD-AL10",
        "$os_version":"7.0",
        "$app_version":"1.0",
        "$manufacturer":"HUAWEI",
        "$screen_height":1794,
        "$os":"Android",
        "$screen_width":1080,
        "$lib_version":"1.0.0",
        "$lib":"Android",
        "$element_type":"android.support.v7.widget.AppCompatRatingBar",
        "$element_id":"ratingBar",
        "$element_content":"4.5",
        "$activity":"com.sensorsdata.analytics.android.app.MainActivity"
    },
    "time":1534034311161
}
```

图 5-1 $AppClick 事件详细信息

扩展 2：支持采集 SeekBar 的点击事件

与 RatingBar 一样，view.isClickable() 的判断条件对 SeekBar 也总是失效的，所以其解决方案与 RatingBar 的方案相同，可以参考如下代码片段：

```java
private static ArrayList<View> getTargetViews(View parent, MotionEvent event) {
    ArrayList<View>targetViews = new ArrayList<>();
    try {
        if (isVisible(parent) && isContainView(parent, event)) {
            if (parent instanceof AdapterView) {
                targetVies.add(parent);
```

```
                getTargetViewsInGroup((ViewGroup) parent, event, targetViews);
            } else if (parent instanceof ViewGroup) {
                getTargetViewsInGroup((ViewGroup) parent, event, targetViews);
            } else if (parent.isClickable() ||
                    parent instanceof SeekBar ||
                    parent instanceof RatingBar) {
                targetViews.add(parent);
            }
        }
    } catch (Exception e) {
        e.printStackTrace();
    }
    return targetViews;
}
```

这样简单处理之后，就可以支持采集 SeekBar 的点击事件了。

扩展 3：支持采集 Spinner 的点击事件

在我们找到的所有 targetViews 列表里，需要分为两种情况分别处理：一类是 AdaperView 的子类，比如常见的 Spinner、ListView、GridView、ExpandableListView 等控件，它们都是含有列表的 View；一类是普通的 View，比如 Button、CheckBox、自定义 View 等控件。对于普通的 View 的处理，直接调用 SensorsDataPrivate.trackViewOnClick(view) 方法来触发点击事件即可。对于 AdapterView 的子类，处理起来会比普通的 View 稍微复杂一些。因为 AdapterView 的子类主要是一些含有列表的 View，所以我们不仅要找到当时被点击的位置信息（$element_position），还要获取被点击 item 所显示的文本信息（$element_content）。

但 Spinner 是一个更为特殊的控件，因为它的操作实际上是分为两步进行的。第一步是点击 Spinner 控件，然后会弹出一个选择窗口；第二步是选择其中某一项。第一步的点击和普通的 View 一样，很容易采集，但第二步选择某一项时，完全没有执行 Window.Callback 的 dispatchTouchEvent(MotionEvent event) 回调方法，所以我们根本无法截获到这个动作，从而导致无法采集选择某一项的点击事件。

所以，对于 Spinner 的点击，我们直接当作普通的 View 来处理就行了，即调用 SensorsDataPrivate.trackViewOnClick(view) 方法触发点击事件。

```
@SuppressWarnings("all")
public static void dispatchTouchEvent(Activity activity, MotionEvent event) {
    if (event.getAction() == MotionEvent.ACTION_UP) {
        ViewGroup rootView = (ViewGroup) activity.getWindow().getDecorView();
        ArrayList<View> targetVies = getTargetViews(rootView, event);
        if (targetVies == null) {
            return;
        }
        for (View view : targetVies) {
            if (view == null) {
                continue;
            }
```

```
            if (view instanceof AdapterView) {
                if (view instanceof Spinner) {
                    SensorsDataPrivate.trackViewOnClick(view);
                }
            } else {
                SensorsDataPrivate.trackViewOnClick(view);
            }
        }
    }
}
```

如果仅采集这个点击事件，对实际业务分析的意义不是很大，因为我们更想知道用户到底选择的是哪个 item。对于 Spinner 点击事件的采集，还有其他更优的方案吗？

其实我们可以参考方案一的全埋点方案，即代理 listener 的方式。如果发现 targetViews 列表里含有 Spinner 类型的控件或者其子类类型，可以先调用 Sensors-DataPrivate.trackView-OnClick(view) 方法触发点击事件，然后再去代理其 listener（Adapter-View.OnItemSelected-Listener），这样就能采集用户选择某个 item 的点击行为事件了。

可以参考下面的逻辑进行处理：

```
if (view instanceof Spinner) {
    SensorsDataPrivate.trackViewOnClick(view);
    AdapterView.OnItemSelectedListener onItemSelectedListener =
            ((Spinner) view).getOnItemSelectedListener();
    if (onItemSelectedListener != null &&
            !(onItemSelectedListener instanceof WrapperAdapterViewOnItemSelectedListener)) {
        ((Spinner) view).setOnItemSelectedListener(
                new WrapperAdapterViewOnItemSelectedListener(onItemSelectedListener));
    }
}
```

Spinner 本身就提供了一个方法用来获取其设置的 mOnItemSelectedListener 对象，即 getOnItemSelectedListener() 方法，如果获取到的 mOnItemSelectedListener 对象不为空，并且又不是我们自定义的 WrapperAdapterViewOnItemSelectedListener 类型，则去代理即可。

自定义的 WrapperAdapterViewOnItemSelectedListener 的源码参考如下：

```
package com.sensorsdata.analytics.android.sdk;

import android.view.View;
import android.widget.AdapterView;

/*public*/ class WrapperAdapterViewOnItemSelectedListener implements AdapterView.
    OnItemSelectedListener {
    private AdapterView.OnItemSelectedListener source;

    WrapperAdapterViewOnItemSelectedListener(AdapterView.OnItemSelectedListener
        source) {
```

```
            this.source = source;
        }

        @Override
        public void onItemSelected(AdapterView<?> adapterView, View view, int
            position, long id) {
            if (source != null) {
                source.onItemSelected(adapterView, view, position, id);
            }

            SensorsDataPrivate.trackAdapterView(adapterView, view, position);
        }

        @Override
        public void onNothingSelected(AdapterView<?> adapterView) {
            if (source != null) {
                source.onNothingSelected(adapterView);
            }
        }
    }
```

WrapperAdapterViewOnItemSelectedListener 继承 AdapterView.OnItemSelectedListener，在其 onItemSelected 方法的内部实现里，我们先调用原有 listener 的相应方法，然后再调用埋点代码，这样即可实现"插入"埋点代码的效果。

这个原理和方案一完全一样。这样处理之后，我们不仅可以采集 Spinner 控件的点击行为事件，同时还可以采集用户选择某一个 item 的点击行为事件。

扩展 4：支持采集 ListView、GridView 的点击事件

ListView、GridView 与 Spinner 类似，都是 AdapterView 的子类。如果我们发现找到的 View 是 ListView 或 GridView 类型，就可直接调用我们专门新增的 trackAdapterViewOnClick(AdapterView view, MotionEvent motionEvent) 方法来触发点击事件。具体的逻辑可以参考下面的代码片段：

```
@SuppressWarnings("all")
public static void dispatchTouchEvent(Activity activity, MotionEvent event) {
    if (event.getAction() == MotionEvent.ACTION_UP) {
        ViewGroup rootView = (ViewGroup) activity.getWindow().getDecorView();
        ArrayList<View> targetVies = getTargetViews(rootView, event);
        if (targetVies == null) {
            return;
        }
        for (View view : targetVies) {
            if (view == null) {
                continue;
            }
            if (view instanceof AdapterView) {
                if (view instanceof Spinner) {
                    SensorsDataPrivate.trackViewOnClick(view);
```

```
                    AdapterView.OnItemSelectedListener onItemSelectedListener =
                        ((Spinner) view).getOnItemSelectedListener();
                    if (onItemSelectedListener != null &&
                !(onItemSelectedListener instanceof WrapperAdapterViewOnItemSele
                    ctedListener)) {
                        ((Spinner) view).setOnItemSelectedListener(new WrapperAdapt
                            erViewOnItemSelectedListener(onItemSelectedListener));
                    }
                } else if (view instanceof ListView ||
                    view instanceof GridView) {
                    SensorsDataPrivate.trackAdapterViewOnClick((AdapterView) view,
                        event);
                }
            } else {
                SensorsDataPrivate.trackViewOnClick(view);
            }
        }
    }
}
```

其中，新增的 trackAdapterViewOnClick(AdapterView view, MotionEvent motionEvent)
方法源码如下：

```
protected static void trackAdapterViewOnClick(AdapterView view, MotionEvent
    motionEvent) {
    try {
        JSONObject jsonObject = new JSONObject();
        jsonObject.put("$element_type", view.getClass().getCanonicalName());
        jsonObject.put("$element_id", SensorsDataPrivate.getViewId(view));

        int count = view.getChildCount();
        for (int i = 0; i < count; i++) {
            View itemView = view.getChildAt(i);
            if (TouchEventHandler.isContainView(itemView, motionEvent)) {
                jsonObject.put("$element_content", traverseViewContent(new
                    StringBuilder(), itemView));
                jsonObject.put("$element_position", String.valueOf(i));
                break;
            }
        }

        Activity activity = SensorsDataPrivate.getActivityFromView(view);
        if (activity != null) {
            jsonObject.put("$activity", activity.getClass().getCanonicalName());
        }

        SensorsDataAPI.getInstance().track("$AppClick", jsonObject);
    } catch (Exception e) {
        e.printStackTrace();
    }
}
```

　　这里有两个地方值得我们注意：第一，我们如何知道点击的是哪个 item？第二，我们该如何获取对应 item 的显示文本信息？这里有一个相对比较简单的处理方法，就是获取 ListView 或 GridView 的 SubViews，然后判断点击时对应的 (x,y) 坐标坐落在哪个 SubView 里，如果找到了 SubView，就能知道是哪个 item 了，同时也就能获取到显示文本了。

扩展 5：支持采集 ExpandableListView 点击事件

　　ExpandableListView 是 AdapterView 的子类，同时也是 ListView 的子类。所以，通过上面对 ListView、GridView 点击事件的支持，就已经可以直接支持 ExpandableListView 的点击事件了。

　　但是通过测试我们可以发现，这种方案还是存在一些问题的，因为它无法获取点击时对应的 groupPosition 和 childPosition 信息。那么，还有其他更好的可选方案吗？其实，我们也可以参考方案一的全埋点方案，即代理其相应的 listener 对象。具体的处理逻辑可以参考如下代码片段：

```
if (view instanceof ExpandableListView) {
    try {
        Class viewClazz = Class.forName("android.widget.ExpandableListView");
        //Child
        Field mOnChildClickListenerField = viewClazz.getDeclaredField("mOnChildC
            lickListener");
        if (!mOnChildClickListenerField.isAccessible()) {
            mOnChildClickListenerField.setAccessible(true);
        }
        ExpandableListView.OnChildClickListener onChildClickListener =
            (ExpandableListView.OnChildClickListener) mOnChildClickListenerField.
            get(view);
        if (onChildClickListener != null && !(onChildClickListener instanceof
            WrapperOnChildClickListener)) {
            ((ExpandableListView) view).setOnChildClickListener(new WrapperOnChi
                ldClickListener(onChildClickListener));
        }

        //Group
        Field mOnGroupClickListenerField = viewClazz.getDeclaredField("mOnGroupC
            lickListener");
        if (!mOnGroupClickListenerField.isAccessible()) {
            mOnGroupClickListenerField.setAccessible(true);
        }
        ExpandableListView.OnGroupClickListener onGroupClickListener =
            (ExpandableListView.OnGroupClickListener) mOnGroupClickListenerField.
            get(view);
        if (onGroupClickListener != null && !(onGroupClickListener instanceof
            WrapperOnGroupClickListener)) {
            ((ExpandableListView) view).setOnGroupClickListener(new WrapperOnGro
                upClickListener(onGroupClickListener));
        }
```

```
    } catch (Exception e) {
        e.printStackTrace();
    }
}
```

通过代理分别获取 ExpandableListView 的 mOnChildClickListener 和 mOnGroupClick-Listener 对象，如果对应的 listener 对象不为空，并且又不是我们自定义的 WrapperOnChildClick-Listener 或 WrapperOnGroupClickListener 类型，则去代理其相应的 listener 对象即可。

自定义的 WrapperOnChildClickListener 源码如下：

```
package com.sensorsdata.analytics.android.sdk;

import android.view.View;
import android.widget.ExpandableListView;

public class WrapperOnChildClickListener implements ExpandableListView.
    OnChildClickListener {
    private ExpandableListView.OnChildClickListener source;

    public WrapperOnChildClickListener(ExpandableListView.OnChildClickListener
        source) {
        this.source = source;
    }

    @Override
    public boolean onChildClick(ExpandableListView expandableListView, View view,
        int groupPosition, int childPosition, long id) {

        SensorsDataPrivate.trackAdapterView(expandableListView, view, groupPosition,
            childPosition);

        if (source != null) {
            return source.onChildClick(expandableListView, view, groupPosition,
                childPosition, id);
        }

        return false;
    }
}
```

WrapperOnChildClickListener 继承 ExpandableListView.OnChildClickListener，在其 onChild-Click 方法的内部实现里，我们首先调用埋点代码，然后再调用原有 listener 的相应方法，这样即可实现"插入"埋点代码的效果。

自定义的 WrapperOnGroupClickListener 的源码如下：

```
package com.sensorsdata.analytics.android.sdk;

import android.view.View;
```

```
import android.widget.ExpandableListView;

public class WrapperOnGroupClickListener implements ExpandableListView.OnGroupClick-
    Listener {
    private ExpandableListView.OnGroupClickListener source;

    public WrapperOnGroupClickListener(ExpandableListView.OnGroupClickListener
        source) {
        this.source = source;
    }

    @Override
    public boolean onGroupClick(ExpandableListView expandableListView, View view,
        int groupPosition, long id) {
        SensorsDataPrivate.trackAdapterView(expandableListView, view, groupPosition,
            -1);
        if (source != null) {
            source.onGroupClick(expandableListView, view, groupPosition, id);
        }
        return false;
    }
}
```

WrapperOnGroupClickListener 继 承 ExpandableListView. OnGroupClickListener， 在 其 onChildClick 方法的内部实现里，我们首先调用埋点代码，然后再调用原有 listener 的相应 方法，这样即可实现 "插入" 埋点代码的效果。

这样处理之后，点击时我们就能获取 groupPosition 和 childPosition 信息了。

另外，由于 ExpandableListView 是 ListView 的子类，所以需要把判断是否是 Expandable-ListView 的逻辑放到判断是否是 ListView 的逻辑前面，否则也会被当成 ListView 处理。

完整的 dispatchTouchEvent(Activity activity, MotionEvent event) 的源码如下：

```
@SuppressWarnings("all")
public static void dispatchTouchEvent(Activity activity, MotionEvent event) {
    if (event.getAction() == MotionEvent.ACTION_UP) {
        ViewGroup rootView = (ViewGroup) activity.getWindow().getDecorView();
        ArrayList<View> targetViews = getTargetViews(rootView, event);
        if (targetViews == null) {
            return;
        }
        for (View view : targetViews) {
            if (view == null) {
                continue;
            }
            if (view instanceof AdapterView) {
                if (view instanceof Spinner) {
                    SensorsDataPrivate.trackViewOnClick(view);
                    AdapterView.OnItemSelectedListener onItemSelectedListener =
                        ((Spinner) view).getOnItemSelectedListener();
```

```
                if (onItemSelectedListener != null && !(onItemSelectedListener
                    instanceof WrapperAdapterViewOnItemSelectedListener)) {
                    ((Spinner) view).setOnItemSelectedListener(new WrapperAdapt
                        erViewOnItemSelectedListener(onItemSelectedListener));
                }
            } else if (view instanceof ExpandableListView) {
                try {
                    Class viewClazz = Class.forName("android.widget.Expandable-
                        ListView");
                    //Child
                    Field mOnChildClickListenerField = viewClazz.getDeclared
                        Field("mOnChildClickListener");
                    if (!mOnChildClickListenerField.isAccessible()) {
                        mOnChildClickListenerField.setAccessible(true);
                    }
                    ExpandableListView.OnChildClickListener onChildClickListener
                        = (ExpandableListView.OnChildClickListener) mOnChild-
                        ClickListenerField.get(view);
                    if (onChildClickListener != null && !(onChildClickListener
                        instanceof WrapperOnChildClickListener)) {
                        ((ExpandableListView) view).setOnChildClickListener(new
                            WrapperOnChildClickListener(onChildClickListener));
                    }

                    //Group
                    Field mOnGroupClickListenerField = viewClazz.getDeclared
                        Field("mOnGroupClickListener");
                    if (!mOnGroupClickListenerField.isAccessible()) {
                        mOnGroupClickListenerField.setAccessible(true);
                    }
                    ExpandableListView.OnGroupClickListener onGroupClickListener
                        = (ExpandableListView.OnGroupClickListener) mOnGroup-
                        ClickListenerField.get(view);
                    if (onGroupClickListener != null && !(onGroupClick-
                        Listener instanceof WrapperOnGroupClickListener)) {
                        ((ExpandableListView) view).setOnGroupClickListener(new
                            WrapperOnGroupClickListener(onGroupClickListener));
                    }
                } catch (Exception e) {
                    e.printStackTrace();
                }
            } else if (view instanceof ListView ||
                    view instanceof GridView) {
                SensorsDataPrivate.trackAdapterViewOnClick((AdapterView)
                    view, event);
            }
        } else {
            SensorsDataPrivate.trackViewOnClick(view);
        }
    }
  }
}
```

至此，一个基于代理 Window.Callback 的相对完善的全埋点方案就算完成了。

另外，Github 上目前也有一个类似方案的开源项目可以参考：https://github.com/hellozhixue/BehaviorCollect。

5.5　缺点

❑ 由于每次点击时，都需要去遍历一次 RootView，所以效率相对来说比较低，对应用程序的整体性能影响也比较大；

❑ view.hasOnClickListeners() 要求 API 15+；

❑ Application.ActivityLifecycleCallbacks 要求 API 14+；

❑ 无法采集像 Dialog、PopupWindow 等游离于 Activity 之外的控件的点击事件。

Chapter 6 第6章

$AppClick 全埋点方案 3 ：
代理 View.AccessibilityDelegate

6.1 关键技术

6.1.1 Accessibility

Accessibility，即辅助功能。许多 Android 用户有不同的能力（限制），这就要求他们可能会以不同的方式来使用他们的 Android 设备。这些限制包括视力、肢体、年龄等，这些限制可能会阻碍他们看到或充分使用触摸屏，而用户的听力丧失，有可能会让他们无法感知声音信息和警报信息。

Android 系统提供了辅助功能的特性和服务，可以帮助这些用户更容易的使用他们的 Android 设备，这些功能包括语音合成、触觉反馈、手势导航、轨迹球和方向键导航等。Android 应用程序开发人员可以利用这些服务，使他们的应用程序更贴近用户的真实情况。该辅助服务在后台工作，由系统调用，用户界面的一些状态（比如 Button 被点击了）的改变可以通过回调 Accessibilityservice 的相应方法来通知用户（比如语音）。

比如下面的这个 Button：

```
<android.support.v7.widget.AppCompatButton
    android:layout_width="wrap_content"
    android:layout_height="wrap_content"
    android:text="登录"
    android:contentDescription="login"/>
```

由于添加了 android:contentDescription 属性，当用户移动焦点到这个按钮或将鼠标悬停在它上面时，提供口头反馈的辅助功能服务就会发出"login"的语音提示。

关于 Accessibilityservice 的更多信息，可以参考：https://developer.android.com/guide/ topics/ui/accessibility/services.html。

6.1.2　View.AccessibilityDelegate

我们先看一下 View.java 的 performClick() 函数源码：

```
/**
 * Call this view's OnClickListener, if it is defined.  Performs all normal
 * actions associated with clicking: reporting accessibility event, playing
 * a sound, etc.
 *
 * @return True there was an assigned OnClickListener that was called, false
 *         otherwise is returned.
 */
public boolean performClick() {
    final boolean result;
    final ListenerInfo li = mListenerInfo;
    if (li != null && li.mOnClickListener != null) {
        playSoundEffect(SoundEffectConstants.CLICK);
        li.mOnClickListener.onClick(this);
        result = true;
    } else {
        result = false;
    }

    sendAccessibilityEvent(AccessibilityEvent.TYPE_VIEW_CLICKED);
    notifyEnterOrExitForAutoFillIfNeeded(true);
    return result;
}

......

public void sendAccessibilityEvent(int eventType){
    if (mAccessibilityDelegate != null) {
        mAccessibilityDelegate.sendAccessibilityEvent(this, eventType);
    } else {
        sendAccessibilityEventInternal(eventType);
    }
}
......

public void setAccessibilityDelegate(@Nullable AccessibilityDelegate delegate){
    mAccessibilityDelegate = delegate;
}
```

从上面的源码可以很容易地看出来，当一个 View 被点击的时候，系统会先调用当前 View 已设置的 mOnClickListener 对象的 onClick(view) 方法，然后再调用 sendAccessibility Event(AccessibilityEvent.TYPE_VIEW_CLICKED) 内部方法。在 sendAccessibilityEvent(int eventType) 方法的内部实现里，其实是调用 mAccessibilityDelegate 对象的 sendAccessibility-Event 方法，并传入当前 View 对象和 AccessibilityEvent.TYPE_VIEW_CLICKED 参数。所以，我们只需要代理 View 的 mAccessibilityDelegate 对象，当一个 View 被点击时，在原有 mOnClickListener 对象的相应方法执行之后，我们就能收到这个点击的“消息”。代理 mAccessibilityDelegate 对象之后，我们就能拿到当前被点击的 View 对象，从而可以加入自动埋点的逻辑，进而实现“插入”埋点代码的效果。

6.2 原理概述

在应用程序自定义的 Application 的 onCreate() 方法中初始化埋点 SDK，并传入当前的 Application 对象。埋点 SDK 就可以拿到这个 Application 对象，然后我们就可以通过 Application 的 registerActivityLifecycleCallback 方法来注册 Application.Activity-LifecycleCallbacks 回调。这样埋点 SDK 就可以对应用程序中所有的 Activity 的生命周期事件进行集中处理（监控）了。在 ActivityLifecycleCallbacks 的 onActivityResumed (Activity activity, Bundle bundle) 回调方法中，我们可以拿到当前正在显示的 Activity 对象，然后再通过 activity.getWindow().getDecorView() 方法或者 activity.findViewById(android.R.id.content) 方法拿到当前 Activity 的 RootView，通过 rootView.getViewTreeObserver() 方法可以拿到 RootView 的 ViewTreeObserver 对象，然后再通过 addOnGlobalLayoutListener() 方法给 RootView 注册 ViewTreeObserver.OnGlobalLayoutListener 监听器，这样我们就可以在收到当前 Activity 的视图状态发生改变时去主动遍历一次 RootView，并用我们自定义的 SensorsDataAccessibilityDelegate 代理当前 View 的 mAccessibilityDelegate 对象。在我们自定义的 SensorsDataAccessibilityDelegate 类中的 sendAccessibilityEvent(View host, int eventType) 方法实现里，我们先调用原有的 mAccessibilityDelegate 对象的 sendAccessibilityEvent 方法，然后再插入埋点代码，其中 host 即是当前被点击的 View 对象，从而可以做到自动埋点的效果。

6.3 案例

下面以自动采集 Button 的点击事件为例，详细介绍该方案的实现步骤。对于其他控件的自动采集，后文会进行扩展。

完整的项目源码可以参考：

https://github.com/wangzhzh/AutoTrackAppClick3

第 1 步：新建一个项目（Project）
在新建的空项目中，会自动包含一个主 module，即：app。

第 2 步：创建 sdk module

新建一个 Android Library module，名称叫 sdk，这个模块就是我们的埋点 SDK 模块。

第 3 步：添加依赖

app module 需要依赖 sdk module。可以通过修改 app/build.gradle 文件，在其 dependencies 节点中添加依赖关系。

```
apply plugin: 'com.android.application'
apply plugin: 'com.jakewharton.butterknife'

android {
    compileOptions {
        sourceCompatibility JavaVersion.VERSION_1_8
        targetCompatibility JavaVersion.VERSION_1_8
    }
    compileSdkVersion 28
    defaultConfig {
        applicationId "com.sensorsdata.analytics.android.app.appclick3"
        minSdkVersion 15
        targetSdkVersion 28
        versionCode 1
        versionName "1.0"
    }
    buildTypes {
        release {
            minifyEnabled false
            proguardFiles getDefaultProguardFile('proguard-android.txt'),
                'proguard-rules.pro'
        }
    }

    dataBinding {
        enabled = true
    }
}

dependencies {
    implementation fileTree(include: ['*.jar'], dir: 'libs')
    implementation 'com.android.support:appcompat-v7:28.0.0-rc02'
    implementation 'com.android.support.constraint:constraint-layout:1.1.3'

    //https://github.com/JakeWharton/butterknife
    implementation 'com.jakewharton:butterknife:8.8.1'
    annotationProcessor 'com.jakewharton:butterknife-compiler:8.8.1'

    implementation project(':sdk')
}
```

第 4 步：编写埋点 SDK

在 sdk module 中我们新建一个埋点 SDK 的主类，即 SensorsDataAPI.java，完整的源码可以参考如下：

```java
package com.sensorsdata.analytics.android.sdk;

import android.app.Activity;
import android.app.Application;
import android.support.annotation.Keep;
import android.support.annotation.NonNull;
import android.support.annotation.Nullable;
import android.util.Log;
import android.view.View;

import org.json.JSONObject;

import java.util.Map;

/**
 * Created by 王灼洲 on 2018/7/22
 */
@Keep
public class SensorsDataAPI {
private final String TAG = this.getClass().getSimpleName();
public static final String SDK_VERSION = "1.0.0";
private static SensorsDataAPI INSTANCE;
private static final Object mLock = new Object();
private static Map<String, Object> mDeviceInfo;
private String mDeviceId;

@Keep
@SuppressWarnings("UnusedReturnValue")
public static SensorsDataAPI init(Application application) {
    synchronized (mLock) {
        if (null == INSTANCE) {
            INSTANCE = new SensorsDataAPI(application);
        }
        return INSTANCE;
    }
}


@Keep
public static SensorsDataAPI getInstance() {
    return INSTANCE;
}

private SensorsDataAPI(Application application) {
    mDeviceId = SensorsDataPrivate.getAndroidID(application.getApplication-
        Context());
    mDeviceInfo = SensorsDataPrivate.getDeviceInfo(application.getApplication-
        Context());
    SensorsDataPrivate.registerActivityLifecycleCallbacks(application);
}
```

```java
/**
 * Track 事件
 *
 * @param eventName   String 事件名称
 * @param properties JSONObject 事件属性
 */
@Keep
public void track(@NonNull final String eventName, @Nullable JSONObject properties) {
    try {
            JSONObject jsonObject = new JSONObject();
            jsonObject.put("event", eventName);
            jsonObject.put("device_id", mDeviceId);

            JSONObject sendProperties = new JSONObject(mDeviceInfo);

            if (properties != null) {
                SensorsDataPrivate.mergeJSONObject(properties, sendProperties);
            }

            jsonObject.put("properties", sendProperties);
            jsonObject.put("time", System.currentTimeMillis());

            Log.i(TAG, SensorsDataPrivate.formatJson(jsonObject.toString()));
    } catch (Exception e) {
            e.printStackTrace();
    }
    }
}
```

❏ init(Application application)

这是一个静态方法，埋点 SDK 的初始化函数，使用到了单例设计模式，然后调用私有构造函数初始化埋点 SDK。app module 就是调用这个方法初始化我们埋点 SDK 的。

❏ getInstance()

这也是一个静态方法，通过该方法可以获取埋点 SDK 的实例对象。

❏ SensorsDataAPI(Application application)

私有的构造函数，也是埋点 SDK 真正的初始化逻辑。在其方法内部通过调用埋点 SDK 的私有类 SensorsDataPrivate 中的方法来注册 ActivityLifecycleCallbacks 回调。

❏ track(@NonNull final String eventName, @Nullable JSONObject properties)

对外公开的 track 接口，通过该方法可以触发事件，第一个参数 eventName 代表事件的名称，第二个参数 properties 代表事件的属性。本书为了简化，有关触发事件，我们仅仅是打印了事件的 JSON 信息。

关于 SensorsDataPrivate 类中的 getAndroidID(Context context)、getDeviceInfo(Context context)、mergeJSONObject(final JSONObject source, JSONObject dest)、formatJson(String jsonStr) 等方法实现可以参考工程的源码。

第 5 步：注册 ActivityLifecycleCallbacks 回调

我们是通过调用埋点 SDK 自定义的一个内部私有类 SensorsDataPrivate.java 的 registe rActivityLifecycleCallbacks(Application application) 方法来注册 ActivityLifecycleCallbacks 回调的，代码片段可以参考如下：

```
/**
 * 注册 Application.ActivityLifecycleCallbacks
 *
 * @param application Application
 */
@TargetApi(14)
public static void registerActivityLifecycleCallbacks(Application application) {
    application.registerActivityLifecycleCallbacks(new Application.ActivityLifecycle-
        Callbacks() {
        private ViewTreeObserver.OnGlobalLayoutListener onGlobalLayoutListener;

        @Override
        public void onActivityCreated(final Activity activity, Bundle bundle) {
            final ViewGroup rootView = getRootViewFromActivity(activity, true);
            onGlobalLayoutListener = new ViewTreeObserver.OnGlobalLayoutListener() {
                @Override
                public void onGlobalLayout() {
                    delegateViewAccessibilityDelegate(activity, rootView);
                }
            };
        }

        @Override
        public void onActivityStarted(Activity activity) {

        }

        @Override
        public void onActivityResumed(final Activity activity) {
            final ViewGroup rootView = getRootViewFromActivity(activity, true);
            rootView.getViewTreeObserver().addOnGlobalLayoutListener(new
                ViewTreeObserver.OnGlobalLayoutListener() {
                @Override
                public void onGlobalLayout() {
                    delegateViewAccessibilityDelegate(activity, rootView);
                }
            });
        }

        @Override
        public void onActivityPaused(Activity activity) {

        }
```

```
            @Override
            public void onActivityStopped(Activity activity) {
                if (Build.VERSION.SDK_INT >= 16) {
                    final ViewGroup rootView = getRootViewFromActivity(activity, true);
    rootView.getViewTreeObserver().removeOnGlobalLayoutListener(onGlobalLayoutListener);
                }
            }

            @Override
            public void onActivitySaveInstanceState(Activity activity, Bundle bundle) {

            }

            @Override
            public void onActivityDestroyed(Activity activity) {

            }
        });
    }
```

ViewTreeObserver.OnGlobalLayoutListener 的用法在方案一里已有描述，此处不再赘述。

通过 activity.getWindow().getDecorView() 方法可以获取当前正在显示的 Activity 的 RootView 对象（当然，我们也可以使用 activity.findViewById(android.R.id.content) 方法获取，两者的区别前面已经讲解过），然后调用 delegateViewAccessibilityDelegate(activity, rootView) 方法递归遍历 RootView，最后用我们自定义的 SensorsDataAccessibilityDelegate 类对 View 的 mAccessibilityDelegate 对象进行代理。在 SensorsDataAccessibilityDelegate 类中，我们先调用原有 mAccessibilityDelegate 的 sendAccessibilityEvent 方法，然后判断 eventType 是否为 AccessibilityEvent.TYPE_VIEW_CLICKED，如果是，则调用埋点代码，从而达到自动埋点的效果。关于 SensorsDataAccessibilityDelegate 的源码实现，我们后面会介绍。

第 6 步：遍历 RootView
遍历 RootView 的详细逻辑可以参考如下代码片段：

```
/**
 * Delegate view OnClickListener
 *
 * @param context Context
 * @param view    View
 */
@TargetApi(15)
private static void delegateViewAccessibilityDelegate(final Context context,
    final View view) {
    if (context == null || view == null) {
        return;
```

```
    }

    View.AccessibilityDelegate delegate = null;
    try {
        Class<?> kClass = view.getClass();
        Method method = kClass.getMethod("getAccessibilityDelegate");
        delegate = (View.AccessibilityDelegate) method.invoke(view);
    } catch (Exception e) {
        e.printStackTrace();
    }

    if (delegate == null || !(delegate instanceof SensorsDataAccessibilityDelegate)) {
        view.setAccessibilityDelegate(new SensorsDataAccessibilityDelegate(delegate));
    }

    //如果 view 是 ViewGroup，需要递归遍历子 View 并 hook
    if (view instanceof ViewGroup) {
        final ViewGroup viewGroup = (ViewGroup) view;
        int childCount = viewGroup.getChildCount();
        if (childCount > 0) {
            for (int i = 0; i < childCount; i++) {
                View childView = viewGroup.getChildAt(i);
                //递归
                delegateViewAccessibilityDelegate(context, childView);
            }
        }
    }
}
```

　　我们通过反射获取当前正在遍历的 View 的 mAccessibilityDelegate 对象。如果获取的 mAccessibilityDelegate 对象为空（说明没有设置过 AccessibilityDelegate 对象），或者类型不是我们自定义的 SensorsDataAccessibilityDelegate 类型，那我们就通过自定义的 SensorsDataAccessibilityDelegate 代理当前 View 的 mAccessibilityDelegate 对象，然后再将当前 View 的 mAccessibilityDelegate 属性值设置为我们自定义的 SensorsDataAccessibility-Delegate 类型。如果当前 View 是 ViewGroup 类型，则继续递归遍历。

　　在这里有一个细节值得我们关注：判断什么时候去代理的条件，与之前还是有一定差异的。之前判断的条件是：listener 对象不为空并且又不是我们自定义的类型才去代理，而这里的判断条件是：mAccessibilityDelegate 对象为空或者不为空但又不是我们自定义的类型。这是为了防止如果没有给 View 设置 mAccessibilityDelegate 对象，而我们也不去代理，那就彻底无法采集这些 View 的点击行为事件了。

第 7 步：自定义 SensorsDataAccessibilityDelegate 类

SensorsDataAccessibilityDelegate 类的完整源码可以参考如下：

```
package com.sensorsdata.analytics.android.sdk;
```

```
import android.view.View;
import android.view.accessibility.AccessibilityEvent;

/*public*/class SensorsDataAccessibilityDelegate extends View.AccessibilityDelegate
    {
    private View.AccessibilityDelegate mRealDelegate;

    SensorsDataAccessibilityDelegate(View.AccessibilityDelegate realDelegate) {
        this.mRealDelegate = realDelegate;
    }

    @Override
    public void sendAccessibilityEvent(View host, int eventType) {
        if (mRealDelegate != null) {
            mRealDelegate.sendAccessibilityEvent(host, eventType);
        }

        if (eventType == AccessibilityEvent.TYPE_VIEW_CLICKED) {
            SensorsDataAPI.getInstance().trackViewOnClick(host);
        }
    }
}
```

SensorsDataAccessibilityDelegate 继承 View.AccessibilityDelegate，在其 sendAccessibilityEvent 方法的内部实现里，我们首先调用原有 mAccessibilityDelegate 的 sendAccessibilityEvent 方法，然后再判断 eventType 是否为 AccessibilityEvent.TYPE_VIEW_CLICKED，如果是，则调用埋点代码，从而达到自动埋点的效果。

第 8 步：初始化埋点 SDK

在 app module 中新建 MyApplication.java 类，该类继承 Application，然后在 onCreate 中初始化埋点 SDK。

```
package com.sensorsdata.analytics.android.app.project3;

import android.app.Application;

import com.sensorsdata.analytics.android.sdk.SensorsDataAPI;

/**
 * Created by 王灼洲 on 2018/7/22
 */
public class MyApplication extends Application {
    @Override
    public void onCreate() {
        super.onCreate();

        initSensorsDataAPI(this);
    }
```

```
/**
 * 初始化埋点 SDK
 *
 * @param application Application
 */
private void initSensorsDataAPI(Application application) {
    SensorsDataAPI.init(application);
}
}
```

第 9 步：配置 MyApplication

最后在 AndroidManifest.xml 文件的 application 节点配置我们上一步自定义的
MyApplication。

```xml
<?xml version="1.0" encoding="utf-8"?>
<manifest xmlns:android="http://schemas.android.com/apk/res/android"
    package="com.sensorsdata.analytics.android.app">
    <application
        android:name=".MyApplication"
        android:allowBackup="true"
        android:icon="@mipmap/ic_launcher"
        android:label="@string/app_name"
        android:roundIcon="@mipmap/ic_launcher_round"
        android:supportsRtl="true"
        android:theme="@style/AppTheme">
        <activity android:name=".MainActivity">
            <intent-filter>
                <action android:name="android.intent.action.MAIN" />
                <category android:name="android.intent.category.LAUNCHER" />
            </intent-filter>
        </activity>
    </application>
</manifest>
```

至此，基于代理 View.AccessibilityDelegate 的全埋点方案就算完成了。

通过测试发现，采集能力与前面代理 Window.callback 的方案一样。但该方案有一个很
大的问题，就是辅助功能需要用户手动启动，而且在部分 Android ROM 上辅助功能可能会
失效。

6.4　扩展采集能力

我们上面介绍的内容，是以 Button 控件为例的，相对比较简单。下面我们扩展一下埋
点 SDK，让它可以采集更多控件的点击事件，并让它的各项功能更完善。

扩展 1：支持采集 RatingBar 的点击事件

RatingBar 是一个比较特殊的控件。当前这种全埋点方案，无法直接支持采集

RatingBar 的点击事件（以及滑动事件），我们还是需要参考前面的方案，即通过代理 RatingBar 的 RatingBar.OnRatingBarChangeListener 的方式曲线支持。详细的逻辑可以参考如下代码片段：

```
if (view instanceof RatingBar) {
    final RatingBar.OnRatingBarChangeListener onRatingBarChangeListener =
            ((RatingBar) view).getOnRatingBarChangeListener();
    if (onRatingBarChangeListener != null &&
            !(onRatingBarChangeListener instanceof WrapperOnRatingBarChangeListener)) {
        ((RatingBar) view).setOnRatingBarChangeListener(
                new WrapperOnRatingBarChangeListener(onRatingBarChangeListener));
    }
}
```

自定义的 WrapperOnRatingBarChangeListener 源码参考如下：

```
package com.sensorsdata.analytics.android.sdk;

import android.widget.RatingBar;

/*public*/ class WrapperOnRatingBarChangeListener implements RatingBar.
    OnRatingBarChangeListener {
    private RatingBar.OnRatingBarChangeListener source;

    WrapperOnRatingBarChangeListener(RatingBar.OnRatingBarChangeListener source) {
        this.source = source;
    }

    @Override
    public void onRatingChanged(RatingBar ratingBar, float v, boolean b) {
        //调用原有的 OnClickListener
        try {
            if (source != null) {
                source.onRatingChanged(ratingBar, v, b);
            }
        } catch (Exception e) {
            e.printStackTrace();
        }

        //插入埋点代码
        SensorsDataPrivate.trackViewOnClick(ratingBar);
    }
}
```

和之前的内容完全一样，在代理的 onRatingChanged 方法中，先调用原 listener 对象的 onRatingChanged 方法，然后再调用埋点代码，这样即可实现"插入"埋点代码的效果。

扩展 2：支持采集 SeekBar 的点击事件

SeekBar 与 RatingBar 的情况是类似的，也是需要代理其相应的 listener 对象才能支持其点击事件。详细的逻辑可以参考如下代码片段：

```
if (view instanceof SeekBar) {
    final SeekBar.OnSeekBarChangeListener onSeekBarChangeListener =
            getOnSeekBarChangeListener(view);
    if (onSeekBarChangeListener != null &&
            !(onSeekBarChangeListener instanceof WrapperOnSeekBarChangeListener)) {
        ((SeekBar) view).setOnSeekBarChangeListener(
            new WrapperOnSeekBarChangeListener(onSeekBarChangeListener));
    }
}
```

自定义的 WrapperOnSeekBarChangeListener 内容如下：

```
package com.sensorsdata.analytics.android.sdk;

import android.widget.SeekBar;

public class WrapperOnSeekBarChangeListener implements SeekBar.OnSeekBarChange-
    Listener {
    private SeekBar.OnSeekBarChangeListener source;

    WrapperOnSeekBarChangeListener(SeekBar.OnSeekBarChangeListener source) {
        this.source = source;
    }

    @Override
    public void onStopTrackingTouch(SeekBar seekBar) {
        if (source != null) {
            source.onStopTrackingTouch(seekBar);
        }

        SensorsDataPrivate.trackViewOnClick(seekBar);
    }

    @Override
    public void onStartTrackingTouch(SeekBar seekBar) {
        if (source != null) {
            source.onStartTrackingTouch(seekBar);
        }
    }

    @Override
    public void onProgressChanged(SeekBar seekBar, int i, boolean b) {
        if (source != null) {
            source.onProgressChanged(seekBar, i, b);
        }
    }
}
```

WrapperOnSeekBarChangeListener 继 承 SeekBar.OnSeekBarChangeListener，在 代 理 的 onStartTrackingTouch(SeekBar seekBar) 方法中，先调用原有 listener 对象的 onStart-TrackingTouch 方法，然后再调用埋点代码，这样即可实现"插入"埋点代码的效果。

SeekBar.OnSeekBarChangeListener 其实有三个回调方法，我们只需要关心其中一个即可，即 onStartTrackingTouch(SeekBar seekBar) 回调方法，其他两个方法直接调用原有 listener 对象的相应方法即可。

扩展 3: 支持采集 Spinner 的点击事件

与 RatingBar、SeekBar 情况一样，也是需要通过代理其 listener 对象来实现，即代理 AdapterView.OnItemSelectedListener。

```
if (view instanceof Spinner) {
    AdapterView.OnItemSelectedListener onItemSelectedListener =
            ((Spinner) view).getOnItemSelectedListener();
    if (onItemSelectedListener != null &&
            !(onItemSelectedListener instanceof WrapperAdapterViewOnItemSelected
                Listener)) {
        ((Spinner) view).setOnItemSelectedListener(
                new WrapperAdapterViewOnItemSelectedListener(onItemSelectedListener));
    }
}
```

自定义的 WrapperAdapterViewOnItemSelectedListener 内容如下:

```
package com.sensorsdata.analytics.android.sdk;

import android.view.View;
import android.widget.AdapterView;

/*public*/ class WrapperAdapterViewOnItemSelectedListener implements AdapterView.
    OnItemSelectedListener {
    private AdapterView.OnItemSelectedListener source;

WrapperAdapterViewOnItemSelectedListener(AdapterView.OnItemSelectedListener
    source) {
        this.source = source;
    }

    @Override
    public void onItemSelected(AdapterView<?> adapterView, View view, int
        position, long id) {
        if (source != null) {
            source.onItemSelected(adapterView, view, position, id);
        }

        SensorsDataPrivate.trackAdapterView(adapterView, view, position);
    }

    @Override
    public void onNothingSelected(AdapterView<?> adapterView) {
        if (source != null) {
            source.onNothingSelected(adapterView);
        }
    }
}
```

WrapperAdapterViewOnItemSelectedListener 继承 AdapterView.OnItemSelectedListener，在代理的 onItemSelected 方法中，先调用原有 listener 对象的相应方法，然后再调用我们自定义的 SensorsDataPrivate.trackAdapterView 方法来触发点击事件，这样即可实现"插入"埋点代码的效果。

扩展 4：支持采集 ListView、GridView 的点击事件

通过测试发现，当前是可以支持采集 ListView 和 GridView 的点击事件的，但这个只是把它们的 item 当作普通的自定义 View 来处理了。也就是说，我们可以采集点击事件，但在点击事件的详细属性信息里，无法知道当前是 ListView 还是 GridView，同时也无法知道点击的是第几个 item，如图 6-1。

```
{
    "event":"$AppClick",
    "device_id":"cf7dbccbb9aefb1f",
    "properties":{
        "$app_name":"AppClick-3",
        "$model":"FRD-AL10",
        "$os_version":"7.0",
        "$app_version":"1.0",
        "$manufacturer":"HUAWEI",
        "$screen_height":1794,
        "$os":"Android",
        "$screen_width":1080,
        "$lib_version":"1.0.0",
        "$lib":"Android",
        "$element_type":"android.widget.LinearLayout",
        "$element_id":"listViewItem",
        "$element_content":"位置 2",
        "$activity":"com.sensorsdata.analytics.android.app.AdapterViewTestActivity"
    },
    "time":1534552727466
}
```

图 6-1 $AppClick 事件详细信息

和 Spinner 类似，ListView 和 GridView 都是 AdapterView 的子类，所以也需要采用代理其相应的 listener 对象，只不过它们设置的 listener 类型与 Spinner 不同而已。详细的逻辑可以参考如下代码片段：

```
if (view instanceof ListView ||
            view instanceof GridView) {
    AdapterView.OnItemClickListener onItemClickListener =
            ((AdapterView) view).getOnItemClickListener();
    if (onItemClickListener != null &&
            !(onItemClickListener instanceof WrapperAdapterViewOnItemClick)) {
        ((AdapterView) view).setOnItemClickListener(
                ew WrapperAdapterViewOnItemClick(onItemClickListener));
    }
}
```

自定义的 WrapperAdapterViewOnItemClick 的内容如下：

```
package com.sensorsdata.analytics.android.sdk;

import android.view.View;
import android.widget.AdapterView;
```

```java
public class WrapperAdapterViewOnItemClick implements AdapterView.OnItemClickListener {
    private AdapterView.OnItemClickListener source;

WrapperAdapterViewOnItemClick(AdapterView.OnItemClickListener source) {
        this.source = source;
    }

    @Override
    public void onItemClick(AdapterView<?> adapterView, View view, int position,
        long id) {
        if (source != null) {
            source.onItemClick(adapterView, view, position, id);
        }

        SensorsDataPrivate.trackAdapterView(adapterView, view, position);
    }
}
```

WrapperAdapterViewOnItemClick 继承 AdapterView.OnItemClickListener，在代理的 onItemClick 方法中，先调用原有 listener 对象的相应方法，然后再调用自定义的 trackAdapter View 方法来触发点击事件，这样即可实现"插入"埋点代码的效果。

扩展 5：支持采集 ExpandableListView 的点击事件

ExpandableListView 也是 AdapterView 的子类，同时也是 ListView 的子类。所以采用的方案与前面的 ListView、GridView 类似。只不过 ExpandableListView 的点击需要区分 groupClick 和 childClick 两种情况，所以需要代理不同的 listener 类型。详细的逻辑可以参考如下代码片段：

```java
if (view instanceof ExpandableListView) {
    try {
        Class viewClazz = Class.forName("android.widget.ExpandableListView");
        //Child
        Field mOnChildClickListenerField = viewClazz.getDeclaredField("mOnChildC
            lickListener");
        if (!mOnChildClickListenerField.isAccessible()) {
            mOnChildClickListenerField.setAccessible(true);
        }
        ExpandableListView.OnChildClickListener onChildClickListener =
                (ExpandableListView.OnChildClickListener) mOnChildClickListenerField.
                    get(view);
        if (onChildClickListener != null &&
                !(onChildClickListener instanceof WrapperOnChildClickListener)) {
            ((ExpandableListView) view).setOnChildClickListener(
                    new WrapperOnChildClickListener(onChildClickListener));
        }

        //Group
        Field mOnGroupClickListenerField = viewClazz.getDeclaredField("mOnGroupC
            lickListener");
```

```
        if (!mOnGroupClickListenerField.isAccessible()) {
            mOnGroupClickListenerField.setAccessible(true);
        }
        ExpandableListView.OnGroupClickListener onGroupClickListener =
                (ExpandableListView.OnGroupClickListener) mOnGroupClickListenerField.
                    get(view);
        if (onGroupClickListener != null &&
                !(onGroupClickListener instanceof WrapperOnGroupClickListener)) {
            ((ExpandableListView) view).setOnGroupClickListener(
                    new WrapperOnGroupClickListener(onGroupClickListener));
        }
    } catch (Exception e) {
        e.printStackTrace();
    }
}
```

自定义的 WrapperOnChildClickListener 的内容如下：

```
package com.sensorsdata.analytics.android.sdk;

import android.view.View;
import android.widget.ExpandableListView;

public class WrapperOnChildClickListener implements ExpandableListView.OnChildClickListener {
    private ExpandableListView.OnChildClickListener source;

WrapperOnChildClickListener(ExpandableListView.OnChildClickListener source) {
        this.source = source;
    }

    @Override
    public boolean onChildClick(ExpandableListView expandableListView, View view,
        int groupPosition, int childPosition, long id) {

        SensorsDataPrivate.trackAdapterView(expandableListView, view, groupPosition,
            childPosition);

        if (source != null) {
            return source.onChildClick(expandableListView, view, groupPosition,
                childPosition, id);
        }

        return false;
    }
}
```

WrapperOnChildClickListener 继 承 ExpandableListView.OnChildClickListener， 在 其 onChildClick 方法的内部实现里，我们先调用埋点代码触发点击事件，然后再调用原有 listener 对象的相应方法，这样即可实现 "插入" 埋点代码的效果。

自定义的 WrapperOnGroupClickListener 的源码如下：

```
package com.sensorsdata.analytics.android.sdk;

import android.view.View;
import android.widget.ExpandableListView;

public class WrapperOnGroupClickListener implements ExpandableListView.OnGroup-
    ClickListener {
    private ExpandableListView.OnGroupClickListener source;

WrapperOnGroupClickListener(ExpandableListView.OnGroupClickListener source) {
        this.source = source;
    }

    @Override
    public boolean onGroupClick(ExpandableListView expandableListView, View view,
        int groupPosition, long id) {
        SensorsDataPrivate.trackAdapterView(expandableListView, view, groupPosition, -1);
        if (source != null) {
            source.onGroupClick(expandableListView, view, groupPosition, id);
        }
        return false;
    }
}
```

WrapperOnGroupClickListener 继承 ExpandableListView.OnGroupClickListener，在其 onGroupClick 方法的内部实现里，我们先调用埋点代码触发点击事件，然后再调用原有 listener 对象的相应方法，这样即可实现"插入"埋点代码的效果。

至此，一个非常完善的全埋点方案已经完成了。

6.5　缺点

- ❑ Application.ActivityLifecycleCallbacks 要求 API 14+；
- ❑ view.hasOnClickListeners() 要求 API 15+；
- ❑ removeOnGlobalLayoutListener 要求 API 16+；
- ❑ 由于使用反射，效率相对来说比较低，可能会引入兼容性方面问题的风险；
- ❑ 无法采集 Dialog、PopupWindow 等游离于 Activity 之外的控件的点击事件；
- ❑ 辅助功能需要用户手动开启，在部分 Android ROM 上辅助功能可能会失效。

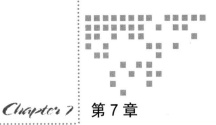

$AppClick 全埋点方案 4：透明层

该方案主要用到了 Android 系统事件处理机制方面的知识。关于 Android 系统事件处理机制的相关内容，在网络上有非常多相关的文章，在此不再赘述。我们接下来重点讲一下 View 的 onTouchEvent 方法。

7.1 原理概述

7.1.1 View onTouchEvent

onTouchEvent 是在 View 中定义的一个方法，用来处理传递到 View 的手势事件。手势事件类型主要包括 ACTION_DOWN、ACTION_MOVE、ACTION_UP、ACTION_CANCEL 四种。该方法的返回值为 Boolean 类型，返回 true 表明当前 View 消费当前事件；返回 false 表明当前 View 不消费当前事件，事件继续向上传递给父控件的 onTouchEvent 方法。我们要讲的全埋点方案就是基于 View 的 onTouchEvent 方法来实现的。

7.1.2 原理概述

结合 Android 系统的事件处理机制，我们可以自定义一个透明的 View，然后添加到每个 Activity 的最上层（面）。这样，每当用户点击任何控件时，直接点击的其实就是我们这个自定义的透明 View。然后我们再重写 View 的 onTouchEvent(MotionEvent event) 方法，在 return super.onTouchEvent(event) 之前，就可以根据 MontionEvent 里的点击坐标信息（x，y），在当前 Activity 的 RootView 里找到实际上被点击的那个 View 对象。找到被点击的 View 之后，我们再通过自定义的 WrapperOnClickListener 代理当前 View

的 mOnClickListener 对象。自定义的 WrapperOnClickListener 类实际上实现了 View.
OnClickListener 接口，在 WrapperOnClickListener 的 onClick(View view) 方法里会先调用
View 的原有 mOnClickListener 的 onClick(View view) 处理逻辑，然后再插入埋点代码，就
能达到自动埋点效果了。

7.2 案例

下面我们以自动采集 Button 的点击事件为例，详细介绍该方案的实现步骤。对于其他
控件的自动采集，后文会进行扩展。

完整的项目源码可以参考：https://github.com/wangzhzh/AutoTrackAppClick4

第 1 步：新建一个项目（Project）

在新建的空项目中，会自动包含一个主 module，即：app。

第 2 步：创建 sdk module

新建一个 Android Library module，名称叫 sdk，这个模块就是我们的埋点 SDK 模块。

第 3 步：添加依赖

app module 需要依赖 sdk module。可以通过修改 app/build.gradle 文件，在其
dependencies 节点中添加依赖关系。

```
apply plugin: 'com.android.application'
apply plugin: 'com.jakewharton.butterknife'

android {
    compileOptions {
        sourceCompatibility JavaVersion.VERSION_1_8
        targetCompatibility JavaVersion.VERSION_1_8
    }
    compileSdkVersion 28
    defaultConfig {
        applicationId "com.sensorsdata.analytics.android.app.appclick4"
        minSdkVersion 15
        targetSdkVersion 28
        versionCode 1
        versionName "1.0"
    }
    buildTypes {
        release {
            minifyEnabled false
            proguardFiles getDefaultProguardFile('proguard-android.txt'), 'proguard-
                rules.pro'
        }
    }

    dataBinding {
```

```
            enabled = true
        }
    }

    dependencies {
        implementation fileTree(include: ['*.jar'], dir: 'libs')
        implementation 'com.android.support:appcompat-v7:28.0.0-beta01'
        implementation 'com.android.support.constraint:constraint-layout:1.1.2'

        //https://github.com/JakeWharton/butterknife
        implementation 'com.jakewharton:butterknife:8.8.1'
        annotationProcessor 'com.jakewharton:butterknife-compiler:8.8.1'

        implementation project(':sdk')
    }
```

第 4 步：编写埋点 SDK

在 sdk module 中我们新建一个埋点 SDK 的主类，即 SensorsDataAPI.java，完整的源码参考如下：

```java
package com.sensorsdata.analytics.android.sdk;

import android.app.Activity;
import android.app.Application;
import android.support.annotation.Keep;
import android.support.annotation.NonNull;
import android.support.annotation.Nullable;
import android.util.Log;
import android.view.View;

import org.json.JSONObject;

import java.util.Map;

/**
 * Created by 王灼洲 on 2018/7/22
 */
@Keep
public class SensorsDataAPI {
    private final String TAG = this.getClass().getSimpleName();
    public static final String SDK_VERSION = "1.0.0";
    private static SensorsDataAPI INSTANCE;
    private static final Object mLock = new Object();
    private static Map<String, Object> mDeviceInfo;
    private String mDeviceId;

    @Keep
    @SuppressWarnings("UnusedReturnValue")
    public static SensorsDataAPI init(Application application) {
        synchronized (mLock) {
```

```
            if (null == INSTANCE) {
                INSTANCE = new SensorsDataAPI(application);
            }
            return INSTANCE;
        }
    }

    @Keep
    public static SensorsDataAPI getInstance() {
        return INSTANCE;
    }

    private SensorsDataAPI(Application application) {
        mDeviceId = SensorsDataPrivate.getAndroidID(application.getApplicationContext());
        mDeviceInfo = SensorsDataPrivate.getDeviceInfo(application.getApplicationContext());
        SensorsDataPrivate.registerActivityLifecycleCallbacks(application);
    }

    /**
     * Track 事件
     *
     * @param eventName   String 事件名称
     * @param properties JSONObject 事件属性
     */
    @Keep
    public void track(@NonNull final String eventName, @Nullable JSONObject
        properties) {
        try {
            JSONObject jsonObject = new JSONObject();
            jsonObject.put("event", eventName);
            jsonObject.put("device_id", mDeviceId);

            JSONObject sendProperties = new JSONObject(mDeviceInfo);

            if (properties != null) {
                SensorsDataPrivate.mergeJSONObject(properties, sendProperties);
            }

            jsonObject.put("properties", sendProperties);
            jsonObject.put("time", System.currentTimeMillis());

            Log.i(TAG, SensorsDataPrivate.formatJson(jsonObject.toString()));
        } catch (Exception e) {
            e.printStackTrace();
        }
    }
}
```

❑ init(Application application)

这是一个静态方法，埋点 SDK 的初始化函数，内部实现使用到了单例设计模式，然后调用私有构造函数初始化埋点 SDK。app module 就是调用这个方法初始化我们埋点 SDK 的。

❑ getInstance()

这也是一个静态方法，通过该方法可以获取埋点 SDK 的实例对象。

❑ SensorsDataAPI(Application application)

私有的构造函数，也是埋点 SDK 真正的初始化逻辑。在其方法内部通过调用 SDK 的私有类 SensorsDataPrivate 中的方法来注册 ActivityLifecycleCallbacks 回调。

❑ track(@NonNull final String eventName, @Nullable JSONObject properties)

对外公开的 track 接口，通过该方法可以触发事件，第一个参数 eventName 代表事件的名称，第二个参数 properties 代表事件的属性。本书为了简化，对于触发事件，我们仅仅是打印了事件的 JSON 信息。

关于 SensorsDataPrivate 类中的 getAndroidID(Context context)、getDeviceInfo(Context context)、mergeJSONObject(final JSONObject source, JSONObject dest)、formatJson(String jsonStr) 等方法实现可以参考工程的源码。

第 5 步：注册 ActivityLifecycleCallbacks 回调

我们通过调用埋点 SDK 定义的一个内部私有类 SensorsDataPrivate.java 的 registerActivityLifecycleCallbacks(Application application) 方法来注册 ActivityLifecycleCallbacks 回调的。可以参考如下代码片段：

```
/**
 * 注册 Application.ActivityLifecycleCallbacks回调
 *
 * @param application Application
 */
@TargetApi(14)
public static void registerActivityLifecycleCallbacks(Application application) {
    application.registerActivityLifecycleCallbacks(new Application.ActivityLifecycle-
        Callbacks() {
        @Override
        public void onActivityCreated(final Activity activity, Bundle bundle) {
            //添加透明层
            addSensorsDataTrackLayout(activity);
        }

        @Override
        public void onActivityStarted(Activity activity) {

        }

        @Override
        public void onActivityResumed(final Activity activity) {

        }
```

```
        @Override
        public void onActivityPaused(Activity activity) {

        }

        @Override
        public void onActivityStopped(Activity activity) {

        }

        @Override
        public void onActivitySaveInstanceState(Activity activity, Bundle bundle) {

        }

        @Override
        public void onActivityDestroyed(Activity activity) {

        }
    });
}
```

在 onActivityCreated(final Activity activity, Bundle bundle) 的回调方法里，我们调用自定义的 addSensorsDataTrackLayout(activity) 方法来添加透明层。

第 6 步：添加透明层

自定义的 addSensorsDataTrackLayout(activity) 方法代码片段参考如下：

```
/**
 * 添加透明层
 * @param activity Activity
 */
private static void addSensorsDataTrackLayout(final Activity activity) {
    try {
        View decorView = activity.getWindow().getDecorView();
        if (decorView != null) {
            if (decorView instanceof ViewGroup) {
                SensorsDataAppClickOverlayLayout sensorsDataOverlayLayout =
                    new SensorsDataAppClickOverlayLayout(activity);

                sensorsDataOverlayLayout.registerTrackClickListener(new Sensors-
                    DataAppClickListener() {
                    @Override
                    public void onClick(View view, MotionEvent event) {
                        SensorsDataAPI.getInstance().trackViewOnClick(view);
                    }
                });

                ((ViewGroup) decorView).addView(sensorsDataOverlayLayout,
                    new ViewGroup.LayoutParams (ViewGroup.LayoutParams.MATCH_
                        PARENT,
```

```
                        ViewGroup.LayoutParams.MATCH_PARENT));
                    ViewCompat.setElevation(sensorsDataOverlayLayout, 999F);
                }
            }
        } catch (Exception e) {
            e.printStackTrace();
        }
    }
```

通过 activity.getWindow().getDecorView() 方法可以获取当前正在显示的 Activity 的 RootView，然后我们再创建自定义的透明 View 对象。通过 addView 方法，可以把我们创建的透明层 View 添加到 RootView 的最上层（面）。需要特别注意的是，ViewGroup.LayoutParams 属性必须都是 LayoutParams.MATCH_PARENT 和 LayoutParams.MATCH_PARENT，这样才能确保透明的 View 可以完全覆盖到当前 Activity。最后调用 ViewCompat.setElevation 方法来设置透明层的 elevation 属性，确保透明层在最上层，单位是 pixels。

什么是 View Elevation？

View Elevation，又叫视图高度。从 Android 5.0 开始，Google 引入了 View Elevation 的概念，同时也就引用了 Z 轴的概念。通过 Elevation，我们可以设置当前 View "浮"起来的高度，即通过该属性可以让组件呈现出 3D 的效果。我们通过设置一个较大的 Elevation 值，可以尽量确保我们添加的透明层在当前 Activity 的最上层。

第 7 步：自定义 SensorsDataAppClickOverlayLayout 透明层

透明层 SensorsDataAppClickOverlayLayout.java 的完整源码参考如下：

```java
package com.sensorsdata.analytics.android.sdk;

import android.annotation.TargetApi;
import android.content.Context;
import android.graphics.Rect;
import android.util.AttributeSet;
import android.view.MotionEvent;
import android.view.View;
import android.view.ViewGroup;
import android.widget.FrameLayout;

public class SensorsDataAppClickOverlayLayout extends FrameLayout {

    public SensorsDataAppClickOverlayLayout(Context context) {
        super(context);
        init(context);
    }

    public SensorsDataAppClickOverlayLayout(Context context, AttributeSet attrs) {
        super(context, attrs);
        init(context);
    }
```

```java
public SensorsDataAppClickOverlayLayout(Context context, AttributeSet attrs,
    int defStyleAttr) {
    super(context, attrs, defStyleAttr);
    init(context);
}

@SuppressWarnings("unused")
private void init(Context context) {

}

@TargetApi(15)
private boolean hasOnClickListeners(View view) {
    return view.hasOnClickListeners();
}

private boolean isContainView(View view, MotionEvent event) {
    double x = event.getRawX();
    double y = event.getRawY();
    Rect outRect = new Rect();
    view.getGlobalVisibleRect(outRect);
    return outRect.contains((int) x, (int) y);
}

private View getTargetView(ViewGroup viewGroup, MotionEvent event) {
    if (viewGroup == null) {
        return null;
    }
    int count = viewGroup.getChildCount();
    for (int i = 0; i < count; i++) {
        View view = viewGroup.getChildAt(i);
        if (!view.isShown()) {
            continue;
        }
        if (isContainView(view, event)) {
            if (hasOnClickListeners(view)) {
                return view;
            } else if (view instanceof ViewGroup) {
                View targetView = getTargetView((ViewGroup) view, event);
                if (null != targetView) {
                    return targetView;
                }
            }
        }
    }
    return null;
}

@Override
@SuppressWarnings("all")
public boolean onTouchEvent(MotionEvent event) {
```

```
        try {
            if (event != null) {
                int ac = event.getAction() & MotionEvent.ACTION_MASK;
                if (ac == MotionEvent.ACTION_DOWN) {
                    View view = getTargetView((ViewGroup) getRootView(), event);
                    if (null != view) {
                        SensorsDataAPI.getInstance().trackViewOnClick(view);
                    }
                }
            }
        } catch (Exception e) {
            e.printStackTrace();
        }
        return super.onTouchEvent(event);
    }
}
```

透明层其实就是一个普普通通的 View，它继承自 FrameLayout 布局，由于没有设置任何的子 View，同时也没有设置任何背景，所以它是透明的。

然后重写自定义透明层的 onTouchEvent(MotionEvent event) 方法。当有 MotionEvent 事件发生的时候，onTouchEvent(MotionEvent event) 方法就可以进行拦截。我们目前只处理 MotionEvent 抬起的情况，即 event.getAction() 为 MotionEvent.ACTION_DOWN 的情况。然后通过 event.getX() 和 event.getY() 方法可以拿到点击时的（x，y）坐标信息，通过这个坐标信息就可以在 RootView 里找到被真正点击的那个 View 对象。记得最后一定要执行 "return super.onTouchEvent(event)" 语句，这样才可以确保整个点击事件不会被我们自定义的这个透明层阻断掉。

遍历 RootView，通过（x,y）坐标找到 View 的过程与前面的内容一致，这里不再赘述。

第 8 步：初始化埋点 SDK

在 app module 中新建 MyApplication.java 类，该类继承 Application，然后在 onCreate 中初始化埋点 SDK。

```
package com.sensorsdata.analytics.android.app;

import android.app.Application;

import com.sensorsdata.analytics.android.sdk.SensorsDataAPI;

/**
 * Created by 王灼洲 on 2018/7/22
 */
public class MyApplication extends Application {
    @Override
    public void onCreate() {
        super.onCreate();
```

```
        initSensorsDataAPI(this);
    }

    /**
     * 初始化埋点 SDK
     *
     * @param application Application
     */
    private void initSensorsDataAPI(Application application) {
        SensorsDataAPI.init(application);
    }
}
```

第 9 步：配置 MyApplication

最后在 AndroidManifest.xml 文件的 application 节点配置我们上一步自定义的 MyApplication。

```xml
<?xml version="1.0" encoding="utf-8"?>
<manifest xmlns:android="http://schemas.android.com/apk/res/android"
    package="com.sensorsdata.analytics.android.app">

    <application
        android:name=".MyApplication"
        android:allowBackup="true"
        android:icon="@mipmap/ic_launcher"
        android:label="@string/app_name"
        android:roundIcon="@mipmap/ic_launcher_round"
        android:supportsRtl="true"
        android:theme="@style/AppTheme">
        <activity android:name=".MainActivity">
            <intent-filter>
                <action android:name="android.intent.action.MAIN" />
                <category android:name="android.intent.category.LAUNCHER" />
            </intent-filter>
        </activity>
    </application>
</manifest>
```

至此，基于透明层的全埋点方案已经完成了。

该方案的采集能力与方案二、方案三基本一致。每次点击时，同样需要遍历一次当前正在显示的 Activity 的 RootView。该方案同样也无法采集游离于 Activity 之上的 View 的点击行为事件，如无法采集 Dialog、PopupWindow 等的点击。

7.3　扩展采集能力

我们上面介绍的内容，是以 Button 控件为例的，相对比较简单。下面我们扩展一下埋点 SDK，让它可以采集更多控件的点击事件，并让它的各项功能更完善。

扩展 1：支持采集 CheckBox 的点击事件

和之前的方案一样，也需要添加对 CheckBox 的特殊判断才能采集 CheckBox 的点击事件，代码片段可以参考如下：

```
private View getTargetView(ViewGroup viewGroup, MotionEvent event) {
    if (viewGroup == null) {
        return null;
    }
    int count = viewGroup.getChildCount();
    for (int i = 0; i < count; i++) {
        View view = viewGroup.getChildAt(i);
        if (!view.isShown()) {
            continue;
        }
        if (isContainView(view, event)) {
            if (hasOnClickListeners(view) || view instanceof CheckBox) {
                return view;
            } else if (view instanceof ViewGroup) {
                View targetView = getTargetView((ViewGroup) view, event);
                if (null != targetView) {
                    return targetView;
                }
            }
        }
    }

    return null;
}
```

同理，由于 CheckBox、SwitchCompat、ToggleButton、RadioButton 等都是属于同一类型的 Button，即都是属于带有"状态"的按钮，而且都是 CompoundButton 的子类。我们可以将上面的判断条件由"view instanceof CheckBox"改成"view instanceof CompoundButton"，这样就可以同时支持上述几种控件的点击事件了。

扩展 2：支持采集 SeekBar 的点击事件

此时，我们也只需要或（||）上一个对 SeekBar 的判断条件即可支持采集 SeekBar 的点击事件，代码片段参考如下：

```
private View getTargetView(ViewGroup viewGroup, MotionEvent event) {
    if (viewGroup == null) {
        return null;
    }
    int count = viewGroup.getChildCount();
    for (int i = 0; i < count; i++) {
        View view = viewGroup.getChildAt(i);
        if (!view.isShown()) {
            continue;
        }
        if (isContainView(view, event)) {
```

```
        if (hasOnClickListeners(view) || view instanceof CompoundButton ||
                view instanceof SeekBar) {
            return view;
        } else if (view instanceof ViewGroup) {
            View targetView = getTargetView((ViewGroup) view, event);
            if (null != targetView) {
                return targetView;
            }
        }
    }
}
return null;
}
```

扩展 3：支持采集 RatingBar 的点击事件

此时，我们也只需要或（||）上一个对 RatingBar 的判断条件即可支持采集 RatingBar 的点击事件，具体的代码片段参考如下：

```
private View getTargetView(ViewGroup viewGroup, MotionEvent event) {
    if (viewGroup == null) {
        return null;
    }
    int count = viewGroup.getChildCount();
    for (int i = 0; i < count; i++) {
        View view = viewGroup.getChildAt(i);
        if (!view.isShown()) {
            continue;
        }
        if (isContainView(view, event)) {
            if (hasOnClickListeners(view) || view instanceof CompoundButton ||
                    view instanceof SeekBar ||
                    view instanceof RatingBar) {
                return view;
            } else if (view instanceof ViewGroup) {
                View targetView = getTargetView((ViewGroup) view, event);
                if (null != targetView) {
                    return targetView;
                }
            }
        }
    }
    return null;
}
```

扩展 4：支持采集 Spinner 的点击事件

Spinner 也可以采用上面的处理方式，但同时也会碰到和之前一样的问题，即可以采集 Spinner 控件的点击事件，但无法采集选择 Spinner 的某一项的点击（选择）事件。所以，也只能采用之前的代理 listener 的方案，代码片段参考如下：

```
if (view instanceof Spinner) {
    AdapterView.OnItemSelectedListener onItemSelectedListener =
            ((Spinner) view).getOnItemSelectedListener();
    if (onItemSelectedListener != null &&
            !(onItemSelectedListener instanceof WrapperAdapterViewOnItemSelected
            Listener)) {
        ((Spinner) view).setOnItemSelectedListener(
                new WrapperAdapterViewOnItemSelectedListener(onItemSelectedListener));
    }
}
```

其中，自定义的 **WrapperAdapterViewOnItemSelectedListener** 和之前的一样：

```
package com.sensorsdata.analytics.android.sdk;

import android.view.View;
import android.widget.AdapterView;

public class WrapperAdapterViewOnItemSelectedListener implements AdapterView.
    OnItemSelectedListener {
    private AdapterView.OnItemSelectedListener source;

    WrapperAdapterViewOnItemSelectedListener(AdapterView.OnItemSelectedListener
        source) {
        this.source = source;
    }

    @Override
    public void onItemSelected(AdapterView<?> adapterView, View view, int position,
        long id) {
        if (source != null) {
            source.onItemSelected(adapterView, view, position, id);
        }

        SensorsDataPrivate.trackAdapterView(adapterView, view, position);
    }

    @Override
    public void onNothingSelected(AdapterView<?> adapterView) {
        if (source != null) {
            source.onNothingSelected(adapterView);
        }
    }
}
```

扩展 5：支持采集 ListView、GridView 的点击事件

和 Spinner 类似，ListView 和 GridView 都是 AdapterView 的子类，所以也需要采用代理其相应的 listener 对象，只不过它们设置的 listener 类型与 Spinner 不同而已。

```
if (view instanceof ListView ||
            view instanceof GridView) {
```

```
    AdapterView.OnItemClickListener onItemClickListener =
            ((AdapterView) view).getOnItemClickListener();
    if (onItemClickListener != null &&
            !(onItemClickListener instanceof WrapperAdapterViewOnItemClick)) {
        ((AdapterView) view).setOnItemClickListener(
                ew WrapperAdapterViewOnItemClick(onItemClickListener));
    }
}
```

自定义的 WrapperAdapterViewOnItemClick 的内容如下：

```
package com.sensorsdata.analytics.android.sdk;

import android.view.View;
import android.widget.AdapterView;

public class WrapperAdapterViewOnItemClick implements AdapterView.OnItemClickListener {
    private AdapterView.OnItemClickListener source;

    WrapperAdapterViewOnItemClick(AdapterView.OnItemClickListener source) {
        this.source = source;
    }

    @Override
    public void onItemClick(AdapterView<?> adapterView, View view, int position, long id) {
        if (source != null) {
            source.onItemClick(adapterView, view, position, id);
        }

        SensorsDataPrivate.trackAdapterView(adapterView, view, position);
    }
}
```

在代理的 onItemClick 方法中，先调用原有 listener 对象的相应方法，然后再调用自定义的 trackAdapterView 方法来触发点击事件。

扩展 6：支持采集 ExpandableListView 的点击事件

ExpandableListView 也是 AdapterView 的子类，同时也是 ListView 的子类。所以采用的方案与前面的 ListView、GridView 类似。只不过 ExpandableListView 的点击需要区分 groupClick 和 childClick，所以需要代理不同的 listener。

```
if (view instanceof ExpandableListView) {
    try {
        Class viewClazz = Class.forName("android.widget.ExpandableListView");
        //Child
        Field mOnChildClickListenerField = viewClazz.getDeclaredField("mOnChildC
            lickListener");
        if (!mOnChildClickListenerField.isAccessible()) {
            mOnChildClickListenerField.setAccessible(true);
        }
```

```
        ExpandableListView.OnChildClickListener onChildClickListener =
                (ExpandableListView.OnChildClickListener) mOnChildClickListenerField.
                    get(view);
        if (onChildClickListener != null &&
                !(onChildClickListener instanceof WrapperOnChildClickListener)) {
            ((ExpandableListView) view).setOnChildClickListener(
                new WrapperOnChildClickListener(onChildClickListener));
        }

        //Group
        Field mOnGroupClickListenerField = viewClazz.getDeclaredField("mOnGroupC
            lickListener");
        if (!mOnGroupClickListenerField.isAccessible()) {
            mOnGroupClickListenerField.setAccessible(true);
        }
        ExpandableListView.OnGroupClickListener onGroupClickListener =
                (ExpandableListView.OnGroupClickListener) mOnGroupClickListener-
                    Field.get(view);
        if (onGroupClickListener != null &&
                !(onGroupClickListener instanceof WrapperOnGroupClickListener)) {
            ((ExpandableListView) view).setOnGroupClickListener(
                new WrapperOnGroupClickListener(onGroupClickListener));
        }
    } catch (Exception e) {
        e.printStackTrace();
    }
}
```

自定义的 WrapperOnChildClickListener 的内容如下：

```
package com.sensorsdata.analytics.android.sdk;

import android.view.View;
import android.widget.ExpandableListView;

public class WrapperOnChildClickListener implements ExpandableListView.OnChildClickListener {
    private ExpandableListView.OnChildClickListener source;

    WrapperOnChildClickListener(ExpandableListView.OnChildClickListener source) {
        this.source = source;
    }

    @Override
    public boolean onChildClick(ExpandableListView expandableListView, View view,
        int groupPosition, int childPosition, long id) {

        SensorsDataPrivate.trackAdapterView(expandableListView, view, groupPosition,
            childPosition);

        if (source != null) {
            return source.onChildClick(expandableListView, view, groupPosition,
```

```
                    childPosition, id);
        }

        return false;
    }
}
```

自定义的 WrapperOnGroupClickListener 内容如下：

```
package com.sensorsdata.analytics.android.sdk;

import android.view.View;
import android.widget.ExpandableListView;

public class WrapperOnGroupClickListener implements ExpandableListView.OnGroupClickListener {
    private ExpandableListView.OnGroupClickListener source;

    WrapperOnGroupClickListener(ExpandableListView.OnGroupClickListener source) {
        this.source = source;
    }

    @Override
    public boolean onGroupClick(ExpandableListView expandableListView, View view,
        int groupPosition, long id) {
        SensorsDataPrivate.trackAdapterView(expandableListView, view, groupPosition,
            -1);
        if (source != null) {
            source.onGroupClick(expandableListView, view, groupPosition, id);
        }
        return false;
    }
}
```

至此，一个非常完善的全埋点方案已经完成了。

另外，Github 上目前也有一个类似方案的开源项目，可以参考：https://github.com/foolchen/AndroidTracker。

7.4　缺点

❑ Application.ActivityLifecycleCallbacks 要求 API 14+；

❑ view.hasOnClickListeners() 要求 API 15+；

❑ 无法采集 Dialog、PopupWindow 的点击事件；

❑ 每次点击都需要遍历一次 RootView，效率比较低。

Chapter 8 第 8 章

$AppClick 全埋点方案 5：AspectJ

8.1　关键技术

8.1.1　AOP

AOP 是 Aspect Oriented Programming 的缩写，即"面向切面编程"。通过使用 AOP，可以在编译期间对代码进行动态管理，以达到统一维护的目的。AOP 其实是 OOP 编程思想的一种延续，同时也是 Spring 框架中的一个重要模块。利用 AOP，我们可以对业务逻辑的各个模块进行隔离，从而使得业务逻辑各个部分之间的耦合度降低，提高程序的可重用性，同时也会提高开发的效率。利用 AOP，我们可以在无侵入的状态下在宿主中插入一些代码逻辑，从而实现一些特殊的功能，比如日志埋点、性能监控、动态权限控制、代码调试等。

下面我们介绍一下和 AOP 相关的几个术语。

❑ Advice：增强

也叫"通知"。增强是织入到目标类连接点上的一段程序代码。在 Spring 框架中，增强除了被用于描述一段程序代码之外，还拥有另一个和连接点相关的信息，这便是执行点的方位。结合执行点方位信息和切点信息，我们就可以找到特定的连接点。

❑ JoinPoint：连接点

即程序执行的某个特定位置，如类开始初始化前、类初始化后、类中某个方法调用前、调用后、方法抛出异常后等。一个类或一段程序代码拥有一些具有边界性质的特定点，这些点中的特定点就称为"连接点"。Spring 框架仅支持方法的连接点，即仅能在方法调用前、方法调用后、方法抛出异常时以及方法调用前后这些程序执行点织入增强。连接点由两个信息确定：一是用方法表示的程序执行点；二是用相对点表示的方位。

❑ PointCut：切点

也叫"切入点"。每个程序类都拥有多个连接点，如一个拥有两个方法的类，这两个方法都是连接点，即连接点是程序类中客观存在的事物。AOP 通过"切点"来定位特定的连接点。连接点相当于数据库中的记录，而切点相当于查询条件。切点和连接点不是一对一的关系，一个切点可以匹配多个连接点。在 Spring 框架中，切点通过 Pointcut 接口进行描述，它使用类和方法作为连接点的查询条件，Spring AOP 的规则解析引擎负责切点所设定的查询条件，找到对应的连接点。确切地说，切点不能称之为查询连接点，因为连接点是方法执行前、执行后等包括方位信息的具体程序执行点，而切点只定位到某个方法上，所以如果希望定位到具体连接点上，还需要提供方位信息。

❑ Aspect：切面

切面由切点和增强组成，它既包括了横切逻辑的定义，也包括了连接点的定义，Spring AOP 就是负责实施切面的框架，它将切面所定义的横切逻辑织入到切面所指定的连接点中。

❑ Weaving：织入

织入是将增强添加到目标类具体连接点上的过程。AOP 像一台织布机，将目标类、增强通过 AoP 这台织布机天衣无缝地编织到一起。

根据不同的实现技术，AOP 有三种不同的织入方式：

1）编译期织入，这要求使用特殊的 Java 编译器；

2）类装载期织入，这要求使用特殊的类装载器；

3）动态代理织入，在运行期为目标类添加增强生成子类的方式。

Spring 采用动态代理织入，而我们本章要讲的 AspectJ 是采用编译期织入和类装载期织入。

❑ Target：目标对象

增强逻辑的织入目标类。如果没有 AOP，目标业务类需要自己实现所有逻辑，而在 AOP 的帮助下，目标业务类只实现那些非横切逻辑的程序逻辑，而性能监控和事务管理等横切逻辑则可以使用 AOP 动态织入到特定的连接点上。

以上这些概念，如果之前没有接触过，理解起来确实挺晦涩的。

下面我们用一段"白话"总结一下：

第一步

我们通过定义一个表达式（PointCut）来告诉程序，我们需要对哪些地方增加额外的操作。通过这个表达式（PointCut），我们得到了那些需要通知的方法（JoinPoint）。

第二步

我们还需要告诉程序，这些方法（JoinPoint）需要做怎样的增强（Advice）：

1）什么时候进行额外的操作？（执行前 / 执行后 / 执行前后 / 返回之前）；

2）额外操作具体要做什么？

我们把以上两个步骤定义到一个地方（Aspect）。

上面两个步骤涉及的被修改的对象，我们称之为目标对象（Target）。

完成上面的所有操作的动作，我们总称为织入（Weaving）。

8.1.2 AspectJ

AOP 其实是一个概念，同时也是一个规范，它本身并没有规定具体实现的语言。而 AspectJ 实际上是对 AOP 编程思想的实现，它能够和 Java 配合起来使用。

AspectJ 最核心的模块就是它提供的 ajc 编译器，它其实就是将 AspectJ 的代码在编译期插入到目标程序当中，运行时跟在其他地方没有什么两样。因此要使用 AspectJ，最关键的就是使用它的 ajc 编译器去编译代码。ajc 会构建目标程序与 AspectJ 代码的联系，在编译期将 AspectJ 代码插入到被切出的 PointCut 中，从而达到 AOP 的目的。

关于 AspectJ 更详细的介绍，可以参考其官网：

http://www.eclipse.org/aspectj/

8.1.3 AspectJ 注解

下面我们介绍一下和 AspectJ 相关的一些注解类。

❑ @Aspect

该注解用来描述一个切面类。

定义切面类的时候需要加上这个注解，标明当前类是切面类，以便能被 ajc 编译器识别。如：

```
@Aspect
public class ViewOnClickListenerAspectJ {
    ......
}
```

在上面代码片段中，自定义的类 ViewOnClickListenerAspectJ 被 @Aspject 注解标记成切面类，在编译期间会被 AspectJ 的 ajc 编译器识别。

❑ @PointCut（切点表达式）

用来定义切点，标记方法。如：

```
@Pointcut("execution(@com.sensorsdata.analytics.android.sdk.SensorsDataTrackViewOn
    Click * *(..))")
public void methodAnnotatedWithTrackEvent() {
    ......
}
```

此切点可以用来匹配用 @SensorsDataTrackViewOnClick 注解标记的所有方法。

❑ @Before（切点表达式）

前置增强，在某连接点之前执行的增强。如：

```
/**
 * android.view.View.OnClickListener.onClick(android.view.View)
```

```
 *
 * @param joinPoint JoinPoint
 */
@Before("execution(* android.view.View.OnClickListener.onClick(android.view.View))")
public void onViewClickAOP(final JoinPoint joinPoint) {
    View view = (View) joinPoint.getArgs()[0];
    SensorsDataAPI.getInstance().trackViewOnClick(view);
}
```

上面的切点表达式，可以匹配所有 View.OnClickListener.onClick(android.view.View) 方法，并在方法执行之前获取 view 参数，然后调用 trackViewOnClick(view) 方法。

❑ @After（切点表达式）

后置增强，在某连接点之后执行的增强。如：

```
/**
 * android.view.View.OnClickListener.onClick(android.view.View)
 *
 * @param joinPoint JoinPoint
 */
@After("execution(* android.view.View.OnClickListener.onClick(android.view.View))")
public void onViewClickAOP(final JoinPoint joinPoint) {
    View view = (View) joinPoint.getArgs()[0];
    SensorsDataAPI.getInstance().trackViewOnClick(view);
}
```

上面的切点表达式，可以匹配所有 View.OnClickListener.onClick(android.view.View) 方法，并在方法执行之后获取 view 参数，然后调用 trackViewOnClick(view) 方法。

❑ @Around（切点表达式）

环绕增强，在切点前后执行。如：

```
@Around("execution(* android.support.v4.app.Fragment.onCreateView(..))")
public Object fragmentOnCreateViewMethod(ProceedingJoinPoint joinPoint) throws
Throwable {
    //before: do something
    Log.i( "MainActivity" , "Something Before" );
    Object result = joinPoint.proceed();
    //after: do something
    Log.i( "MainActivity" , "Something After" );
    return result;
}
```

上面的切点表达式，匹配所有 View.OnClickListener.onClick(android.view.View) 方法，并在方法执行之前打印" Something Before"，在方法执行之后打印" Something After"。该注解主要适用于" Something After"需要根据返回值 result 进行不同处理的场景，或者同时需要在方法执行之前和之后都需要进行处理的场景。

❑ @AfterReturning（切点表达式）

返回增强，切入点方法返回结果之后执行。如：

```
/**
 * android.view.View.OnClickListener.onClick(android.view.View)
 *
 * @param joinPoint JoinPoint
 */
@AfterReturning("execution(*android.view.View.OnClickListener.onClick(android.view.
    View))")
public void onViewClickAOP(final JoinPoint joinPoint) {
    Log.i( "MainActivity" , "Something Done" );
}
```

上面的切点表达式，可以匹配所有 View.OnClickListener.onClick(android.view.View) 方法，并在方法返回结果之后打印 "Something Done"。

❑ @AfterThrowing（切点表达式）

异常增强，切点抛出异常时执行。如：

```
/**
 * android.view.View.OnClickListener.onClick(android.view.View)
 *
 * @param joinPoint JoinPoint
 */
@AfterThrowing ("execution(*android.view.View.OnClickListener.onClick(android.view.
    View))")
public void onViewClickAOP(final JoinPoint joinPoint) {
    Log.i( "MainActivity" , "Something Error" );
}
```

上面的切点表达式，可以匹配所有 View.OnClickListener.onClick(android.view.View) 方法，当方法抛出异常时，将打印 "Something Error"。

关于 @Before、@After、@AfterThrowing、@AfterReturning 的执行时机及执行顺序，可以参考下面这个示例来理解。

我们首先定义下面几个切点：

```
@Before("execution(* *(..))")
public void testBefore(JoinPoint joinPoint) throws Throwable {
    Log.i("MainActivity", "@Before");
}

@After("execution(* *(..))")
public void testAfter(JoinPoint joinPoint) throws Throwable {
    Log.i("MainActivity", "@After");
}

@AfterReturning("execution(* *(..))")
public void testAfterReturning(JoinPoint joinPoint) throws Throwable {
    Log.i("MainActivity", "@AfterReturning");
}
```

```
@AfterThrowing("execution(* *(..))")
public void testAfterThrowing(JoinPoint joinPoint) throws Throwable {
    Log.i("MainActivity", "@AfterThrowing");
}
```

被织入的方法如下：

```
public void testAOP() {
    Log.i("MainActivity", "原有代码");
}
```

编译之后织入的情况如图 8-1（目录 app/build/imtermediates/classes）。

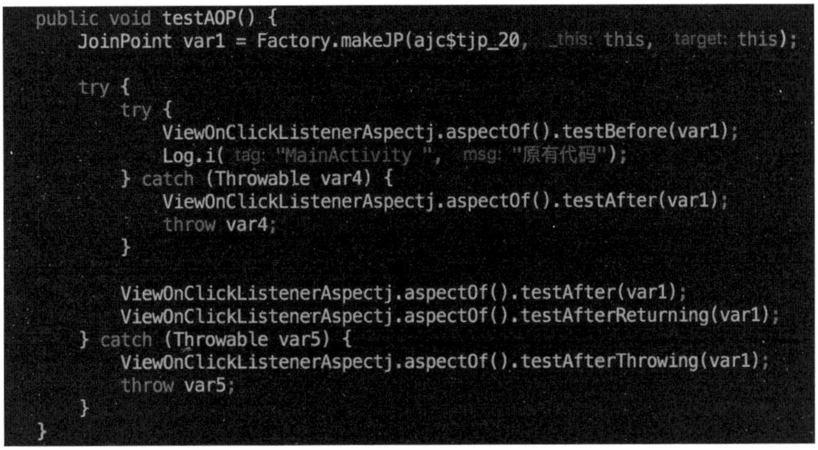

图 8-1　织入之后的代码

通过查看织入之后的代码（.class），就很容易理解他们各自织入的时机和位置了。

8.1.4　切点表达式

下面我们详细介绍一下切点表达式。

```
execution(* android.view.View.OnClickListener.onClick(android.view.View))
```

上面就是一个切入点表达式的示例。

一个完整的切入点表达式包含如下几个部分：

execution（＜修饰符模式＞? ＜返回类型模式＞＜方法名模式＞（＜参数模式＞）＜异常模式＞?）

其中：

❑ 带？的表示这部分是可选的；

❑ 修饰符模式指的是 public、private、protected 等；

❑ 异常模式指的是如 ClassNotFoundException 异常等。

下面我们列举几个切点表达式的例子，方便大家理解。

Sample 1：

```
@After("execution(public * *(..))")
public void myOnViewClickAOP(JoinPoint point) {
    Log.i("MainActivity", "Something");
    }
```

该切入点将会匹配所有修饰符模式是 public 的方法，并且在方法执行之后打印"Something"日志信息。

Sample 2：

```
@Around("execution(* on*(..))")
public void myOnViewClickAOP(ProceedingJoinPoint joinPoint) {
    Log.i("MainActivity", "Something Before");
    joinPoint.proceed();
    Log.i("MainActivity", "Something After");
}
```

该切入点将会匹配所有方法名以"on"开头的方法，并且在方法执行之前打印"Something Before"日志，在方法执行之后打印"Something After"日志。

Sample 3：

```
@Before("execution(* com.sensorsdata.analytics.android..*View(..))")
public void myOnViewClickAOP(JoinPoint point) {
    Log.i("MainActivity ", "Something OK");
}
```

该切入点将会匹配 com.sensorsdata.analytics.android 包及其子包中所有方法名以"View"结尾的方法，并在方法执行之前打印"Something OK"日志。

Sample 4：

```
@AfterReturning("execution(String com.sensorsdata.analytics.android.*(..))")
public void myOnViewClickAOP(JoinPoint point, Object returnValue) {
    Log.i("MainActivity", "returnValue=" + returnValue);
}
```

该切入点将会匹配 com.sensorsdata.analytics.android 包中所有返回类型是 String 的方法，并在方法返回结果之后打印当前方法的返回值。

 注意 该切入点不包括子包里的方法。这就是包名后面"."与".."表达式的区别。

Sample 5：

```
/**
 * android.view.View.OnClickListener.onClick(android.view.View)
 *
```

```
 * @param joinPoint JoinPoint
 * @throws Throwable Exception
 */
@After("execution(* android.view.View.OnClickListener.onClick(android.view.View))")
public void myOnViewClickAOP(final JoinPoint joinPoint) throws Throwable {
    AopUtil.sendTrackEventToSDK(joinPoint, "onViewOnClick");
}
```

该切入点将会匹配所有的 android.view.View.OnClickListener.onClick(android.view.View) 方法，并在 onClick 方法执行之后调用 AopUtil.sendTrackEventToSDK(joinPoint, "onViewOnClick") 方法。

Sample 6：

```
/**
 * 支持 ButterKnife @OnClick 注解
 * @param joinPoint JoinPoint
 * @throws Throwable Exception
 */
@After("execution(@butterknife.OnClick * *(..))")
public void onButterknifeClickAOP(final JoinPoint joinPoint) throws Throwable {
    View view = (View) joinPoint.getArgs()[0];
    SensorsDataAPI.getInstance().trackViewOnClick(view);
}
```

该切入点将会匹配所有被 ButterKnife 的 @OnClick 注解声明的方法，并在原有方法执行之后调用 trackViewOnClick(view) 方法，传递的参数为 onClick 方法中的参数 view。

8.1.5　JoinPoint

在上面的几个示例中，被注解的方法中都有一个 JoinPoint 类型的参数，这个参数包含了切点（方法）的所有详细信息。

下面我们以一个示例来讲解 JoinPoint 对象都包含了哪些信息。

我们首先定义一个切面 SensorsDataAspectJ，用来匹配所有的方法。SensorsDataAspectJ 完整的源码参考如下：

```
package app.android.autotrack.sensorsdata.cn.plugin;

import android.util.Log;

import org.aspectj.lang.ProceedingJoinPoint;
import org.aspectj.lang.annotation.Around;
import org.aspectj.lang.annotation.Aspect;
import org.aspectj.lang.reflect.MethodSignature;

import java.lang.reflect.Method;

@Aspect
```

```java
public class SensorsDataAspectJ {
    private static final String TAG = "SensorsDataAspectJ";

    @Around("execution(* *(..))")
    public Object weaveAllMethod(ProceedingJoinPoint joinPoint) throws Throwable {
        long startNanoTime = System.nanoTime();

        Object returnObject = joinPoint.proceed();

        //纳秒，1毫秒=1纳秒*1000*1000
        long stopNanoTime = System.nanoTime();

        MethodSignature signature = (MethodSignature) joinPoint.getSignature();
        //方法名
        String name = signature.getName();
        Log.i(TAG, "name=" + name);
        Method method = signature.getMethod();

        //返回值类型
        Class returnType = signature.getReturnType();
        Log.i(TAG, "returnType=" + returnType.getName());

        //方法所在类名
        Class declaringType = signature.getDeclaringType();
        Log.i(TAG, "declaringType=" + declaringType.getCanonicalName());

        //参数类型
        Class[] parameterTypes = signature.getParameterTypes();
        for (Class cls: parameterTypes) {
            Log.i(TAG, "cls=" + cls.getSimpleName());
        }

        //参数名
        String[] parameterNames = signature.getParameterNames();
        for (String param: parameterNames) {
            Log.i(TAG, "param=" + param);
        }

        Log.i(TAG, String.valueOf(stopNanoTime - startNanoTime));

        return returnObject;
    }
}
```

切点我们以 Activity 的 onCreate(Bundle savedInstanceState) 方法为例。

```java
package cn.sensorsdata.autotrack.android.app;

import android.support.v7.app.AppCompatActivity;
```

```
import android.os.Bundle;

public class MainActivity extends AppCompatActivity {

    @Override
    protected void onCreate(Bundle savedInstanceState) {
        super.onCreate(savedInstanceState);
        setContentView(R.layout.activity_main);
    }
}
```

编译、运行，打印的信息如下：

```
name=onCreate
returnType=void
declaringType=cn.sensorsdata.autotrack.android.app.MainActivity
cls=Bundle
param=savedInstanceState
```

这样就比较容易理解我们可以通过 JoinPoint 获取哪些信息了。

其中，ProceedingJoinPoint 是 JoinPoint 的子类，如果使用 @Around 注解，参数为 ProceedingJoinPoint 类型。与 JoinPoint 相比，它多了一个 proceed() 方法，该方法用来执行切点方法（方法原来的业务逻辑）。

8.1.6　call 与 execution 区别

在切入点的表达式中，我们有时还能见到 call 表达式，比如：

```
call(* android.view.View.OnClickListener.onClick(android.view.View))
```

那么 call 和 execution 又有什么区别呢？

总的来说，当 call 捕获 joinPoint 时，捕获的是签名方法的**调用点**；而 excution 捕获 joinPoint 时，捕获的则是方法的**执行点**。

两者的区别就在于一个是"调用点"，一个是"执行点"。

对于 call 来说，类似于：

```
Call(Before)
Pointcut {
    Pointcut Method
}
Call(After)
```

对于 execution 来说，类似于：

```
Pointcut {
    Execution(Before)
    Pointcut Method
    Execution(After)
}
```

下面，我们再以一个实例来说明一下这两者的差异。

被切入的代码比较简单，是 MainActivity 中的一个方法，即：

```
package cn.sensorsdata.autotrack.android.app;

import android.support.annotation.Keep;
import android.support.v7.app.AppCompatActivity;
import android.os.Bundle;
import android.util.Log;

public class MainActivity extends AppCompatActivity {

    @Override
    protected void onCreate(Bundle savedInstanceState) {
        super.onCreate(savedInstanceState);
        setContentView(R.layout.activity_main);

        //调用
        myTestMethod();
    }

    @Keep
    public void myTestMethod() {
        Log.i("MainActivity", "Something happen");
    }
}
```

我们先看 execution 切点表达式：

```
@Before("execution(*com.sensorsdata.analytics.android.app.MainActivity.myTestMethod(..))")
public void aopTestMethod(JoinPoint joinPoint) throws Throwable {
    Log.i("MainActivity", "插入的代码");
}
```

然后再看一下编译之后的结果，目录在 app/build/intermediates/classes，参考图 8-2。

```
@Keep
public void myTestMethod() {
    JoinPoint var1 = Factory.makeJP(ajc$tjp_3, _this: this, target: this);
    ViewOnClickListenerAspectj.aspectOf().aopTestMethod(var1);
    Log.i( tag: "MainActivity", msg: "Something happen");
}
```

图 8-2　织入后的代码

我们再看一下 call 切点表达式：

```
@Before("call(*com.sensorsdata.analytics.android.app.MainActivity.myTestMethod(..))")
public void aopTestMethod(JoinPoint joinPoint) throws Throwable {
    Log.i("MainActivity", "插入的代码");
}
```

然后看一下编译（织入）之后的结果，参考图 8-3。

```
protected void onCreate(Bundle savedInstanceState) {
    super.onCreate(savedInstanceState);
    this.setContentView(2131296286);
    JoinPoint var2 = Factory.makeJP(ajc$tjp_0, _this: this, target: this);
    ViewOnClickListenerAspectj.aspectOf().aopTestMethod(var2);
    this.myTestMethod();
}
```

图 8-3　织入后的代码

对比起来看就一目了然了，execution 是在被切入的方法中，call 是在调用被切入的方法前或者后。

8.1.7　AspectJ 使用方法

上面介绍了和 AOP、AspectJ 相关的一些基础知识，下面我们将介绍如何在 Android Studio 中使用 AspectJ。

总的来说，在 Android Studio 中使用 AspectJ 大概有两种方式。

1）通过 Gradle 配置

通过在 Gradle 的构建脚本中，定义任务来使得项目执行 ajc 编译，将 AOP 的 Module 编织进入到目标工程中，从而达到非侵入式 AOP 的目的。

2）通过 Gradle Plugin

也可以通过插件来使用 AspectJ。

目前有很多开源的类似项目（插件），比如：

Ⅰ. https://github.com/uPhyca/gradle-android-aspectj-plugin

Ⅱ. https://github.com/JakeWharton/hugo

Ⅲ. https://github.com/HujiangTechnology/gradle_plugin_android_aspectjx

关于这些插件的功能及使用方法，大家可以自行参考其官方文档。

下面我们将分别介绍这两种使用方式。

8.1.8　通过 Gradle 配置使用 AspectJ

下面我们以实现统计每个方法的耗时情况为例，介绍如何在 Android Studio 中通过 Gradle 配置来使用 AspectJ。

完整的项目源码可以参考：

https://github.com/wangzhzh/AutoTrackAspectJProject1

具体步骤如下：

第 1 步：新建一个项目（Project）

在新建的项目中，会自动包含一个主 module，即 app。

第 2 步：添加依赖关系

修改 app/build.gradle 文件，在其 dependencies 节点中添加对 aspectjrt 的依赖关系。完整的配置脚本可以参考如下：

```
android {
    compileOptions {
        sourceCompatibility JavaVersion.VERSION_1_8
        targetCompatibility JavaVersion.VERSION_1_8
    }
    compileSdkVersion 28
    defaultConfig {
        applicationId "com.sensorsdata.analytics.android.app.aspectj1"
        minSdkVersion 15
        targetSdkVersion 28
        versionCode 1
        versionName "1.0"
    }
    buildTypes {
        release {
            minifyEnabled false
            proguardFiles getDefaultProguardFile('proguard-android.txt'), 'proguard-
                rules.pro'
        }
    }

    dataBinding {
        enabled = true
    }
}

dependencies {
    implementation fileTree(include: ['*.jar'], dir: 'libs')
    implementation 'com.android.support:appcompat-v7:28.0.0-rc02'
    implementation 'com.android.support:design:28.0.0-rc01'
    implementation 'com.android.support.constraint:constraint-layout:1.1.2'
    implementation 'org.aspectj:aspectjrt:1.9.0'
}
```

第 3 步：添加相应的任务

修改 app/build.gradle 文件，添加任务，使得 Android Studio 使用 ajc 作为编译器编译代码。完整的脚本可以参考如下：

```
import org.aspectj.bridge.IMessage
import org.aspectj.bridge.MessageHandler
import org.aspectj.tools.ajc.Main

buildscript {
    repositories {
        google()
    jcenter()
```

```
    mavenCentral()
        maven { url "https://oss.sonatype.org/content/repositories/snapshots/" }
        maven {
            url "https://maven.google.com"
        }
    }
    dependencies {
        classpath 'org.aspectj:aspectjtools:1.9.0'
    }
}

apply plugin: 'com.android.application'

repositories {
    mavenCentral()
}

android {
    compileOptions {
        sourceCompatibility JavaVersion.VERSION_1_8
        targetCompatibility JavaVersion.VERSION_1_8
    }
    compileSdkVersion 28
    defaultConfig {
        applicationId "com.sensorsdata.analytics.android.app.aspectj1"
        minSdkVersion 15
        targetSdkVersion 28
        versionCode 1
        versionName "1.0"
    }
    buildTypes {
        release {
            minifyEnabled false
            proguardFiles getDefaultProguardFile('proguard-android.txt'), 'proguard-
                rules.pro'
        }
    }

    dataBinding {
        enabled = true
    }
}

dependencies {
    implementation fileTree(include: ['*.jar'], dir: 'libs')
    implementation 'com.android.support:appcompat-v7:28.0.0-rc02'
    implementation 'com.android.support:design:28.0.0-beta01'
    implementation 'com.android.support.constraint:constraint-layout:1.1.3'
    implementation 'org.aspectj:aspectjrt:1.9.0'
}

final def log = project.logger
```

```
final def variants = project.android.applicationVariants

variants.all { variant ->
    if (!variant.buildType.isDebuggable()) {
        log.debug("Skipping non-debuggable build type '${variant.buildType.name}'.")
        return
    }

    JavaCompile javaCompile = variant.javaCompile
    javaCompile.doLast {
        String[] args = ["-showWeaveInfo",
                         "-1.5",
                         "-inpath", javaCompile.destinationDir.toString(),
                         "-aspectpath", javaCompile.classpath.asPath,
                         "-d", javaCompile.destinationDir.toString(),
                         "-classpath", javaCompile.classpath.asPath,
                         "-bootclasspath", project.android.bootClasspath.join(File.
                             pathSeparator)]
        log.debug "ajc args: " + Arrays.toString(args)

        MessageHandler handler = new MessageHandler(true)
        new Main().run(args, handler)
        for (IMessage message : handler.getMessages(null, true)) {
            switch (message.getKind()) {
                case IMessage.ABORT:
                case IMessage.ERROR:
                case IMessage.FAIL:
                    log.error message.message, message.thrown
                    break
                case IMessage.WARNING:
                    log.warn message.message, message.thrown
                    break
                case IMessage.INFO:
                    log.info message.message, message.thrown
                    break
                case IMessage.DEBUG:
                    log.debug message.message, message.thrown
                    break
            }
        }
    }
}
```

关于这些脚本的具体含义，此处不再详细描述，大家可以自行查阅相关文档。

第 4 步：添加切面类 SensorsDataAspectJ

SensorsDataAspectJ 完整的源码参考如下：

```
package com.sensorsdata.analytics.android.app;

import android.util.Log;
```

```
import org.aspectj.lang.ProceedingJoinPoint;
import org.aspectj.lang.annotation.Around;
import org.aspectj.lang.annotation.Aspect;
import org.aspectj.lang.reflect.MethodSignature;

import java.lang.reflect.Method;
import java.util.Locale;

@Aspect
public class SensorsDataAspectJ {
    private static final String TAG = "SensorsDataAspectJ";

    @Around("execution(* *(..))")
    public Object weaveAllMethod(ProceedingJoinPoint joinPoint) throws Throwable {
        long startNanoTime = System.nanoTime();

        Object returnObject = joinPoint.proceed();

        //纳秒，1毫秒=1纳秒*1000*1000
        long stopNanoTime = System.nanoTime();

        MethodSignature signature = (MethodSignature) joinPoint.getSignature();
        Method method = signature.getMethod();

        Log.i(TAG, String.format(Locale.CHINA,
            "Method:<%s> cost=%s ns", method.toGenericString(),
            String.valueOf(stopNanoTime - startNanoTime)));

        return returnObject;
    }
}
```

SensorsDataAspectJ 其实就是一个普通的类，然后定义了几个方法。只不过需要在类上用 @AspectJ 注解标记当前类为切面类。

定义切点时，我们这里使用的是 @Around 注解，这样就可以在方法前后都插入代码逻辑了。

切点表达式是：@Around("execution(* *(..))")，意思是匹配所有的方法。

我们首先调用 System.nanoTime() 方法来获取当前执行时的时间戳。这里之所以用 System.nanoTime() 方法（而不是 System.currentTimeMillis()），是因为它的单位是纳秒，更适合用来统计方法的执行耗时情况，因为代码的执行时间一般都很短，需要更精准的时间单位。然后调用 joinPoint.proceed() 方法来执行原有方法的代码逻辑，并保存返回结果，最后再通过 System.nanoTime() 方法获取当前的时间戳。计算两个时间戳之间的差值，就是方法的耗时。

第 5 步：构建 Project

通过 adb logcat 可以看到如下输出：

```
SensorsDataAspectJ: Method:<protected void com.sensorsdata.analytics.android.app.
    MainActivity.onCreate(android.os.Bundle)> cost=11207812 ns
```

通过查看 MainActivity.class 文件，可以看到已经织入的代码效果，参考图 8-4。

图 8-4　织入后的代码

至此，通过 Gradle 配置来使用 AspectJ 就完成了。

在讲解通过 Gradle Plugin 使用 AspectJ 之前，我们先讲解一下如何自定义 Gradle Plugin（插件）。

8.1.9　自定义 Gradle Plugin

Gradle 插件是使用 Groovy 语言进行开发的，而 Groovy 是可以兼容 Java 语言的。Android Studio 除了可以开发 Android 应用程序外，还可以开发 Gradle 插件。

下面我们用一个示例来介绍如何自定义 Gradle 插件。该插件的功能非常简单，仅仅是定义了一个 Task 然后打印一条日志信息。

完整的项目源码可以参考：

https://github.com/wangzhzh/AutoTrackAspectJProject2

详细步骤：

第 1 步：新建一个项目（Project）

在新建的空项目中，会自动包含一个主 module，即：app。

第 2 步：创建 plugin module

创建 Android Library module，module 名称叫 plugin，我们将会用这个 Library 写 Gradle Plugin；

第 3 步：创建 plugin 需要的目录结构

完整的目录结构图 8-5。

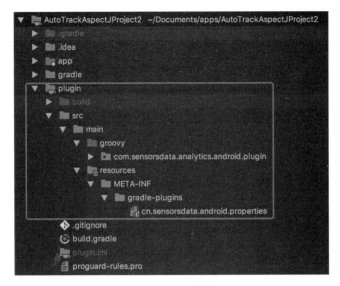

图 8-5　项目结构

首先删除 plugin/src 目录下的所有文件，然后按照上图创建目录结构。

❑ 创建 groovy 目录

在 src/main 目录下，创建 groovy 目录。因为开发 Gradle Plugin 是用 Groovy 语言，所以插件的代码需要放到 src/main/groovy 目录下，然后在该目录下新建一个 package，比如 com.sensorsdata.analytics.android.plugin。

❑ 创建 properties 文件

在 src/main 目录下，依次创建目录 resources/META-INF/gradle-plugins。然后我们在 resources/META-INF/gradle-plugins 目录下再创建一个后缀名为 .properties 的文件，用来声明插件名称以及对应插件的包名和类名。比如，我们可以创建一个文件名叫 cn.sensorsdata. android.properties 的文件。其中 cn.sensorsdata.android 就是我们要定义的插件名称。文件里面放置什么内容后面会讲到。

第 4 步：添加依赖关系

修改 plugin/build.gradle 文件，添加对 gradle、groovy 的依赖。

```
apply plugin: 'groovy'
dependencies {
    implementation gradleApi() //gradle sdk
    implementation localGroovy() //groovy sdk
}
repositories {
    mavenCentral()
}
```

第 5 步：实现插件

在 src/main/groovy 目录的 package 下新建 SensorsDataPlugin.groovy 类，该类实现 Plugin <Project> 接口，内容如下：

```
package com.sensorsdata.analytics.android.app

import org.gradle.api.Plugin
import org.gradle.api.Project

public class SensorsDataPlugin implements Plugin<Project> {
    void apply(Project project) {

        println "This is my first PLUGIN"

        project.task(My-Plugin-Task') << {
            println "This is my first TASK"
        }
    }
}
```

SensorsDataPlugin 实现了 Plugin<Project> 接口，并重写其 apply(Project project)。

在 apply(Project project) 方法里，我们通过 project.task 创建了一个 Task，Task 名称叫 My-Plugin-Task，该 Task 比较简单，仅仅是打印了一条信息。

第 6 步：修改 cn.sensorsdata.android.properties 文件

文件里面的内容只有一行，内容如下：

```
implementation-class= com.sensorsdata.analytics.android.app. SensorsDataPlugin
```

等号后面的内容就是我们上面第五步中创建的文件的包名 + 类名。

至此，一个非常简单的插件就完成了。

编译一下这个 plugin，可以在 plugin/build 目录下看到生成的插件 jar 文件，参考图 8-6。

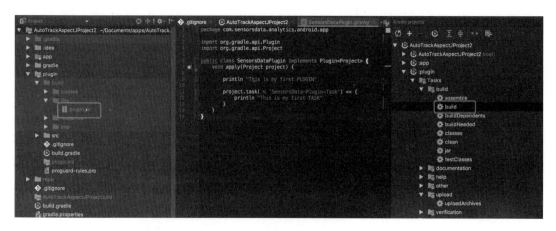

图 8-6　插件目标目录

8.1.10　发布 Gradle 插件

我们上面仅仅是编写了一个 Gradle 插件。如果你想使用你的插件，或者把插件给别人使用，就需要把插件发布出去。

一般情况下，按照"把插件发布到哪里"这个条件来区分的话，发布插件可以简单分为两种情况：

❑ 发布插件到本地仓库

❑ 发布插件到远程仓库

下面我们介绍一下如何利用 mavenDeployer 这个插件来发布插件到本地仓库。

具体步骤如下：

第 1 步：引入 mavenDeployer 插件

修改 plugin/build.gradle 文件，引入 mavenDeployer 插件，并设置 mavenDeployer 的详细配置信息，内容如下：

```
apply plugin: 'groovy'
apply plugin: 'maven'
dependencies {
    implementation gradleApi() //gradle sdk
    implementation localGroovy() //groovy sdk
}
repositories {
    mavenCentral()
}

uploadArchives {
    repositories.mavenDeployer {
        //本地仓库路径，以放到项目根目录下的 repo 的文件夹为例
        repository(url: uri('../repo'))

        //groupId ，自行定义
        pom.groupId = 'cn.sensorsdata'

        //artifactId
        pom.artifactId = 'autotrack.android'

        //插件版本号
        pom.version = '1.0.0'
    }
}
```

上面配置中的 groupId、artifactId 和 version 属性内容，都是可以自定义的，可以根据企业（或个人）的实际信息进行填写，应用程序引用插件时会使用到这些信息。其中，groupId 为组织名称或公司名称，artifactId 为项目名或模块名，version 为项目或模块的当前版本号。通过设置 repository 属性，可以把 uri 配置在本地目录，这样就可以把 maven 设置成本地仓库，我们暂时把仓库配置到当前 Project 根目录下的 repo 目录。

第 2 步：编译插件

我们可以在 Android Studio IDE 右侧 Gradle task 的面板下看到我们刚才添加的 uploadArchives Task，可以通过点击右键执行该任务，也可以在命令行里执行 ./gradlew uploadArchives 来执行，参考图 8-7。

图 8-7　uploadArchives 任务

执行完 uploadArchives Task 之后，在项目的根目录下就会生成一个 repo 目录，里面就存放着我们已发布到本地仓库的插件，参考图 8-8。

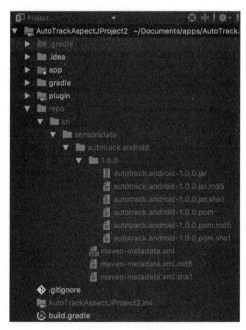

图 8-8　repo 目录

至此，我们已经将之前编写的插件发布到本地 maven 仓库了。

8.1.11　使用 Gradle Plugin

上面，我们编写了一个插件，并且也把它发布到本地 maven 仓库了。那么，一个应用程序应该如何使用我们刚刚发布的插件呢？

下面我们就来介绍一下如何使用插件。

首先，修改 Project 根目录下的 build.gradle 文件，引入我们要使用插件：

```
buildscript {

    repositories {
        google()
        jcenter()

        //插件所在的本地仓库的目录
        maven {
            url uri('repo')
        }
    }
    dependencies {
        classpath 'com.android.tools.build:gradle:3.1.3'
        //引入插件
        classpath 'cn.sensorsdata:autotrack.android:1.0.0'
    }
}

allprojects {
    repositories {
        google()
        jcenter()
    }
}

task clean(type: Delete) {
    delete rootProject.buildDir
}
```

其中，

```
//插件所在的本地仓库的目录
maven {
    url uri('repo')
}
```

用来配置本地 maven 仓库目录，就是我们上面发布到本地仓库的目录，即项目根目录下的 repo 目录。此处使用的是相对地址，也可以使用绝对地址。

```
classpath 'cn.sensorsdata:autotrack.android:1.0.0'
```

这一行是添加依赖的插件，格式为：groupId:artifactId:version，即我们在 uploadArchives 中填写的相应内容。

最后，在应用程序 app module 的 build.gradle 文件中添加使用插件。

```
apply plugin: 'cn.sensorsdata.android'
```

其中，cn.sensorsdata.android 就是我们上面在 resources/META-INF/gradle-plugins 目录下新建 .properties 文件的文件名。

至此，我们已经完成了使用本地仓库的插件。重新编译应用程序，将会看到如下的输出信息，也就是我们定义的 Task 里打印的信息，参考图 8-9。

图 8-9　build 日志

同时，我们在定义插件的时候，定义了一个 SensorsData-Plugin-Task，下面我们测试运行一下这个 Task。

在控制台输入 ./gradlewSensorsData-Plugin-Task 运行结果如图 8-10。

> Task :app:SensorsData-Plugin-Task
This is my first TasK

BUILD SUCCESSFUL in 1s

图 8-10　build 日志

关于发布插件到远程仓库，此处不再详细描述，可以参考其官网文档，链接如下：
https://plugins.gradle.org/docs/submit

8.1.12　Plugin Project

在上面自定义的插件类的 apply(Project project) 方法中，有一个 Project 类型的参数。Project 参数是插件与 Gradle 通信的管道。通过 Project 参数，插件可以通过代码使用 Gradle 的所有特性。其中，Project 与 build.gradle 是一对一的关系。

下面我们通过一个简单的示例来介绍如何通过 Project 访问 Gradle 的使用场景——Extension，即扩展。

大家对下面这些内容应该非常熟悉。

```
android {
    compileOptions {
        sourceCompatibility JavaVersion.VERSION_1_8
        targetCompatibility JavaVersion.VERSION_1_8
    }
    compileSdkVersion 28
    defaultConfig {
        applicationId "cn.sensorsdata.autotrack.android.app.aspectj1"
        minSdkVersion 15
        targetSdkVersion 28
        versionCode 1
        versionName "1.0"
    }
    buildTypes {
        release {
            minifyEnabled false
            proguardFiles getDefaultProguardFile('proguard-android.txt'), 'proguard-
                rules.pro'
        }
    }

    dataBinding {
        enabled = true
    }
}
```

但大家应该也会非常好奇，像 android{}、versionName、dataBinding{} 等这些设置又是如何被 Android 插件读取的呢？其实就是通过 Extension（扩展）。

下面，我们自定义一个 Extension 来试一下。

第 1 步：创建配置类

在 plugin module 新建一个 Groovy 类，即 SensorsDataPluginConfig.groovy。

```
package com.sensorsdata.analytics.android.app

class SensorsDataPluginConfig {
    boolean debug
}
```

SensorsDataPluginConfig 类非常简单，只有一个 boolean 类型的成员变量 debug，可以理解成是否开启调试模式的开关。

第 2 步：读取配置

修改 SensorsDataPlugin.groovy 文件，读取配置并打印。完整的 SensorsDataPlugin.groovy 类的源码参考如下：

```
package com.sensorsdata.analytics.android.app

import org.gradle.api.Plugin
```

```
import org.gradle.api.Project
public class SensorsDataPlugin implements Plugin<Project> {
void apply(Project project) {

        println "This is my first PLUGIN"

        project.extensions.create("sensorsData", SensorsDataPluginConfig)

        project.task('My-Plugin-Task') << {
            println "This is my first TASK"
        }

        project.afterEvaluate {
            println("debug=" + project.sensorsData.debug)
        }
    }
}
```

我们是通过 project.extensions.create 来读取参数的。

要注意，create 方法的第一个参数 "sensorsData" 就是你在 build.gradle 文件中的进行参数配置的 dsl 的名字，二者必须一致；第二个参数 "SensorsDataPluginConfig"，就是参数类的名字。

第 3 步：在 app/build.gradle 文件中配置 sensorsData，完整的脚本可以参考如下

```
apply plugin: 'com.android.application'
apply plugin: 'cn.sensorsdata.android'

android {
    compileSdkVersion 28
    defaultConfig {
        applicationId "com.sensorsdata.analytics.android.app.aspectj2"
        minSdkVersion 15
        targetSdkVersion 28
        versionCode 1
        versionName "1.0"
    }
    buildTypes {
        release {
            minifyEnabled false
            proguardFiles getDefaultProguardFile('proguard-android.txt'),'proguard-
                rules.pro'
        }
    }
}

sensorsData {
    debug = true
}

dependencies {
```

```
implementation fileTree(dir: 'libs', include: ['*.jar'])
implementation 'com.android.support:appcompat-v7:28.0.0-rc01'
implementation 'com.android.support.constraint:constraint-layout:1.1.2'
}
```

其中，"sensorsData"要与上一步中 project.extensions.create("sensorsData", SensorsDataPlugin Config) 中的第一个参数保持一致。

第 4 步：重新构建 plugin 和应用程序，就会看到相应的输出信息，参考图 8-11

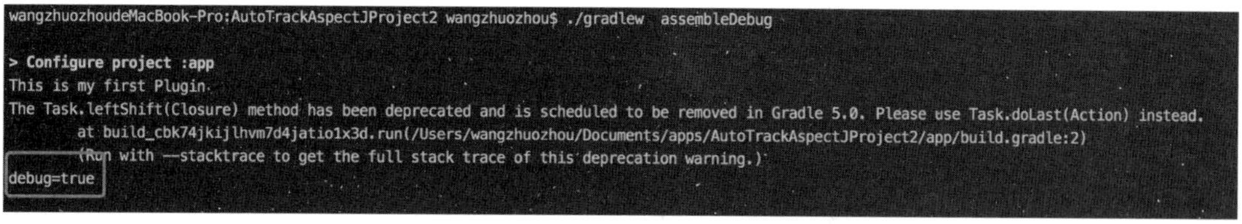

图 8-11　编译信息

通过上面打印的日志可以说明，Plugin 成功的通过 Extension 从 Gradle 中读取到配置了。

8.2　原理概述

对于 Android 系统中的 View，它的点击处理逻辑，都是通过设置相应的 listener 对象并重写相应的回调方法实现的。比如，对于 Button、ImageView 等控件，它设置的 listener 对象均是 android.view.View.OnClickListener 类型，然后重写它的 onClick(android.view.View) 回调方法。我们只要利用一定的技术原理，在应用程序编译期间（比如生成 .dex 之前），在其 onClick(android.view.View) 方法中插入相应的埋点代码，即可做到自动埋点，也就是全埋点。

我们可以把 AspectJ 的处理脚本放到我们自定义的插件里，然后编写相应的切面类，再定义合适的 PointCut 用来匹配我们的织入目标方法（listener 对象的相应回调方法），比如 android.view.View.OnClickListener 的 onClick(android.view.View) 方法，就可以在编译期间插入埋点代码，从而达到自动埋点即全埋点的效果。

8.3　案例

下面我们以自动采集 Button 的点击事件为例，详细介绍该方案的实现步骤。对于其他控件的自动采集，后面会进行扩展。

完整的项目源码可以参考如下网址：

https://github.com/wangzhzh/AutoTrackAppClick5

详细步骤如下：

第 1 步：新建一个项目（Project）

在新建的项目中，会自动包含一个主 module，即：app。

第 2 步：创建 sdk module

新建一个 Android Library module，名称叫 sdk，这个模块就是我们的埋点 SDK 模块。

第 3 步：编写埋点 SDK

在 sdk module 中，我们新建一个埋点 SDK 的主类，即 SensorsDataAPI.java。完整的源码可以参考如下：

```java
package com.sensorsdata.analytics.android.sdk;

import android.app.Activity;
......
import java.util.Locale;
import java.util.Map;

/**
 * Created by 王灼洲 on 2018/7/22
 */
@Keep
public class SensorsDataAPI {
    private final String TAG = this.getClass().getSimpleName();
    public static final String SDK_VERSION = "1.0.0";
    private static SensorsDataAPI INSTANCE;
    private static final Object mLock = new Object();
    private static Map<String, Object> mDeviceInfo;
    private String mDeviceId;

    @Keep
    @SuppressWarnings("UnusedReturnValue")
    public static SensorsDataAPI init(Application application) {
        synchronized (mLock) {
            if (null == INSTANCE) {
                INSTANCE = new SensorsDataAPI(application);
            }
            return INSTANCE;
        }
    }

    @Keep
    public static SensorsDataAPI getInstance() {
        return INSTANCE;
    }

    private SensorsDataAPI(Application application) {
        mDeviceId = SensorsDataPrivate.getAndroidID(application.getApplication
            Context());
```

```
        mDeviceInfo = SensorsDataPrivate.getDeviceInfo(application.getApplication
            Context());
}

/**
 * Track 事件
 *
 * @param eventName  String 事件名称
 * @param properties JSONObject 事件属性
 */
@Keep
public void track(@NonNull final String eventName, @Nullable JSONObject properties)
{
        try {
            JSONObject jsonObject = new JSONObject();
            jsonObject.put("event", eventName);
            jsonObject.put("device_id", mDeviceId);

            JSONObject sendProperties = new JSONObject(mDeviceInfo);

            if (properties != null) {
                SensorsDataPrivate.mergeJSONObject(properties, sendProperties);
            }

            jsonObject.put("properties", sendProperties);
            jsonObject.put("time", System.currentTimeMillis());

            Log.i(TAG, SensorsDataPrivate.formatJson(jsonObject.toString()));
        } catch (Exception e) {
            e.printStackTrace();
        }
    }
}
```

目前这个主类比较简单，主要包含下面几个方法：

❑ init(Application application)

这是一个静态方法，是埋点 SDK 的初始化函数，内部实现使用到了单例设计模式，然后调用私有构造函数初始化埋点 SDK。app module 就是调用这个方法初始化我们埋点 SDK 的。

❑ getInstance()

这也是一个静态方法，通过该方法可以获取埋点 SDK 的实例对象。

❑ SensorsDataAPI(Application application)

私有的构造函数，也是埋点 SDK 真正的初始化逻辑。在其方法内部通过调用埋点 SDK 的私有类 SensorsDataPrivate 中的方法来注册 ActivityLifecycleCallbacks。

❑ track(@NonNull final String eventName, @Nullable JSONObject properties)

对外公开的 track 接口，通过该方法可以触发事件，第一个参数 eventName 代表事件的名称，第二个参数 properties 代表事件的属性。本书为了简化，触发事件我们仅仅是打印了事件的 JSON 信息。

❑ 用到的 SensorsDataPrivate.java，可以参考项目源码。

第 4 步：添加依赖关系

app module 需要依赖 sdk module。可以通过修改 app/build.gradle 文件，在其 dependencies 节点中添加依赖关系。完整的脚本参考如下：

```
apply plugin: 'com.android.application'
apply plugin: 'com.jakewharton.butterknife'

android {
    compileOptions {
        sourceCompatibility JavaVersion.VERSION_1_8
        targetCompatibility JavaVersion.VERSION_1_8
    }
    compileSdkVersion 28
    defaultConfig {
        applicationId "com.sensorsdata.analytics.android.app.project5"
        minSdkVersion 15
        targetSdkVersion 28
        versionCode 1
        versionName "1.0"
    }
    buildTypes {
        release {
            minifyEnabled false
            proguardFiles getDefaultProguardFile('proguard-android.txt'), 'proguard-
                rules.pro'
        }
    }

    dataBinding {
        enabled = true
    }
}

dependencies {
    implementation fileTree(include: ['*.jar'], dir: 'libs')
    implementation 'com.android.support:appcompat-v7:28.0.0-rc02'
    implementation 'com.android.support.constraint:constraint-layout:1.1.2'

    implementation project(':sdk')

    //https://github.com/JakeWharton/butterknife
    implementation 'com.jakewharton:butterknife:8.8.1'
    annotationProcessor 'com.jakewharton:butterknife-compiler:8.8.1'
}
```

第 5 步：初始化埋点 SDK

需要在应用程序中自定义的 Application（比如 MyApplication）中初始化埋点 SDK，一般建议在 onCreate 方法中初始化。MyApplication 的完整源码参考如下：

```
package com.sensorsdata.analytics.android.app;

import android.app.Application;

import com.sensorsdata.analytics.android.sdk.SensorsDataAPI;

public class MyApplication extends Application {
    @Override
    public void onCreate() {
        super.onCreate();

        initSensorsDataAPI(this);
    }

    /**
     * 初始化埋点 SDK
     *
     * @param application Application
     */
    private void initSensorsDataAPI(Application application) {
        SensorsDataAPI.init(application);
    }
}
```

第 6 步：声明自定义的 Application

以上面自定义的 MyApplication 为例，需要在 AndroidManifest.xml 文件的 application 节点中声明 MyApplication。

```
<?xml version="1.0" encoding="utf-8"?>
<manifest xmlns:android="http://schemas.android.com/apk/res/android"
    package="com.sensorsdata.analytics.android.app">

    <application
        android:name=".MyApplication"
        android:allowBackup="true"
        android:icon="@mipmap/ic_launcher"
        android:label="@string/app_name"
        android:roundIcon="@mipmap/ic_launcher_round"
        android:supportsRtl="true"
        android:theme="@style/AppTheme">
        <activity android:name=".MainActivity">
            <intent-filter>
                <action android:name="android.intent.action.MAIN" />
                <category android:name="android.intent.category.LAUNCHER" />
            </intent-filter>
        </activity>
    </application>
</manifest>
```

第 7 步： 新建一个 Android Library module，名称叫 plugin，该 module 就是我们的插件模块

第 8 步： 清空 plugin/build.gradle 文件中的内容，然后修改成如下内容：

```groovy
apply plugin: 'groovy'
apply plugin: 'maven'
dependencies {
    implementation gradleApi()
    implementation localGroovy()

    implementation "org.aspectj:aspectjtools:1.9.0"
    implementation "org.aspectj:aspectjrt:1.9.0"
}
repositories {
    jcenter()
}

uploadArchives {
    repositories.mavenDeployer {
        //本地仓库路径，以放到项目根目录下的 repo 的文件夹为例
        repository(url: uri('../repo'))

        //groupId ，自行定义
        pom.groupId = 'com.sensorsdata'

        //artifactId
        pom.artifactId = 'autotrack.android'

        //插件版本号
        pom.version = '1.0.0'
    }
}
```

关于上面各个属性的含义，之前已有介绍，在此不再赘述。

第 9 步：创建 groovy 目录

首先清空 plugin/src/main 目录下的所有文件。

然后在 plugin/src/main 目录下新建 groovy 目录，接着新建一个 package，如 com.sensorsdata. analytics.android.plugin，再新建 SensorsDataPlugin.groovy 类，该类继承 Plugin<Project>，完整内容如下：

```groovy
package com.sensorsdata.analytics.android.plugin

import org.aspectj.bridge.IMessage
import org.aspectj.bridge.MessageHandler
import org.aspectj.tools.ajc.Main
import org.gradle.api.Plugin
import org.gradle.api.Project
import org.gradle.api.tasks.compile.JavaCompile
```

```
public class SensorsDataPlugin implements Plugin<Project> {
    void apply(Project project) {
        final def log = project.logger

        project.dependencies {
            implementation 'org.aspectj:aspectjrt:1.8.10'
        }

        project.android.applicationVariants.all { variant ->
            JavaCompile javaCompile = variant.javaCompile

            javaCompile.doLast {
                String[] args = [
                    "-showWeaveInfo",
                    "-1.7",
                    "-inpath", javaCompile.destinationDir.toString(),
                    "-aspectpath", javaCompile.classpath.asPath,
                    "-d", javaCompile.destinationDir.toString(),
                    "-classpath", javaCompile.classpath.asPath,
                    "-bootclasspath", project.android.bootClasspath.join(File.
                        pathSeparator)
                ]
                MessageHandler handler = new MessageHandler(true);
                new Main().run(args, handler);

                println()

println("###############################################################")
                println("########                                      ########")
                println("########                                      ########")
                println("########   欢迎使用SensorsAnalytics®编译插件      ########")
                println("########   使用过程中碰到任何问题请联系我们         ########")
                println("########                                      ########")
                println("########                                      ########")
println("###############################################################")
                println()

                for (IMessage message : handler.getMessages(null, true)) {
                    switch (message.getKind()) {
                        case IMessage.ABORT:
                        case IMessage.ERROR:
                        case IMessage.FAIL:
                            log.error message.message, message.thrown
                            break;
                        case IMessage.WARNING:
                            log.warn message.message, message.thrown
                            break;
                        case IMessage.INFO:
                            log.info message.message, message.thrown
                            break;
```

```
                                        case IMessage.DEBUG:
                                            log.debug message.message, message.thrown
                                            break;
                                    }
                                }
                            }
                        }
                    }
                }
```

最后在 plugin/src/main 下新建目录 resources/META-INF/gradle-plugins，然后在该目录下新建文件 com.sensorsdata.android.properties，其中 com.sensorsdata.android 就是我们要定义的插件名称。com.sensorsdata.android.properties 的内容如下：

```
implementation-class=com.sensorsdata.analytics.android.plugin.SensorsDataPlugin
```

等号后面的内容就是我们上面新建的 SensorsDataPlugin 类信息，包括包名 + 类名。

第 10 步：构建 plugin

运行 plugin 的 uploadArchives 任务，即可编译我们的插件。编译成功之后会在当前 Project 的根目录下多出一个 repo 目录，里面放的就是我们的 plugin 目标文件，参考图 8-12。

图 8-12　repo 目录结构

第 11 步：在 App 中引用 plugin

修改 Project 根目录下的 build.gradle 文件，添加对 plugin 的依赖。

```
buildscript {

    repositories {
        google()
        jcenter()
        maven {
```

```
            url uri('repo')
        }
    }
    dependencies {
        classpath 'com.android.tools.build:gradle:3.1.3'
        classpath 'com.sensorsdata:autotrack.android:1.0.0'
    }
}

allprojects {
    repositories {
        google()
        jcenter()
    }
}

task clean(type: Delete) {
    delete rootProject.buildDir
}
```

其中 classpath 'com.sensorsdata:autotrack.android:1.0.0' 的格式为：

classpath '${ groupId}:${ artifactId}:${ version}'，即我们在 plugin/build.gradle 文件中
uploadArchives 节点定义的内容。

在 app/build.gradle 中使用 plugin，即：

```
apply plugin: 'com.sensorsdata.android'
```

其中，com.sensorsdata.android 需要和我们之前新建的 com.sensorsdata.android.properties
的文件名保持一致。

第 12 步：修改 plugin/build.gradle 文件

添加对 aspectj 的依赖以及编译脚本：

```
import org.aspectj.bridge.MessageHandler
import org.aspectj.tools.ajc.Main

buildscript {
    repositories {
        mavenLocal()
        mavenCentral()
        jcenter()
    }
    dependencies {
        classpath 'org.aspectj:aspectjtools:1.9.0'
    }
}

apply plugin: 'com.android.library'

android {
    compileSdkVersion 28
```

```
    defaultConfig {
        minSdkVersion 15
        targetSdkVersion 28
        versionCode 1
        versionName "1.0"
    }

    buildTypes {
        release {
            minifyEnabled false
            proguardFiles getDefaultProguardFile('proguard-android.txt'), 'proguard-
                rules.pro'
        }
    }

}

dependencies {
    implementation fileTree(dir: 'libs', include: ['*.jar'])

    implementation 'com.android.support:appcompat-v7:28.0.0-beta01'
    implementation "org.aspectj:aspectjrt:1.9.0"
}


android.libraryVariants.all { variant ->
    JavaCompile javaCompile = variant.javaCompile
    javaCompile.doLast {
        String[] args = [
                "-showWeaveInfo",
                "-1.7",
                "-inpath", javaCompile.destinationDir.toString(),
                "-aspectpath", javaCompile.classpath.asPath,
                "-d", javaCompile.destinationDir.toString(),
                "-classpath", javaCompile.classpath.asPath,
                "-bootclasspath", project.android.bootClasspath.join(File.path
                    Separator)
        ]

        new Main().run(args, new MessageHandler(true));
    }
}
```

第 13 步：在 sdk module 中新建切面类

新建 ViewOnClickListenerAspectj.java 类，并在类上使用 @Aspect 注解标记当前类为切面类。然后再添加一个方法，用来声明我们要定义的切点，此切点主要是用来匹配所有 android.view.View.OnClickListener.onClick(android.view.View) 方法。

```
package com.sensorsdata.analytics.android.sdk;
```

```java
import android.view.View;
import org.aspectj.lang.JoinPoint;
import org.aspectj.lang.annotation.After;
import org.aspectj.lang.annotation.Aspect;

@Aspect
@SuppressWarnings("unused")
public class ViewOnClickListenerAspectj {
    /**
     * android.view.View.OnClickListener.onClick(android.view.View)
     *
     * @param joinPoint JoinPoint
     */
    @After("execution(* android.view.View.OnClickListener.onClick(android.view.View))")
    public void onViewClickAOP(final JoinPoint joinPoint) {
        View view = (View) joinPoint.getArgs()[0];
        SensorsDataAPI.getInstance().trackViewOnClick(view);
    }
}
```

第 14 步：添加测试用例

在应用程序中添加一个 Button，并为其设置 OnClickListener 用来测试。完整的 MainActivity 源码如下：

```java
package com.sensorsdata.analytics.android.app;

import android.support.v7.app.AppCompatActivity;
import android.os.Bundle;
import android.support.v7.widget.AppCompatButton;
import android.view.View;
import android.widget.Toast;

public class MainActivity extends AppCompatActivity {

    @Override
    protected void onCreate(Bundle savedInstanceState) {
        super.onCreate(savedInstanceState);
        setContentView(R.layout.activity_main);


        initButton();
    }

    /**
     * 普通 setOnClickListener
     */
    private void initButton() {
        AppCompatButton button = findViewById(R.id.button);
        button.setOnClickListener(new View.OnClickListener() {
            @Override
            public void onClick(View view) {
```

```
            showToast("普通 Button");
        }
    });
}

private void showToast(String message) {
    Toast.makeText(this, message, Toast.LENGTH_SHORT).show();
}
}
```

然后构建应用程序，可以发现在终端会打印相应的信息，参考图 8-13。

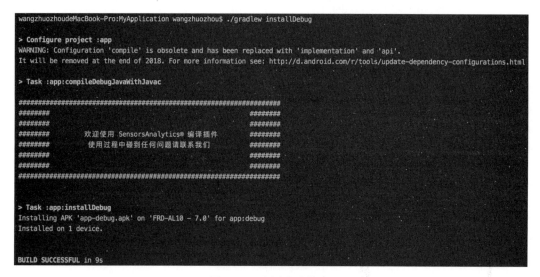

```
wangzhuozhoudeMacBook-Pro:MyApplication wangzhuozhou$ ./gradlew installDebug

> Configure project :app
WARNING: Configuration 'compile' is obsolete and has been replaced with 'implementation' and 'api'.
It will be removed at the end of 2018. For more information see: http://d.android.com/r/tools/update-dependency-configurations.html

> Task :app:compileDebugJavaWithJavac

############################################################
#######                                              #######
#######                                              #######
#######        欢迎使用 SensorsAnalytics® 编译插件       #######
#######        使用过程中碰到任何问题请联系我们            #######
#######                                              #######
#######                                              #######
############################################################

> Task :app:installDebug
Installing APK 'app-debug.apk' on 'FRD-AL10 - 7.0' for app:debug
Installed on 1 device.

BUILD SUCCESSFUL in 9s
```

图 8-13　编译成功信息

看到这个就说明我们的插件已经起作用了。

然后再通过查看 app/build 目录下的 MainActivity.class 文件确认一下是否真正的进行了织入，参考图 8-14。

图 8-14　织入后的代码

点击应用程序中的 Button，通过 adb logcat 可以看到相应的事件信息，参考图 8-15。

```
{
    "event":"$AppClick",
    "device_id":"cf7dbccbb9aefb1f",
    "properties":{
            "$app_name":"My Application",
            "$model":"FRD-AL10",
            "$os_version":"7.0",
            "$app_version":"1.0",
            "$manufacturer":"HUAWEI",
            "$screen_height":1794,
            "$os":"Android",
            "$screen_width":1080,
            "$lib_version":"1.0.0",
            "$lib":"Android",
            "$element_type":"Button",
            "$element_id":"button",
            "$element_content":"普通 setOnClickListener",
            "$activity":"com.sensorsdata.analytics.android.app.MainActivity"
    },
    "time":1533168385041
}
```

图 8-15　$AppClick 事件详细信息

至此，基于 AspectJ 的全埋点方案就已经完成了。

对于 View 的点击，全埋点时，我们都需要采集哪些属性呢？

要采集的属性，理论上可以分为两部分：

1）View 的标准属性，比如：

❑ $element_type：View 的类型，比如当前 View 是 Button、TextView 还是 ListView；

❑ $element_id：View 的 id，也就是 android:id 属性设置的字符串；

❑ $activity：View 所属 Activity 或 Fragment（页面）；

❑ $activity_title：View 所属 Activity 或 Fragment 的 title（标题）；

❑ $element_content：View 上显示的文本内容；

……

2）View 的扩展属性

是指针对当前 View 进行扩展的一些自定义属性。

下面我们一一介绍这些属性。

❑ $element_type

是指控件的类型，也可以简单的理解成 View 的类名（或者包名 + 类名）。比如 Button，我们可以通过如下两种方式获取：

view.getClass().getCanonicalName()

返回的是带完整的包名 + 类名的字符串，比如：android.widget.Button。

view.getClass().getSimpleName()

返回的只有类名，即：Button。

具体使用哪个，可以根据实际的业务需求来确定。

此外，还需要考虑一个细节：比如 Button，有 android.widget.Button、android.support. v7.widget.AppCompatButton、自定义 Button 之分，理论上这些都属于 Button 类型，不应该有所区分；对于自定义的 View，如果仅仅采集类名，那需要考虑不同包下面可能有相同的类名，但实际含义可能并不相同。

❑ $element_id

通过 view.getId() 方法可以拿到当前 View 的 id 属性，但此时拿到的是一个 int 类型的数值，这个是没有任何实际阅读意义的，我们需要把它转化成 android:id 属性里设置的那个字符串，方便阅读和识别，比如 android:id="@+id/ lambdaButton " 中的 lambdaButton 字符串。我们可以通过下面的方法转化：

```
String idString = view.getContext().getResources().getResourceEntryName(view.getId());
```

同时，我们也需要考虑两个问题：

a）View 没有在 xml 中设置 android:id 或者没有通过 view.setId(int) 设置 id，即 view. getId() == View.NO_ID 的情况；

b）View 的 id 是 android.R.id.xxx 格式的，比如：android.R.id.home。

❑ $activity

通过 view.getContext() 方法可以获取到当前 View 所属的 Context 对象，然后可以将 Context 对象转换成 Activity 对象。在这个转换的过程中，需要考虑 Context 是 ContaxtWeapper 类型的情况，可以参考下面的代码片段：

```
public static Activity getActivityFromView(View view) {
    Activity activity = null;
    if (view == null) {
        return null;
    }

    try {
        Context context = view.getContext();
        if (context != null) {
            if (context instanceof Activity) {
                activity = (Activity) context;
            } else if (context instanceof ContextWrapper) {
                while (!(context instanceof Activity) && context instanceof
                    ContextWrapper) {
                    context = ((ContextWrapper) context).getBaseContext();
                }
                if (context instanceof Activity) {
                    activity = (Activity) context;
                }
            }
        }
    } catch (Exception e) {
        e.printStackTrace();
```

```
    }
    return activity;
}
```

❑ **$activity_title**

即 Activity 的 title，也叫页面标题，可以理解成是 Activity 在 AndroidManifest.xml 中
声明的 android:label 属性值，比如下面 MainActivity 中的"首页"：

```xml
<activity
    android:name=".MainActivity"
    android:label="首页">
    <intent-filter>
        <action android:name="android.intent.action.MAIN" />
        <category android:name="android.intent.category.LAUNCHER" />
    </intent-filter>
</activity>
```

如何获取 Activity 的 title，其实是一件很复杂的事情。这是因为我们可以有很多种方式
给一个 Activity 设置 title 属性值。比如，可以通过 android:label、通过 Activity.setTitle(title)、
通过 ActionBar、通过 ToolBar，甚至通过自定义的 TitleView，这也可能导致在多个地方都
设置了 title，从而就会引入优先级顺序的问题。

详细的获取过程，可以参考下面提供的一个源码示例：

```java
/**
 * 获取 Activity 的 title
 *
 * @param activity Activity
 * @return Activity 的 title
 */
@TargetApi(11)
public static String getActivityTitle(Activity activity) {
    try {
        if (activity != null) {
            try {
                String activityTitle = null;
                if (!TextUtils.isEmpty(activity.getTitle())) {
                    activityTitle = activity.getTitle().toString();
                }

                if (Build.VERSION.SDK_INT >= 11) {
                    String toolbarTitle = getToolbarTitle(activity);
                    if (!TextUtils.isEmpty(toolbarTitle)) {
                        activityTitle = toolbarTitle;
                    }
                }

                if (TextUtils.isEmpty(activityTitle)) {
                    PackageManager packageManager = activity.getPackageManager();
                    if (packageManager != null) {
```

```
                    ActivityInfo activityInfo = packageManager.getActivityInfo
                        (activity.getComponentName(), 0);
                    if (activityInfo != null) {
                        if (!TextUtils.isEmpty(activityInfo.loadLabel(package
                            Manager))) {
                            activityTitle = activityInfo.loadLabel(package
                                Manager).toString();
                        }
                    }
                }
            }

            return activityTitle;
        } catch (Exception e) {
            return null;
        }
    }
    return null;
} catch (Exception e) {
    e.printStackTrace();
    return null;
}
}


@TargetApi(11)
private static String getToolbarTitle(Activity activity) {
    try {
        ActionBar actionBar = activity.getActionBar();
        if (actionBar != null) {
            if (!TextUtils.isEmpty(actionBar.getTitle())) {
                return actionBar.getTitle().toString();
            }
        } else {
            if (activity instanceof AppCompatActivity) {
                AppCompatActivity appCompatActivity = (AppCompatActivity) activity;
                android.support.v7.app.ActionBar supportActionBar = appCompatActivity.
                    getSupportActionBar();
                if (supportActionBar != null) {
                    if (!TextUtils.isEmpty(supportActionBar.getTitle())) {
                        return supportActionBar.getTitle().toString();
                    }
                }
            }
        }
    } catch (Exception e) {
        e.printStackTrace();
    }
    return null;
}
```

❑ $element_content

即控件上显示的文本内容信息。对于一些标准的控件，我们直接通过相应的方法即可获取显示的文本内容。比如对于 Button 类型的控件，我们可以通过 button.getText().toString() 方法来获取；对于 ToggleButton 类型的控件，我们根据不同的状态，可以通过 toggleButton. getTextOn() 方法或者 toggleButton.getTextOff() 方法来获取相应的显示文本内容。对于 ImageView 类型的控件怎么办呢？因为它根本就没有文本信息这一说法，我们也无法去"抽取"图片里所显示的文字内容。

其实对于 ImageView，我们可以简单的把 imageView.getContentDescription() 方法返回的内容当作文本内容。可以通过 android:contentDescription 属性设置，也可以通过 view. setContentDescription() 方法设置 ContentDescription 内容。

还有一种特殊情况需要考虑，那就是如何获取自定义 View 的显示文本？

目前，比较好的处理方法是遍历自定义 View 的所有 SubView，然后再判断 SubView 是否是标准的控件。如果是标准的控件，我们再通过其相应的方法获取其显示文本；如果是 ViewGroup 类型，我们则继续递归遍历。最后将所有 SubView 的文本内容按照一定的格式拼接在一起（比如 a-b-c 格式）。

❑ **扩展 View 的属性（添加自定义属性）**

全埋点采集控件的点击行为事件时，如果需要添加一些自定义的属性该怎么办？比如，在采集搜索按钮的点击行为事件时，我们还想把输入的关键词作为一个属性也一起采集了。针对这种需求，我们可以利用 View 提供的 setTag(int key, final Object tag) 方法来实现。

我们先看一下这个方法的定义，参考图 8-16。

```
/**
 * Sets a tag associated with this view and a key. A tag can be used
 * to mark a view in its hierarchy and does not have to be unique within
 * the hierarchy. Tags can also be used to store data within a view
 * without resorting to another data structure.
 *
 * The specified key should be an id declared in the resources of the
 * application to ensure it is unique (see the <a
 * href="{@docRoot}guide/topics/resources/more-resources.html#Id">ID resource type</a>).
 * Keys identified as belonging to
 * the Android framework or not associated with any package will cause
 * an {@link IllegalArgumentException} to be thrown.
 *
 * @param key The key identifying the tag
 * @param tag An Object to tag the view with
 *
 * @throws IllegalArgumentException If they specified key is not valid
 *
 * @see #setTag(Object)
 * @see #getTag(int)
 */
public void setTag(int key, final Object tag) {
    // If the package id is 0x00 or 0x01, it's either an undefined package
    // or a framework id
    if ((key >>> 24) < 2) {
        throw new IllegalArgumentException("The key must be an application-specific "
                + "resource id.");
    }

    setKeyedTag(key, tag);
}
```

图 8-16　setTag 方法定义

我们可以通过 setTag(int, Object) 方法来给 View 设置一个 Object 对象（比如 JSONObject），然后在全埋点采集时，再通过 View 的 getTag(int) 方法去获取这个 Object 对象，最后转化为属性放到点击事件里面，即可达到给 View 扩展自定义属性的效果。

但这里有一个很大的问题，不知道大家是否发现了，setTag 方法的第一个参数 key 是一个 int 类型，这就引入了一个可能会相互冲突（覆盖）的问题。比如我传的 key 是 255，如果别人也给这个 View 设置了一个 key 为 255 的 Tag，那之前设置的 key 岂不是就会被覆盖了？事实确实如此。那这个问题又该如何解决呢？因为我们真的很难确保哪个 int 不会被其他人使用。

针对类似这种资源相互冲突的问题，我们可以利用 Android 的资源 id 来解决。当我们在 xml 里定义了一个 id，编译成功后，这个 id 就会出现在 R.java 里面，而且它被赋予的 int 类型的值，在整个应用程序范围内，肯定是唯一的，不会跟应用程序内其他模块有任何冲突。

下面我们详细介绍一下利用这个方案解决上面这个问题的详细步骤。

首先，我们需要在 sdk module 里新建一个 values/ids.xml 文件，并声明一个 id：

```xml
<?xml version="1.0" encoding="utf-8"?>
<resources>
    <item type="id" name="sensors_analytics_tag_view_properties"/>
</resources>
```

然后在 SensorsDataAPI.java 里新增一个 setViewProperties 方法：

```java
/**
 * 设置View属性
 *
 * @param view       要设置的View
 * @param properties 要设置的View的属性
 */
public void setViewProperties(View view, JSONObject properties) {
    if (view == null || properties == null) {
        return;
    }

    view.setTag(R.id.sensors_analytics_tag_view_properties, properties);
}
```

方法的内部实现也比较简单，就是调用 View 的 setTag 方法。其中，key 就是我们上面定义的 sensors_analytics_tag_view_properties，value 是 JSONObject 类型。

在触发点击事件的时候，我们通过下面的方式获取 Tag 里的 JSONObject 对象（属性），详细的代码片段参考如下：

```java
/**
 * View 被点击，自动埋点
 *
```

```
 * @param view View
 */
@Keep
public static void trackViewOnClick(View view) {
    try {
        JSONObject properties = new JSONObject();
        properties.put("$element_type", SensorsDataPrivate.getElementType(view));
        properties.put("$element_id", SensorsDataPrivate.getViewId(view));
        properties.put("$element_content", SensorsDataPrivate.getElementContent
            (view));

        Activity activity = SensorsDataPrivate.getActivityFromView(view);
        if (activity != null) {
            properties.put("$activity", activity.getClass().getCanonicalName());
            properties.put("$activity_title", SensorsDataPrivate.getActivityTitle
                (activity));
        }

        try {
            Object pObject = view.getTag(R.id.sensors_analytics_tag_view_properties);
            if (pObject != null) {
                if (pObject instanceof JSONObject) {
                    JSONObject pProperties = (JSONObject) pObject;
                    mergeJSONObject(pProperties, properties);
                }
            }
        } catch (Exception e) {
            e.printStackTrace();
        }

        SensorsDataAPI.getInstance().track("$AppClick", properties);
    } catch (Exception e) {
        e.printStackTrace();
    }
}
```

我们通过 View 的 getTag 方法，获取 R.id.sensors_analytics_tag_view_properties 这个 key 对应的 Tag。然后判断其是否为 JSONObject 类型，如果是，则与原有的属性进行合并，从而实现给 View 扩展自定义属性。

使用场景的示例可以参考图 8-17。

其中给 "Search" 按钮添加自定义属性的方法如下：

```
private void initSearchButton() {
    AppCompatEditText etSearch = findViewById(R.id.searchText);
    AppCompatButton button = findViewById(R.id.searchButton);
    button.setOnClickListener(new View.OnClickListener() {
        @Override
        public void onClick(View view) {
            try {
```

```
                    JSONObject p = new JSONObject();
                    if (!TextUtils.isEmpty(etSearch.getText())) {
                        p.put("searchKey", etSearch.getText().toString());
                        SensorsDataAPI.getInstance().setViewProperties(button, p);
                    }
                } catch (Exception e) {
                    e.printStackTrace();
                }
            }
        });
    }
```

图 8-17　测试用例

　　在"Search"按钮的点击处理逻辑里，我们定义一个 JSONObject 对象，然后 put
一个 key 为"searchKey"，value 为输入框的文本内容，最后调用我们上面自定义的
setViewProperties 方法来给"Search"按钮添加扩展属性。此时，我们在输入框里输入"测
试"关键字，然后点击"Search"按钮，可以看到相应事件信息，参考图 8-18。

```
{
    "event":"$AppClick",
    "device_id":"31f724493988e936",
    "properties":{
        "$lib":"Android",
        "$os_version":"9",
        "$app_name":"AppClick-5",
        "$lib_version":"1.0.0",
        "$model":"Pixel 2 XL",
        "$os":"Android",
        "$screen_width":1440,
        "$screen_height":2712,
        "$manufacturer":"Google",
        "$app_version":"1.0",
        "$element_type":"Button",
        "$element_id":"searchButton",
        "$element_content":"Search",
        "$activity":"com.sensorsdata.analytics.android.app.MainActivity",
        "$activity_title":"AppClick-5",
        "searchKey":"测试"
    },
    "time":1536930828460
}
```

图 8-18　$AppClick 事件详细信息

从上图可以看出，我们上面扩展的"searchKey"自定义属性已经出现在事件的属性里，并且属性的值也是我们输入的关键字"测试"，这就说明我们上面设置自定义属性成功了。

基于类似原理，我们也可以通过这个方法来控制是否采集某个特定控件的点击事件。

首先，我们在 values/ids.xml 文件新增一个 id：

```xml
<?xml version="1.0" encoding="utf-8"?>
<resources>
    <item name="sensors_analytics_tag_view_properties" type="id" />
    <item name="sensors_analytics_tag_view_ignored" type="id" />
</resources>
```

然后在 SensorsDataAPI.java 里新增一个 ignoreView 方法，用来设置是否忽略某个控件的点击事件，方法的完整源码参考如下：

```java
/**
 * 忽略View
 *
 * @param view 要忽略的View
 */
public void ignoreView(View view) {
    if (view != null) {
        view.setTag(R.id.sensors_analytics_tag_view_ignored, "1");
    }
}
```

方法的内部实现也比较简单，就是设置 sensors_analytics_tag_view_ignored 对应 Tag 的内容为"1"。

修改 SensorsDataPrivate.java 中的 trackViewOnClick(View view) 方法，增加判断当前控件是否被忽略的逻辑：

```
/**
 * View 被点击，自动埋点
 *
 * @param view View
 */
@Keep
public static void trackViewOnClick(View view) {
    try {
        if ("1".equals(view.getTag(R.id.sensors_analytics_tag_view_ignored))) {
            return;
        }

        JSONObject properties = new JSONObject();
        properties.put("$element_type", SensorsDataPrivate.getElementType(view));
        properties.put("$element_id", SensorsDataPrivate.getViewId(view));
        properties.put("$element_content", SensorsDataPrivate.getElementContent
            (view));

        Activity activity = SensorsDataPrivate.getActivityFromView(view);
        if (activity != null) {
            properties.put("$activity", activity.getClass().getCanonicalName());
            properties.put("$activity_title", SensorsDataPrivate.getActivityTitle
                (activity));
        }

        try {
            Object pObject = view.getTag(R.id.sensors_analytics_tag_view_properties);
            if (pObject != null) {
                if (pObject instanceof JSONObject) {
                    JSONObject pProperties = (JSONObject) pObject;
                    mergeJSONObject(pProperties, properties);
                }
            }
        } catch (Exception e) {
            e.printStackTrace();
        }

        SensorsDataAPI.getInstance().track("$AppClick", properties);
    } catch (Exception e) {
        e.printStackTrace();
    }
}
```

我们首先获取 R.id.sensors_analytics_tag_view_ignored 这个 key 对应 Tag 的值，如果为 "1"，就表示当前控件的点击事件被忽略了，我们不再触发点击事件；如果不为 "1"，则继续触发点击事件。

当然，基于这个原理，我们还可以实现更多的更高级的功能。我们在此不再一一举例，有兴趣的可以自行扩展。

8.4   完善方案

通过测试发现，下面几种情况的点击事件，当前全埋点方案目前是无法采集的：

1）通过 ButterKnife 的 @OnClick 注解绑定的事件；

2）通过 android:OnClick 属性绑定的事件；

3）MenuItem 的点击事件；

4）设置的 OnClickListener 使用了 Lambda 语法。

针对上面的这些问题，我们下面一一进行分析并尝试寻找解决方案。

问题 1：无法采集通过 ButterKnife 的 @OnClick 注解绑定的事件

如果还有对 ButterKnife 不太了解的，可以参考其官方文档：

https://github.com/JakeWharton/butterknife

由于 ButterKnife 是通过 @OnClick 注解绑定点击事件的，再加上 AspectJ 默认情况下无法织入第三方的库，所以我们定义的切入点无法匹配到，也就导致最终无法采集其点击行为事件。

对于这个问题，我们可以新增一个切入点，专门用来匹配 ButterKnife @OnClick 注解：

```
/**
 * 支持 ButterKnife @OnClick 注解
 *
 * @param joinPoint JoinPoint
 */
@After("execution(@butterknife.OnClick * *(..))")
public void onButterknifeClickAOP(final JoinPoint joinPoint) {
    View view = (View) joinPoint.getArgs()[0];
    SensorsDataAPI.getInstance().trackViewOnClick(view);
}
```

通过测试发现，这样就可以正常采集了。

但这样做，仍然有一个潜在的问题（风险）。如果添加 @OnClick 注解的方法没有带 View 参数怎么办？按照目前的逻辑，应该会直接 crash，这是因为我们通过下面的代码去获取 View 参数时，会出现数组越界的异常（"java.lang.ArrayIndexOutOfBoundsException: length=0; index=0"）。

```
View view = (View) joinPoint.getArgs()[0];
```

为了保证程序的稳定性以及正确性，我们可以修改切入点规则，即我们只匹配带有 @OnClick 注解，并且仅带有一个 View 参数的方法，修改后的切入点可以参考如下：

```
/**
 * 支持 ButterKnife @OnClick 注解
 *
 * @param joinPoint JoinPoint
 */
```

```
@After("execution(@butterknife.OnClick * *(android.view.View))")
public void onButterknifeClickAOP(final JoinPoint joinPoint) {
    View view = (View) joinPoint.getArgs()[0];
    SensorsDataAPI.getInstance().trackViewOnClick(view);
}
```

对于没有 View 参数的方法，这样处理之后，虽然会出现无法采集点击事件的问题，但起码不会导致应用程序 crash 了。对于没有 View 参数的方法，即使我们去采集，也无法获取控件的相关信息（所属页面、控件显示的文本信息），对于实际的业务分析需求可能也没有太大的意义。

问题 2：无法采集通过 android:OnClick 属性绑定的事件

通过 android:OnClick 属性绑定的事件，没有直接走 setOnClickListener 逻辑，所以切入点对它也是无效的。

对于这个问题，我们可以参考问题 1 的解决思路，即新增一个注解，然后在 android:OnClick 属性绑定的方法上用新增的注解标记，最后再新增一个切点匹配这个注解即可。

新增注解 @SensorsDataTrackViewOnClick 的完整源码参考如下：

```
package com.sensorsdata.analytics.android.sdk;

import java.lang.annotation.ElementType;
import java.lang.annotation.Retention;
import java.lang.annotation.RetentionPolicy;
import java.lang.annotation.Target;

/**
 * Created by 王灼洲 on 2017/1/5
 */

@Target({ElementType.METHOD})
@Retention(RetentionPolicy.RUNTIME)
public @interface SensorsDataTrackViewOnClick {
}
```

新增切点的完整代码片段参考如下：

```
/**
 * 支持 @SensorsDataTrackViewOnClick 注解
 *
 * @param joinPoint JoinPoint
 */
@After("execution(@com.sensorsdata.analytics.android.sdk.SensorsDataTrackViewOn
    Click * *( android.view.View))")
public void onTrackViewOnClickAOP(final JoinPoint joinPoint) {
    View view = (View) joinPoint.getArgs()[0];
    SensorsDataAPI.getInstance().trackViewOnClick(view);
}
```

然后在 android:onClick 属性绑定的方法上用我们上面新增的 @SensorsDataTrackView
OnClick 注解标记，参考示例如下：

```
/**
 * 通过 layout 中的 Android:onClick 属性绑定点击事件
 *
 * @param view View
 */
@SensorsDataTrackViewOnClick
public void xmlOnClick(View view) {

}
```

这样处理之后我们就能采集通过 android:OnClick 属性绑定的事件了。

另外，在当前比较新的应用程序项目里，通过 android:onClick 属性绑定控件处理逻辑
的做法越来越少。

问题 3：无法采集 MenuItem 的点击事件

和 MenuItem 相关的方法有两个：

1）Activity.onOptionsItemSelected(android.view.MenuItem)

2）Activity.onContextItemSelected(android.view.MenuItem)

所以，我们只需要添加相应的切点去匹配上面两个方法就行了。详细的切点规则参考如下：

```
/**
 * 支持 onOptionsItemSelected(android.view.MenuItem)
 * @param joinPoint JoinPoint
 */
@After("execution(* android.app.Activity.onOptionsItemSelected(android.view.MenuItem))")
public void onOptionsItemSelectedAOP(JoinPoint joinPoint) {
    MenuItem menuItem = (MenuItem) joinPoint.getArgs()[0];
    SensorsDataPrivate.trackViewOnClick(joinPoint.getTarget(), menuItem);
}

/**
 * 支持 onContextItemSelected(android.view.MenuItem)
 * @param joinPoint JoinPoint
 */
@After("execution(* android.app.Activity.onContextItemSelected(android.view.MenuItem))")
public void onContextItemSelectedAOP(JoinPoint joinPoint) {
    MenuItem menuItem = (MenuItem) joinPoint.getArgs()[0];
    SensorsDataPrivate.trackViewOnClick(joinPoint.getTarget(), menuItem);
}
```

通过 MenuItem，我们是无法获取当前 MenuItem 是所属 Activity 的。在这两个切点
中，我们引入了 joinPoint.getTarget()。joinPoint.getTarget() 返回的就是该方法所属的类，
由于和 MenuItem 相关的两个方法都是 Activity 的，所以 joinPoint.getTarget() 返回的就是
MenuItem 所属的 Activity，这样，我们就能知道当前 MenuItem 所属页面的信息了。

问题 4：setOnClickListener 使用了 Lambda 语法

由于目前 AspectJ 还不支持 Lambda 语法，所以这个问题暂时无法解决。

8.5　扩展采集能力

我们上面介绍的内容，是以 Button 控件为例的，相对比较简单。下面我们扩展一下埋点 SDK，让它可以采集更多控件的点击事件，并让它的各项功能更完善。

扩展 1：支持采集 AlertDialog 的点击事件

AlertDialog 的一般用法示例可以参考如下：

```
private void showDialog(Context context) {
    AlertDialog.Builder builder = new AlertDialog.Builder(context);
    builder.setTitle("标题");
    builder.setMessage("内容");
    builder.setNegativeButton("取消", new DialogInterface.OnClickListener() {
        @Override
        public void onClick(DialogInterface dialog, int which) {

        }
    });
    builder.setPositiveButton("确定", new DialogInterface.OnClickListener() {
        @Override
        public void onClick(DialogInterface dialog, int which) {

        }
    });
    AlertDialog dialog = builder.create();
    dialog.show();
}
```

通过上面的代码片段可知，AlertDialog 设置的 listener 是 DialogInterface.OnClickListener 类型。所以，如果我们要采集 AlertDialog 的点击事件，只需要针对 DialogInterface.OnClickListener 的回调方法 onClick(DialogInterface dialog, int which) 新增一个对应的切点进行匹配即可。新增的切点完整源码可以参考如下：

```
/**
 * 支持 DialogInterface.OnClickListener.onClick(android.content.DialogInterface, int)
 * @param joinPoint JoinPoint
 */
@After("execution(* android.content.DialogInterface.OnClickListener.onClick(android.
    content.DialogInterface, int))")
public void onDialogClickAOP(final JoinPoint joinPoint) {
    DialogInterface dialogInterface = (DialogInterface) joinPoint.getArgs()[0];
    int which = (int) joinPoint.getArgs()[1];
    SensorsDataPrivate.trackViewOnClick(dialogInterface, which);
}
```

我们会调用 trackViewOnClick(DialogInterface dialogInterface, int whichButton) 方法来触发 AlertDialog 的点击事件。该方法的完整源码参考如下：

```
@Keep
protected static void trackViewOnClick(DialogInterface dialogInterface, int whichButton) {
    try {
        Dialog dialog = null;
        if (dialogInterface instanceof Dialog) {
            dialog = (Dialog) dialogInterface;
        }

        if (dialog == null) {
            return;
        }

        Context context = dialog.getContext();
        //将Context转成Activity
        Activity activity = SensorsDataPrivate.getActivityFromContext(context);

        if (activity == null) {
            activity = dialog.getOwnerActivity();
        }

        JSONObject properties = new JSONObject();
        //$screen_name & $title
        if (activity != null) {
            properties.put("$activity", activity.getClass().getCanonicalName());
        }

        Button button = null;
        if (dialog instanceof android.app.AlertDialog) {
            button = ((android.app.AlertDialog) dialog).getButton(whichButton);
        } else if (dialog instanceof android.support.v7.app.AlertDialog) {
            button = ((android.support.v7.app.AlertDialog) dialog).getButton
                (whichButton);
        }
        if (button != null) {
            properties.put("$element_content", button.getText());
        }
        properties.put("$element_type", "Dialog");
        SensorsDataAPI.getInstance().track("$AppClick", properties);
    } catch (Exception e) {
        e.printStackTrace();
    }
}
```

需要注意的是，在 Android 系统中，AlertDialog 有两种，即：Dialog android.app.AlertDialog 和 android.support.v7.app.AlertDialog。

在触发 AlertDialog 的点击事件时，我们更想知道用户当前点击的是哪个按钮，所以我们还需要获取用户点击按钮的文本信息。我们可以通过 alertDialog.getButton(whichButton)

方法获取当时被点击的 Button 对象，进而可以拿到按钮的显示文本内容了。

还有一种 AlertDialog 是可以显示带有选择状态的列表，示例可以参考如下代码片段：

```
private void showMultiChoiceDialog(Context context) {
    Dialog dialog;
    boolean[] selected = new boolean[]{true, true, true, true};
    CharSequence[] items = {"北京", "上海", "广州", "深圳"};
    AlertDialog.Builder builder = new AlertDialog.Builder(context);
    builder.setTitle("中国的一线城市有哪几个？");
    DialogInterface.OnMultiChoiceClickListener mutiListener =
        new DialogInterface.OnMultiChoiceClickListener() {

            @Override
            public void onClick(DialogInterface dialogInterface,
                    int which, boolean isChecked) {
                selected[which] = isChecked;
            }
        };
    builder.setMultiChoiceItems(items, selected, mutiListener);
    dialog = builder.create();
    dialog.show();
}
```

运行后显示效果如图 8-19。

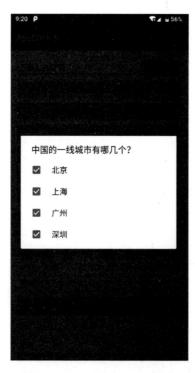

图 8-19　AlertDialog 运行效果

这种情况下，设置的 listener 是 DialogInterface.OnMultiChoiceClickListener 类型。如果还要支持这种场景的点击事件，我们就需要针对 DialogInterface.OnMultiChoiceClickListener 的回调方法 onClick(DialogInterface dialogInterface, int which, boolean isChecked) 再新增一个切点进行匹配。新增切点的完整源码参考如下：

```
@After("execution(* android.content.DialogInterface.OnMultiChoiceClickListener.
    onClick(android.content.DialogInterface, int, boolean))")
    public void onDialogMultiChoiceClickAOP(final JoinPoint joinPoint) {
        DialogInterface dialogInterface = (DialogInterface) joinPoint.getArgs()[0];
        int which = (int) joinPoint.getArgs()[1];
        boolean isChecked = (boolean) joinPoint.getArgs()[2];
        SensorsDataPrivate.trackViewOnClick(dialogInterface, which, isChecked);
}
```

触发点击事件调用的接口与上面的非常类似，只是多了一个 isChecked 的参数，表示当前点击的 Item 是否被选中。

扩展 2：支持采集 CheckBox、SwitchCompat、RadioButton、ToggleButton、RadioGroup 等点击事件

以上控件设置的 listener 对象均是 CompoundButton.OnCheckedChangeListener 类型。如果我们要支持采集以上控件的点击事件，同时也需要新增一个对应的切入点用来匹配 CompoundButton.OnCheckedChangeListener 的回调方法 onCheckedChanged(android.widget.CompoundButton,boolean)。新增切点的代码片段参考如下：

```
@After("execution(* android.widget.CompoundButton.OnCheckedChangeListener.
    onCheckedChanged(android.widget.CompoundButton,boolean))")
    public void onCheckedChangedAOP(final JoinPoint joinPoint) {
        CompoundButton compoundButton = (CompoundButton) joinPoint.getArgs()[0];
        boolean isChecked = (boolean) joinPoint.getArgs()[1];
        SensorsDataPrivate.trackViewOnClick(compoundButton, isChecked);
}
```

需要值得注意的是，由于以上控件都属于带有"状态"的按钮，所以它们的文本信息可能会随着状态的变化而发生变化。在获取它们的显示文本内容时，需要根据当前的状态获取相应的显示文本内容。我们以 ToggleButton 控件为例，如果 isChecked 参数为 true，代表当前是"选中"状态，就需要通过 toggleButton.getTextOn().toString() 方法来获取它的显示文本内容；如果 isChecked 参数为 false，代表当前是"未选中"状态，则需要通过 toggleButton.getTextOff().toString() 获取它的显示文本内容。其他控件也是类似的处理方式，在此不再一一举例说明。

扩展 3：支持采集 RatingBar 的点击事件

RatingBar 设置的 listener 是 RatingBar.OnRatingBarChangeListener 类型。如果我们要支持采集 RatingBar 的点击事件，也需要新增一个对应的切入点用来匹配 RatingBar.OnRatingBarChangeListener 的 onRatingChanged(android.widget.RatingBar,float,boolean) 回调方法。新增切点的代码片段参考如下：

```
@After("execution(* android.widget.RatingBar.OnRatingBarChangeListener.
    onRatingChanged(android.widget.RatingBar,float,boolean))")
    public void onRatingBarChangedAOP(final JoinPoint joinPoint) {
        View view = (View) joinPoint.getArgs()[0];
        SensorsDataAPI.getInstance().trackViewOnClick(view);
}
```

这样处理之后，就能支持采集 RatingBar 的点击事件了。

扩展 4：支持采集 SeekBar 的点击事件

SeekBar 设置的 listener 是 SeekBar.OnSeekBarChangeListener 类型。简单的使用示例可以参考如下代码片段：

```
private void initSeekBar() {
    SeekBar seekBar = findViewById(R.id.seekBar);
    seekBar.setOnSeekBarChangeListener(new SeekBar.OnSeekBarChangeListener() {
        @Override
        public void onProgressChanged(SeekBar seekBar, int i, boolean b) {
            //do something
        }

        @Override
        public void onStartTrackingTouch(SeekBar seekBar) {
            //do something
        }

        @Override
        public void onStopTrackingTouch(SeekBar seekBar) {
            //do something
        }
    });
}
```

SeekBar.OnSeekBarChangeListener 接口有三个回调方法。一般情况下，我们只需要关注 onStopTrackingTouch(SeekBar seekBar) 回调方法即可。如果我们要支持采集 SeekBar 的点击事件，也可以新增一个对应的切点来匹配这个回调方法。新增切点的代码片段参考如下：

```
/**
 * 支持SeekBar.OnSeekBarChangeListener.onStopTrackingTouch(android.widget.SeekBar)
 * @param joinPoint JoinPoint
 */
@After("execution(* android.widget.SeekBar.OnSeekBarChangeListener.onStopTracking
    Touch(android.widget.SeekBar))")
public void onStopTrackingTouchMethod(JoinPoint joinPoint) {
    View view = (View) joinPoint.getArgs()[0];
    SensorsDataAPI.getInstance().trackViewOnClick(view);
}
```

这样就能支持采集 SeekBar 的点击事件了。

扩展 5：支持采集 Spinner 的点击事件

Spinner 设置的 listener 是 AdapterView.OnItemSelectedListener 类型。如果我们要支持采集

Spinner 的点击事件，需要新增一个对应的切入点用来匹配 AdapterView.OnItemSelectedListener 的回调方法 onItemSelected(android.widget.AdapterView,android.view.View,int,long)。新增切点的代码片段参考如下：

```
@After("execution(* android.widget.AdapterView.OnItemSelectedListener.onItemSelected
    (android.widget.AdapterView,android.view.View,int,long))")
public void onItemSelectedAOP(final JoinPoint joinPoint) {
    android.widget.AdapterView adapterView = (android.widget.AdapterView)
        joinPoint.getArgs()[0];
    View view = (View) joinPoint.getArgs()[1];
    int position = (int) joinPoint.getArgs()[2];
    SensorsDataPrivate.trackViewOnClick(adapterView, view, position);
}
```

这样就能支持采集 Spinner 的点击事件了。

扩展 6：支持采集 TabHost 的点击事件

TabHost 设置的 listener 是 TabHost.OnTabChangeListener 类型。如果我们要支持采集 TabHost 的点击事件，可以新增一个对应的切点匹配 TabHost.OnTabChangeListener 的回调方法 onTabChanged(String)。新增切点的代码片段参考如下：

```
/**
 * 支持 TabHost.OnTabChangeListener.onTabChanged(String)
 * @param joinPoint JoinPoint
 */
@After("execution(* android.widget.TabHost.OnTabChangeListener.onTabChanged
    (String))")
public void onTabChangedAOP(final JoinPoint joinPoint) {
    String tabName = (String) joinPoint.getArgs()[0];
    SensorsDataAPI.getInstance().trackTabHost(tabName);
}
```

这样就能支持采集 TabHost 的点击事件。

但采集 TabHost 的点击事件有一个问题，就是无法知道当前 TabHost 所属 Activity，这个问题一直没有办法解决，如果你有好的思路，也可以告诉我。

扩展 7：支持采集 ListView、GridView 的点击事件

ListView 和 GridView 设置的 listener 是 AdapterView.OnItemClickListener 类型。如果我们要支持采集 ListView 和 GridView 的点击事件，我们可以新增一个对应的切点用来匹配 AdapterView.OnItemClickListener 的回调方法 onItemClick(android.widget.AdapterView,android.view.View,int,long)。新增切点的代码片段参考如下：

```
@After("execution(* android.widget.AdapterView.OnItemClickListener.onItemClick
    (android.widget.AdapterView,android.view.View,int,long))")
public void onAdapterViewItemClickAOP(final JoinPoint joinPoint) {
    android.widget.AdapterView adapterView = (android.widget.AdapterView)
        joinPoint.getArgs()[0];
    View view = (View) joinPoint.getArgs()[1];
```

```
int position = (int) joinPoint.getArgs()[2];
SensorsDataPrivate.trackViewOnClick(adapterView, view, position);
}
```

这样就能支持采集 ListView 和 GridView 的点击事件了。

扩展 8：支持采集 ExpandableListView 的点击事件

ExpandableListView 的点击需要区分 groupOnClick 和 childOnClick 两种情况，它们设置的 listener 分别是 ExpandableListView.OnGroupClickListener 类型、ExpandableListView.OnChildClickListener 类型。如果我们要支持采集 ExpandableListView 的点击事件，可以新增两个切点分别匹配 ExpandableListView.OnChildClickListener 的回调方法 onChildClick(android.widget.ExpandableListView, android.view.View, int, int, long) 和 ExpandableListView.OnGroupClickListener 的回调方法 onGroupClick(android.widget.ExpandableListView, android.view.View, int, long)。新增两个切点的代码片段参考如下：

```
@After("execution(* android.widget.ExpandableListView.OnChildClickListener.
    onChildClick(android.widget.ExpandableListView, android.view.View, int, int,
    long))")
public void onExpandableListViewChildClickAOP(final JoinPoint joinPoint) {
    ExpandableListView expandableListView = (ExpandableListView) joinPoint.
        getArgs()[0];
    View view = (View) joinPoint.getArgs()[1];
    int groupPosition = (int) joinPoint.getArgs()[2];
    int childPosition = (int) joinPoint.getArgs()[3];
    SensorsDataPrivate.trackExpandableListViewChildOnClick(expandableListView,
        view, groupPosition, childPosition);
}

@After("execution(* android.widget.ExpandableListView.OnGroupClickListener.
    onGroupClick(android.widget.ExpandableListView, android.view.View, int, long))")
public void onExpandableListViewGroupClickAOP(final JoinPoint joinPoint) {
    ExpandableListView expandableListView = (ExpandableListView) joinPoint.
        getArgs()[0];
    View view = (View) joinPoint.getArgs()[1];
    int groupPosition = (int) joinPoint.getArgs()[2];
    SensorsDataPrivate.trackExpandableListViewChildOnClick(expandableListView,
        view, groupPosition, -1);
}
```

这样就能支持采集 ExpandableListView 的点击事件了。

至此，一个相当完善的基于 AspectJ 的全埋点方案就算完成了。

8.6　缺点

❑ 无法织入第三方的库；

❑ 由于定义的切点依赖编程语言，目前该方案无法兼容 Lambda 语法；

❑ 会有一些兼容性方面的问题，比如：D8、Gradle 4.x 等。

$AppClick 全埋点方案 6：ASM

Android 应用程序的打包流程，可以参考图 9-1。

通过上图可知，我们只要在图中红圈处拦截（即生成 .dex 文件之前），就可以拿到当前应用程序中所有的 .class 文件，然后借助一些库，就可以遍历这些 .class 文件中的所有方法，再根据一定的条件找到需要的目标方法，最后进行修改并保存，就可以插入埋点代码了。

Google 从 Android Gradle 1.5.0 开始，提供了 Transform API。通过 Transform API，允许第三方以插件（Plugin）的形式，在 Android 应用程序打包成 .dex 文件之前的编译过程中操作 .class 文件。我们只要实现一套 Transform，去遍历所有 .class 文件的所有方法，然后进行修改（在特定 listener 的回调方法中插入埋点代码），最后再对原文件进行替换，即可达到插入代码的目的。

9.1　关键技术

9.1.1　Gradle Transform

Gradle Transform 是 Android 官方提供给开发者在项目构建阶段（即由 .class 到 .dex 转换期间）用来修改 .class 文件的一套标准 API。目前比较经典的应用是字节码插桩、代码注入等。

概括来说，Gradle Transform 的功能，就是把输入的 .class 文件转变成目标字节码文件。

我们先来了解一下 Transform 的两个基础概念：

❑ TransformInput

TransformInput 是指这些输入文件的一个抽象。它主要包括两个部分：

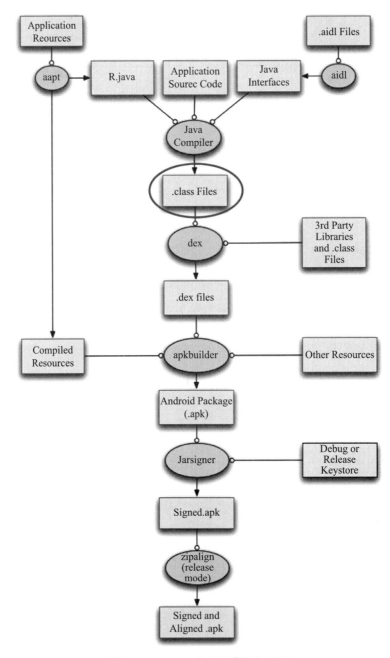

图 9-1　Android 应用程序打包流程

❑ DirectoryInput 集合

是指以源码方式参与项目编译的所有目录结构及其目录下的源码文件。

❑ JarInput 集合

是指以 jar 包方式参与项目编译的所有本地 jar 包和远程 jar 包。

注：此处的 jar 亦包括 aar，后文也均以 jar 来统称。

❏ TransformOutputProvider

是指 Transform 的输出，通过它可以获取输出路径等信息。

下面我们来了解一下 Transform.java。

Transform.java 是一个抽象类，它的定义如下：

```java
public abstract class Transform {
    @NonNull
    public abstract String getName();

    @NonNull
    public abstract Set<ContentType> getInputTypes();

    @NonNull
    public Set<ContentType> getOutputTypes() {
        return getInputTypes();
    }

    @NonNull
    public abstract Set<Scope> getScopes();

    public abstract boolean isIncremental();

    public void transform(@NonNull TransformInvocation transformInvocation)
            throws TransformException, InterruptedException, IOException {
        transform(transformInvocation.getContext(), transformInvocation.getInputs(),
                transformInvocation.getReferencedInputs(),
                transformInvocation.getOutputProvider(),
                transformInvocation.isIncremental());
    }
    ......
}
```

它定义了几个抽象方法。下面介绍几个我们在后文中会使用到的方法。

❏ getName

代表该 Transform 对应 Task 的名称。

它会出现在 app/build/intermediates/transforms 目录下，比如图 9-2 中的 "SensorsAnalytics AutoTrack"。

❏ getInputTypes

它是指定 Transform 要处理的数据类型。目前主要支持两种数据类型：

○ CLASSES

表示要处理编译后的字节码，可能是 jar 包也可能是目录。

○ RESOURCES

表示处理标准的 java 资源。

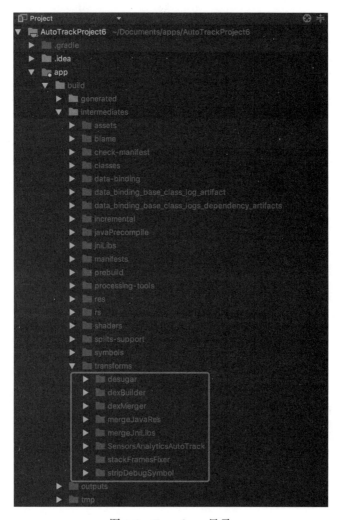

图 9-2　Transform 目录

❑ getScopes

指定 Transform 的作用域。常见的作用域有下面 7 种：

1）PROJECT

只处理当前项目。

2）SUB_PROJECTS

只处理子项目。

3）PROJECT_LOCAL_DEPS

只处理当前项目的本地依赖，例如 jar、aar。

4）SUB_PROJECTS_LOCAL_DEPS

只处理子项目的本地依赖，例如 jar、aar。

5）EXTERNAL_LIBRARIES

只处理外部的依赖库。

6）PROVIDED_ONLY

只处理本地或远程以 provided 形式引入的依赖库。

7）TESTED_CODE

测试代码。

❑ isIncremental

是否是增量构建。

9.1.2　Gradle Transform 实例

下面我们实现一个 Gradle Transform 的实例，该实例其实并没有什么特定功能，仅仅是把所有的输入文件原封不动的拷贝到输出目录。

通过 Transform 提供的 API，我们可以遍历当前应用程序中所有的 .class 文件，包括目录和 jar 包。如果要实现一个 Transform 并遍历 .class 文件，就需要通过 Gradle 插件来完成。

下面我们来讲一下如何新建一个 Gradle Transform。

完整的项目源码可以参考：

https://github.com/wangzhzh/AutoTrackTransformProject

详细步骤：

第 1 步：新建一个项目（Project）

在新建的项目中，会自动包含一个主 module，即：app。

第 2 步：新建一个 Android Library module，名称叫 plugin

第 3 步：清空 plugin/build.gradle 文件中的内容，然后修改成如下内容

```
apply plugin: 'groovy'
apply plugin: 'maven'
dependencies {
    compile gradleApi() //gradle sdk
    compile localGroovy() //groovy sdk
    compile 'com.android.tools.build:gradle:3.1.3'
}
repositories {
    jcenter()
}

uploadArchives {
    repositories.mavenDeployer {
        //本地仓库路径，以放到项目根目录下的 repo 的文件夹为例
        repository(url: uri('../repo'))

        //groupId ，自行定义
        pom.groupId = 'com.sensorsdata'
```

```
        //artifactId
        pom.artifactId = 'autotrack.android'

        //插件版本号
        pom.version = '1.0.0'
    }
}
```

关于源码里面的内容，前面已做过介绍，此处不再详细描述。

第 4 步：删除 plugin/src/main 目录下所有的文件

第 5 步：新建 groovy 目录

在 plugin/src/main 目录下新建 groovy 目录。这是因为我们的插件是用 groovy 语言开发的，所以需要放到 groovy 目录下。然后在 groovy 目录下新建一个 package，比如：com.sensorsdata.analytics.android.plugin，用来存放我们后面创建的 Transform 类文件。

第 6 步：创建 Transform 类

在上面我们新建的 com.sensorsdata.analytics.android.plugin 包下面新建 SensorsAnalyticsTransform.groovy 类。

```groovy
package com.sensorsdata.analytics.android.plugin

import com.android.build.api.transform.*
import com.android.build.gradle.internal.pipeline.TransformManager
import org.apache.commons.codec.digest.DigestUtils
import org.apache.commons.io.FileUtils
import org.gradle.api.Project

class SensorsAnalyticsTransform extends Transform {
    private static Project project

    public SensorsAnalyticsTransform(Project project) {
        this.project = project

    }

    @Override
    String getName() {
        return "SensorsAnalyticsAutoTrack"
    }

    /**
     * 需要处理的数据类型,有两种枚举类型
     * CLASSES 代表处理的 java 的 class 文件,RESOURCES 代表要处理 java 的资源
     * @return
     */
    @Override
    Set<QualifiedContent.ContentType> getInputTypes() {
        return TransformManager.CONTENT_CLASS
```

```
}

/**
 * 指 Transform要操作内容的范围，官方文档Scope有7种类型：
 * 1. EXTERNAL_LIBRARIES              只有外部库
 * 2. PROJECT                        只有项目内容
 * 3. PROJECT_LOCAL_DEPS             只有项目的本地依赖(本地jar)
 * 4. PROVIDED_ONLY                  只提供本地或远程依赖项
 * 5. SUB_PROJECTS                   只有子项目
 * 6. SUB_PROJECTS_LOCAL_DEPS        只有子项目的本地依赖项(本地jar)
 * 7. TESTED_CODE                    由当前变量(包括依赖项)测试的代码
 * @return
 */
@Override
Set<QualifiedContent.Scope> getScopes() {
    return TransformManager.SCOPE_FULL_PROJECT
}

@Override
boolean isIncremental() {
    return false
}

/**
 * 打印提示信息
 */
static void printCopyRight() {
println()
    println("####################################################################")
    println("########                                                    ########")
    println("########                                                    ########")
    println("########         欢迎使用 SensorsAnalytics® 编译插件          ########")
    println("########          使用过程中碰到任何问题请联系我们            ########")
    println("########                                                    ########")
    println("########                                                    ########")
    println("####################################################################")
println()
}

@Override
void transform(Context context, Collection<TransformInput> inputs, Collection<Trans
    formInput> referencedInputs, TransformOutputProvider outputProvider, boolean
    isIncremental) throws IOException, TransformException, InterruptedException {
    printCopyRight()

    // Transform 的 inputs 有两种类型，一种是目录，一种是 jar 包，要分开遍历
    inputs.each { TransformInput input ->
        //遍历目录
        input.directoryInputs.each { DirectoryInput directoryInput ->
            //获取 output 目录
            def dest = outputProvider.getContentLocation(directoryInput.name,
```

```
                    directoryInput.contentTypes, directoryInput.scopes,
                    Format.DIRECTORY)
                // 将 input 的目录复制到 output 指定目录
                FileUtils.copyDirectory(directoryInput.file, dest)
            }

            //遍历 jar
            input.jarInputs.each { JarInput jarInput ->
                // 重命名输出文件(同目录copyFile会冲突)
                def jarName = jarInput.name
                def md5Name = DigestUtils.md5Hex(jarInput.file.getAbsolutePath())
                if (jarName.endsWith(".jar")) {
                    jarName = jarName.substring(0, jarName.length() - 4)
                }

                File copyJarFile = jarInput.file

                //生成输出路径
                def dest = outputProvider.getContentLocation(jarName + md5Name,
                    jarInput.contentTypes, jarInput.scopes, Format.JAR)
                // 将 input 的目录复制到 output 指定目录
                FileUtils.copyFile(copyJarFile, dest)
            }
        }
    }
}
```

我们自定义的 SensorsAnalyticsTransform 类继承 Transform，然后重写了其中几个抽象方法。

```
@Override
String getName() {
    return "SensorsAnalyticsAutoTrack"
}
```

此处用来定义 Transform 对应的 Task 名称，在我们的这个示例中，任务名称是" Sensors AnalyticsAutoTrack"。

```
@Override
Set<QualifiedContent.ContentType> getInputTypes() {
    return TransformManager.CONTENT_CLASS
}
```

用来指定 Transform 要处理的数据类型。TransformManager.CONTENT_CLASS，代表我们要处理的是 Java 的 .class 文件。

```
@Override
Set<QualifiedContent.Scope> getScopes() {
    return TransformManager.SCOPE_FULL_PROJECT
}
```

用来指定 Transform 的作用域。

我们先看一下此处的 TransformManager.SCOPE_FULL_PROJECT 的定义：

```
public static final Set<Scope> SCOPE_FULL_PROJECT =
    Sets.immutableEnumSet(
        Scope.PROJECT,
        Scope.SUB_PROJECTS,
        Scope.EXTERNAL_LIBRARIES);
```

说明当前 Transform 的作用域包括当前项目、子项目以及外部的依赖库。

我们在 transform 的函数中，先是打印一个提示信息，然后分别遍历目录和 jar 包。在实际的处理过程中，我们仅仅是把所有的输入文件拷贝到目标目录下，然后什么都没有做，相当于插件什么都没有处理。

 注意　即使我们什么都没有做，也需要把所有的输入文件拷贝到目标目录下，否则下一个 Task 就没有 TransformInput 了。在这个实例中，如果我们空实现了 transform 方法，最后会导致打包的 apk 缺少 .class 文件。

第 7 步：新建 plugin

在上面我们新建的 com.sensorsdata.analytics.android.plugin 包下面新建 SensorsAnalyticsPlugin.groovy 类，并注册上面新建的 Transform 类。

```
package com.sensorsdata.analytics.android.plugin

import com.android.build.gradle.AppExtension
import org.gradle.api.Plugin
import org.gradle.api.Project

public class SensorsAnalyticsPlugin implements Plugin<Project> {
    void apply(Project project) {
        AppExtension appExtension = project.extensions.findByType(AppExtension.class)
        appExtension.registerTransform(new SensorsAnalyticsTransform(project))
    }
}
```

SensorsAnalyticsPlugin 实现了 Plugin<Project> 接口，并实现了 apply(Project project) 方法。在 apply(Project project) 方法里，我们首先获取一个 AppExtension 对象，然后调用它的 registerTransform 方法注册我们上面定义的 SensorsAnalyticsTransform。

第 8 步：创建 properties 文件

在 plugin/src/main 目录下新建目录 resources/META-INF/gradle-plguins，然后在此目录下新建一个文件：com.sensorsdata.android.properties，其中文件名 com.sensorsdata.android 就是用来指定我们插件名称的，也就是 apply plugin：' x.y.z ' 中的 x.y.z。com.sensorsdata.android.properties 文件里面的内容为：

```
implementation-class=com.sensorsdata.analytics.android.plugin.SensorsAnalyticsPlugin
```

等号后面的内容，就是我们上面新建的 SensorsAnalyticsPlugin 的包名和类名。

第 9 步：执行 plugin 的 uploadArchives 任务构建 plugin，参考图 9-3。

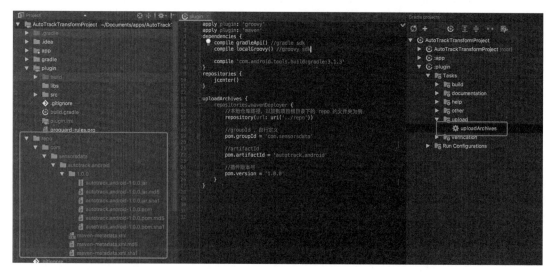

图 9-3　repo 目录结构

构建成功之后，在 Project 的根目录下将会出现一个 repo 目录，里面存放的就是我们的插件目标文件。

第 10 步：修改项目根目录下的 build.gradle 文件，添加对插件的依赖。

```
buildscript {

    repositories {
        google()
        jcenter()

        maven {
            url uri('repo')
        }
    }
    dependencies {
        classpath 'com.android.tools.build:gradle:3.1.3'
        classpath 'com.sensorsdata:autotrack.android:1.0.0'
    }
}


allprojects {
    repositories {
        google()
        jcenter()
    }
```

```
}
task clean(type: Delete) {
    delete rootProject.buildDir
}
```

第 11 步：在 app/build.gradle 文件声明使用插件

完整的脚本可以参考如下：

```
apply plugin: 'com.android.application'
apply plugin: 'com.sensorsdata.android'

android {
    compileSdkVersion 28
    defaultConfig {
        applicationId "com.sensorsdata.analytics.android.app.transform"
        minSdkVersion 15
        targetSdkVersion 28
        versionCode 1
        versionName "1.0"
    }
    buildTypes {
        release {
            minifyEnabled false
            proguardFiles getDefaultProguardFile('proguard-android.txt'), 'proguard-
                rules.pro'
        }
    }
}

dependencies {
    implementation fileTree(dir: 'libs', include: ['*.jar'])
    implementation 'com.android.support:appcompat-v7:28.0.0-beta01'
    implementation 'com.android.support.constraint:constraint-layout:1.1.2'
}
```

第 12 步：构建应用程序

可以通过命令行进行编译：./gradlew assembleDebug。

如果编译没有出错，将会看到相应的输出信息，参考图 9-4。

通过上图，就可以说明我们上面定义的 Transform 已经起作用了。

至此，一个简单的 Gradle Transform 的实例就已经完成了。

9.1.3　ASM

ASM 是一个功能比较齐全的 Java 字节码操作与分析框架。通过使用 ASM 框架，我们可以动态生成类或者增强既有类的功能。ASM 可以直接生成二进制 .class 文件，也可以在类被加载入 Java 虚拟机之前动态改变现有类的行为。Java 的二进制被存储在严格格式定义的 .class 文件里，这些字节码文件拥有足够的元数据信息用来表示类中的所有元素，包括类名称、方法、属性以及 Java 字节码指令。ASM 从字节码文件中读入这些信息后，能够改变类行为、分析类的信息，甚至能够根据具体的要求生成新的类。

图 9-4　编译信息

下面我们简单地介绍一个 ASM 框架中几个核心的相关类。

❑ ClassReader

该类主要用来解析编译过的 .class 字节码文件。

❑ ClassWriter

该类主要用来重新构建编译后的类，比如修改类名、属性以及方法，甚至可以生成新的类字节码文件。

❑ ClassVisitor

主要负责"拜访"类成员信息。其中包括标记在类上的注解、类的构造方法、类的字段、类的方法、静态代码块等。

❑ AdviceAdapter

实现了 MethodVisitor 接口，主要负责"拜访"方法的信息，用来进行具体的方法字节码操作。

下面我们重点了解一下 ClassVisitor 这个类。

ClassVisitor 的 API 如图 9-5 所示，它会按照一定的标准次序来遍历一个类中的所有成员。

在 ClassVisitor 类中，我们可以根据实际的需求进行条件判断，只要满足我们特定条件的类，我们才会去修改它的特定方法。比如，我们要自动采集 Button 控件的点击事件，那么只有实现了 View$OnClickListener 接口的类，我们才会去遍历这个类并找到重写的 onClick(view) 方法，然后进行修改操作并保存。

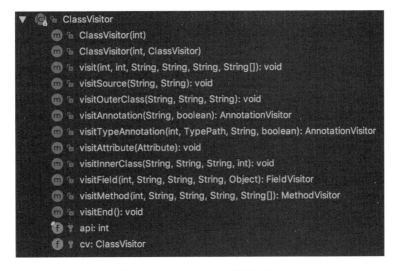

图 9-5　ClassVisitor 接口列表

下面我们看一个 ClassVisitor 的示例。完整的源码参考如下：

```
package com.sensorsdata.analytics.android.plugin

import org.objectweb.asm.ClassVisitor
import org.objectweb.asm.MethodVisitor
import org.objectweb.asm.Opcodes

class SensorsAnalyticsClassVisitor extends ClassVisitor {
    SensorsAnalyticsClassVisitor(final ClassVisitor classVisitor) {
        super(Opcodes.ASM5, classVisitor)
    }

    /**
     * 可以拿到类的详细信息，然后对满足条件的类进行过滤
     */
    @Override
    void visit(int version, int access, String name, String signature, String
        superName, String[] interfaces) {
        super.visit(version, access, name, signature, superName, interfaces)
    }

    /**
     * 访问内部类信息
     */
    @Override
    void visitInnerClass(String name, String outerName, String innerName, int access) {
        super.visitInnerClass(name, outerName, innerName, access)
    }

    /**
```

```
 * 拿到需要修改的方法，然后进行修改操作
 */
@Override
MethodVisitor visitMethod(int access, String name, String desc, String
    signature, String[] exceptions) {
    MethodVisitor methodVisitor = super.visitMethod(access, name, desc,
        signature, exceptions)
    methodVisitor = new SensorsAnalyticsDefaultMethodVisitor(methodVisitor,
        access, name, desc)
    return methodVisitor
}


/**
 * 遍历类中成员信息结束
 */
@Override
void visitEnd() {
    super.visitEnd()
}
}
```

在上面的 visitMethod 中，可以对满足特定条件的方法进行修改。修改方法需要用到可以"拜访"方法所有信息的 MethodVisitor。

```
methodVisitor = new SensorsAnalyticsDefaultMethodVisitor(methodVisitor, access,
    name, desc) {
    /**
     * 进入方法时插入字节码
     */
    @Override
    protected void onMethodEnter() {
        super.onMethodEnter()
    }

    /**
     * 退出方法前可以插入字节码
     */
    @Override
    protected void onMethodExit(int opcode) {
        super.onMethodExit(opcode)
    }

    /**
     * 可以在这里通过注解的方式操作字节码
     * @param des
     * @param visible
     * @return
     */
    @Override
    AnnotationVisitor visitAnnotation(String des, boolean visible) {
```

```
        return super.visitAnnotation(des, visible)
    }
}
```

每个方法的具体含义，可以参考上面源码中的注释。

下面我们重点介绍 ClassVisitor 中的 visit 方法和 visitMethod 方法。

❑ **visit 方法**

该方法是当扫描类时第一个会调用的方法。

方法的完整定义如下：

```
void visit(int version, int access, String name, String signature, String superName,
    String[] interfaces);
```

各参数解释如下：

❑ **version**

表示 JDK 的版本，比如 51，代表 JDK 版本 1.7。

各个 JDK 版本对应的数值如表 9-1。

表 9-1　JDK 版本对应的数值

JDK 版本	int 数值
J2SE 8	52
J2SE 7	51
J2SE 6.0	50
J2SE 5.0	49
JDK 1.4	48
JDK 1.3	47
JDK 1.2	46
JDK 1.1	45

❑ **access**

类的修饰符。修饰符在 ASM 中是以"ACC_"开头的常量。可以作用到类级别上的修饰符主要有下面这些，参考表 9-2。

表 9-2　类修饰符

修　饰　符	含　　义
ACC_PUBLIC	public
ACC_PRIVATE	private
ACC_PROTECTED	protected
ACC_FINAL	final
ACC_SUPER	extends

（续）

修 饰 符	含 义
ACC_INTERFACE	接口
ACC_ABSTRACT	抽象类
ACC_ANNOTATION	注解类型
ACC_ENUM	枚举类型
ACC_DEPRECATED	标记了 @Deprecated 注解的类
ACC_SYNTHETIC	javac 生成

❑ name

代表类的名称。我们通常会使用完整的包名 + 类名来表示类，比如：a.b.c.MyClass，但是在字节码中是以路径的形式表示，即：a/b/c/MyClass。值得注意的是，虽然这种方法是路径表示法但是不需要写明类的 ".class" 扩展名。

❑ signature

表示泛型信息，如果类并未定义任何泛型，则该参数为空。

❑ superName

表示当前类所继承的父类。由于 Java 的类是单根结构，即所有类都继承自 java.lang. Object。因此可以简单的理解为任何类都会具有一个父类。虽然在编写 Java 程序时我们没有去写 extends 关键字去明确继承的父类，但是 JDK 在编译时总会为我们加上 "extends Object"。

❑ interfaces

表示类所实现的接口列表。在 Java 中，一个类是可以实现多个不同的接口，因此该参数是一个数组类型。

❑ visitMethod 方法

该方法是当扫描器扫描到类的方法时进行调用。

方法的完整定义如下：

```
MethodVisitor visitMethod(int access, String name, String desc, String signature,
    String[] exceptions);
```

各参数解释如下：

❑ access

表示方法的修饰符。

可以作用到方法级别上的修饰符主要有下面这些，参考表 9-3。

表 9-3　方法修饰符

修 饰 符	含 义
ACC_PUBLIC	public
ACC_PRIVATE	private

（续）

修　饰　符	含　义
ACC_PROTECTED	protected
ACC_STATIC	static
ACC_FINAL	final
ACC_SYNCHRONIZED	同步的
ACC_VARARGS	不定参数个数的方法
ACC_NATIVE	native 类型方法
ACC_ABSTRACT	抽象的方法
ACC_DEPRECATED	标记了 @Deprecated 注解的类
ACC_SYNTHETIC	javac 生成

❑ name

表示方法名。

❑ desc

表示方法签名，方法签名的格式如下："（参数列表）返回值类型"。在 ASM 中不同的类型对应不同的代码，详细的对应关系可以参考表 9-4。

表 9-4　类型对应的代码

代　码	类　型	代　码	类　型
"I"	int	"S"	short
"B"	byte	"Z"	boolean
"C"	char	"V"	void
"D"	double	"[…;"	数组
"F"	float	"[[…;"	二维数组
"J"	long	"[[[…;"	三维数组

下面我们举几个方法参数列表对应的方法签名示例，方便大家学习，参考表 9-5。

表 9-5　方法签名示例

参　数　列　表	方　法　参　数
String[]	[Ljava/lang/String;
String[][]	[[Ljava/lang/String;
int, String, String[]	ILjava/lang/String; [Ljava/lang/String;
int, boolean, long, String[], double	IZJ[Ljava/lang/String;D
Class<?>, String, Object... paramType	Ljava/lang/Class;Ljava/lang/String;[Ljava/lang/Object;
int[]	[I

❑ signature

表示泛型相关的信息。

❑ exceptions

表示将会抛出的异常，如果方法不会抛出异常，该参数为空。

9.2 原理概述

我们可以自定义一个 Gradle Plugin，然后注册一个 Transform 对象。在 transform 方法里，可以分别遍历目录和 jar 包，然后我们就可以遍历当前应用程序所有的 .class 文件。然后再利用 ASM 框架的相关 API，去加载相应的 .class 文件、解析 .class 文件，就可以找到满足特定条件的 .class 文件和相关方法，最后去修改相应的方法以动态插入埋点字节码，从而达到自动埋点的效果。

9.3 案例

下面以自动采集 Android 的 Button 控件的点击事件为例，详细介绍该方案的实现步骤。对于其他控件点击事件的自动采集，后面会一一进行扩展。

完整的项目源码请参考：

https://github.com/wangzhzh/AutoTrackAppClick6

详细步骤：

第 1 步：新建一个项目（Project）

在新建的项目中，会自动包含一个主 module，即：app。

第 2 步：创建 sdk module

新建一个 Android Library module，名称叫 sdk，这个模块就是我们的埋点 SDK。

第 3 步：编写埋点 SDK

在 sdk module 中，我们新建一个埋点 SDK 的主类，即 SensorsDataAPI.java 文件。完整的源码可以参考如下：

```
package com.sensorsdata.analytics.android.sdk;

import android.app.Application;
import android.support.annotation.Keep;
import android.support.annotation.NonNull;
import android.support.annotation.Nullable;
import android.util.Log;

import org.json.JSONObject;
```

```java
import java.util.Map;
/**
 * Created by 王灼洲 on 2018/7/22
 */
@Keep
public class SensorsDataAPI {
    private final String TAG = this.getClass().getSimpleName();
    public static final String SDK_VERSION = "1.0.0";
    private static SensorsDataAPI INSTANCE;
    private static final Object mLock = new Object();
    private static Map<String, Object> mDeviceInfo;
    private String mDeviceId;

    @Keep
    @SuppressWarnings("UnusedReturnValue")
    public static SensorsDataAPI init(Application application) {
        synchronized (mLock) {
            if (null == INSTANCE) {
                INSTANCE = new SensorsDataAPI(application);
            }
            return INSTANCE;
        }
    }

    @Keep
    public static SensorsDataAPI getInstance() {
        return INSTANCE;
    }

    private SensorsDataAPI(Application application) {
        mDeviceId = SensorsDataPrivate.getAndroidID(application.getApplicationContext());
        mDeviceInfo = SensorsDataPrivate.getDeviceInfo(application.getApplicationContext());
    }

    /**
     * Track 事件
     *
     * @param eventName  String 事件名称
     * @param properties JSONObject 事件属性
     */
    @Keep
    public void track(@NonNull final String eventName, @Nullable JSONObject properties) {
        try {
            JSONObject jsonObject = new JSONObject();
            jsonObject.put("event", eventName);
            jsonObject.put("device_id", mDeviceId);

            JSONObject sendProperties = new JSONObject(mDeviceInfo);

            if (properties != null) {
                SensorsDataPrivate.mergeJSONObject(properties, sendProperties);
            }
```

```
            jsonObject.put("properties", sendProperties);
            jsonObject.put("time", System.currentTimeMillis());

            Log.i(TAG, SensorsDataPrivate.formatJson(jsonObject.toString()));
        } catch (Exception e) {
            e.printStackTrace();
        }
    }
}
```

❑ init(Application application)

这是一个静态方法，埋点 SDK 的初始化函数，内部实现使用到了单例设计模式，然后调用私有构造函数初始化埋点 SDK。app module 就是调用这个方法来初始化我们埋点 SDK 的。

❑ getInstance()

这也是一个静态方法，通过该方法可以获取埋点 SDK 的实例对象。

❑ SensorsDataAPI(Application application)

私有的构造函数，也是埋点 SDK 真正的初始化逻辑。在其方法内部通过调用 SDK 的私有类 SensorsDataPrivate 中的方法来注册 ActivityLifecycleCallbacks 回调。

❑ track(@NonNull final String eventName, @Nullable JSONObject properties)

对外公开的 track 事件接口，通过该方法可以触发事件，第一个参数 eventName 代表事件的名称，第二个参数 properties 代表事件的属性。本书为了简化，触发事件我们仅仅是打印了事件的 JSON 信息。

❑ 用到的 SensorsDataPrivate.java，可以参考项目源码。

第 4 步：在 sdk module 里新建 SensorsDataAutoTrackHelper.java 工具类

完整的源码参考如下：

```
package android.analytics.sensorsdata.com.sdk;

import android.app.Activity;
import android.support.annotation.Keep;
import android.view.View;

import org.json.JSONObject;

public class SensorsDataAutoTrackHelper {
    /**
     * View 被点击，自动埋点
     *
     * @param view View
     */
    @Keep
    public static void trackViewOnClick(View view) {
        try {
            JSONObject jsonObject = new JSONObject();
            jsonObject.put("$element_type", SensorsDataPrivate.getElementType(view));
```

```
        jsonObject.put("$element_id", SensorsDataPrivate.getViewId(view));
        jsonObject.put("$element_content", SensorsDataPrivate.getElementContent(view));

        Activity activity = SensorsDataPrivate.getActivityFromView(view);
        if (activity != null) {
            jsonObject.put("$activity", activity.getClass().getCanonicalName());
        }

        SensorsDataAPI.getInstance().track("$AppClick", jsonObject);
    } catch (Exception e) {
        e.printStackTrace();
    }
    }
}
```

我们新增一个 trackViewOnClick(View view) 方法，这个方法就是 ASM 要插入的埋点
代码。

第 5 步：添加依赖关系

app module 需要依赖 sdk module。可以通过修改 app/build.gradle 文件，在其 dependencies
节点中添加对 sdk module 的依赖关系。完整的脚本参考如下：

```
apply plugin: 'com.android.application'
apply plugin: 'com.jakewharton.butterknife'

android {
    compileOptions {
        sourceCompatibility JavaVersion.VERSION_1_8
        targetCompatibility JavaVersion.VERSION_1_8
    }
    compileSdkVersion 28
    defaultConfig {
        applicationId "com.sensorsdata.analytics.android.app.project6"
        minSdkVersion 15
        targetSdkVersion 28
        versionCode 1
        versionName "1.0"
    }
    buildTypes {
        release {
            minifyEnabled false
            proguardFiles getDefaultProguardFile('proguard-android.txt'), 'proguard-
                rules.pro'
        }
    }

    dataBinding {
        enabled = true
    }
}
```

```
dependencies {
    implementation fileTree(include: ['*.jar'], dir: 'libs')
    implementation 'com.android.support:appcompat-v7:28.0.0-rc02'
    implementation 'com.android.support.constraint:constraint-layout:1.1.2'

    implementation project(':sdk')

    //https://github.com/JakeWharton/butterknife
    implementation 'com.jakewharton:butterknife:8.8.1'
    annotationProcessor 'com.jakewharton:butterknife-compiler:8.8.1'
}
```

第 6 步：初始化埋点 SDK

需要在应用程序中自定义的 Application（比如 MyApplication）里初始化我们的埋点 SDK，一般建议在 onCreate() 方法中进行初始化。完整的 MyApplication 源码参考如下：

```
package com.sensorsdata.analytics.android.app;

import android.app.Application;

import com.sensorsdata.analytics.android.sdk.SensorsDataAPI;

/**
 * Created by 王灼洲 on 2018/7/22
 */
public class MyApplication extends Application {
    @Override
    public void onCreate() {
        super.onCreate();

        initSensorsDataAPI(this);
    }

    /**
     * 初始化埋点 SDK
     *
     * @param application Application
     */
    private void initSensorsDataAPI(Application application) {
        SensorsDataAPI.init(application);
    }
}
```

第 7 步：声明自定义的 Application

以上面自定义的 MyApplication 为例，需要在 AndroidManifest.xml 文件的 application 节点中声明 MyApplication 类。

```
<?xml version="1.0" encoding="utf-8"?>
<manifest xmlns:android="http://schemas.android.com/apk/res/android"
```

```
        package="com.sensorsdata.analytics.android.app">
        <application
            android:name=".MyApplication"
            android:allowBackup="true"
            android:icon="@mipmap/ic_launcher"
            android:label="@string/app_name"
            android:roundIcon="@mipmap/ic_launcher_round"
            android:supportsRtl="true"
            android:theme="@style/AppTheme">
            ......
        </application>
</manifest>
```

第 8 步：新建一个 Android Library module，名称叫：plugin

第 9 步：清空 plugin.gradle 文件的内容，然后修改为如下内容：

```
apply plugin: 'groovy'
apply plugin: 'maven'
dependencies {
    compile gradleApi()
    compile localGroovy()

    compile 'com.android.tools.build:gradle:3.1.3'
}
repositories {
    jcenter()
}


uploadArchives {
    repositories.mavenDeployer {
        //本地仓库路径，以放到项目根目录下的 repo 的文件夹为例
        repository(url: uri('../repo'))

        //groupId ，自行定义
        pom.groupId = 'com.sensorsdata'

        //artifactId
        pom.artifactId = 'autotrack.android'

        //插件版本号
        pom.version = '1.0.0'
    }
}
```

关于 repository、groupId、artifactId、version，前文已有描述，在此不再详细介绍。

第 10 步：创建 groovy 目录

首先清空 plugin/src/main 目录下的所有文件。

然后在 plugin/src/main 目录下新建 groovy 目录，再新建一个 package，比如 com.sensorsdata.analytics.android.plugin。

第 11 步：新建 Transform 类

在上面我们新建的 groovy 目录下的 com.sensorsdata.analytics.android.plugin 包里新建
我们自定义的 Transform 类 SensorsAnalyticsTransform.groovy。完整的源码可以参考如下：

```groovy
package com.sensorsdata.analytics.android.plugin

import com.android.build.api.transform.*
import com.android.build.gradle.internal.pipeline.TransformManager
import groovy.io.FileType
import org.apache.commons.codec.digest.DigestUtils
import org.apache.commons.io.FileUtils
import org.gradle.api.Project

class SensorsAnalyticsTransform extends Transform {
    private static Project project

    SensorsAnalyticsTransform(Project project) {
        this.project = project
    }

    @Override
    String getName() {
        return "SensorsAnalyticsAutoTrack"
    }

    /**
     * 需要处理的数据类型，有两种枚举类型
     * CLASSES代表处理的java的class文件，RESOURCES代表要处理java的资源
     * @return
     */
    @Override
    Set<QualifiedContent.ContentType> getInputTypes() {
        return TransformManager.CONTENT_CLASS
    }

    /**
     * 指Transform要操作内容的范围，官方文档Scope有7种类型：
     * 1. EXTERNAL_LIBRARIES        只有外部库
     * 2. PROJECT                   只有项目内容
     * 3. PROJECT_LOCAL_DEPS        只有项目的本地依赖(本地jar)
     * 4. PROVIDED_ONLY             只提供本地或远程依赖项
     * 5. SUB_PROJECTS              只有子项目
     * 6. SUB_PROJECTS_LOCAL_DEPS   只有子项目的本地依赖项(本地jar)
     * 7. TESTED_CODE               由当前变量(包括依赖项)测试的代码
     * @return
     */
    @Override
    Set<QualifiedContent.Scope> getScopes() {
        return TransformManager.SCOPE_FULL_PROJECT
    }
}
```

```
@Override
boolean isIncremental() {
    return false
}

@Override
void transform(Context context, Collection<TransformInput> inputs, Collection
    <TransformInput> referencedInputs, TransformOutputProvider outputProvider,
    boolean isIncremental) throws IOException, TransformException, Interrupted
    Exception {
    if (!incremental) {
        outputProvider.deleteAll()
    }

    /**Transform 的 inputs 有两种类型，一种是目录，一种是 jar 包，要分开遍历 */
    inputs.each { TransformInput input ->
        /**遍历目录*/
        input.directoryInputs.each { DirectoryInput directoryInput ->
            /**当前这个 Transform 输出目录*/
            File dest = outputProvider.getContentLocation(directoryInput.name,
                directoryInput.contentTypes, directoryInput.scopes, Format.
                DIRECTORY)
            File dir = directoryInput.file

            if (dir) {
                HashMap<String, File> modifyMap = new HashMap<>()

                /**遍历以某一扩展名结尾的文件*/
                dir.traverse(type: FileType.FILES, nameFilter: ~/.*\.class/) {
                    File classFile ->
                        if (SensorsAnalyticsClassModifier.isShouldModify(class
                            File.name)) {
                            File modified = SensorsAnalyticsClassModifier.
                                modifyClassFile(dir, classFile, context.get
                                TemporaryDir())
                            if (modified != null) {
                                /**key 为包名+类名，如：/cn/sensorsdata/autotrack/
                                    android/app/MainActivity.class*/
                                String ke = classFile.absolutePath.replace(dir.
                                    absolutePath, "")
                                modifyMap.put(ke, modified)
                            }
                        }
                }
                FileUtils.copyDirectory(directoryInput.file, dest)
                modifyMap.entrySet().each {
                    Map.Entry<String, File> en ->
                        File target = new File(dest.absolutePath + en.getKey())
                        if (target.exists()) {
                            target.delete()
                        }
```

```
                            FileUtils.copyFile(en.getValue(), target)
                            en.getValue().delete()
                    }
                }
            }

            /**遍历 jar*/
            input.jarInputs.each { JarInput jarInput ->
                String destName = jarInput.file.name

                /**截取文件路径的 md5 值重命名输出文件,因为可能同名,会覆盖*/
                def hexName = DigestUtils.md5Hex(jarInput.file.absolutePath).
                    substring(0, 8)
                /** 获取 jar 名字*/
                if (destName.endsWith(".jar")) {
                    destName = destName.substring(0, destName.length() - 4)
                }

                /** 获得输出文件*/
                File dest = outputProvider.getContentLocation(destName + "_" +
                    hexName, jarInput.contentTypes, jarInput.scopes, Format.JAR)
                def modifiedJar = SensorsAnalyticsClassModifier.modifyJar(jarInput.
                    file, context.getTemporaryDir(), true)
                if (modifiedJar == null) {
                    modifiedJar = jarInput.file
                }
                FileUtils.copyFile(modifiedJar, dest)
            }
        }
    }
}
```

SensorsAnalyticsTransform 继承 Transform。在 Transform 里，会分别遍历目录和 jar 包。实现的相关抽象方法，与之前我们实现的 Gradle Transform 示例一致，此处不再赘述。

❑ 遍历目录

分别遍历目录里面的每一个 .class 文件。首先通过 SensorsAnalyticsClassModifier. isShouldModify 方法简单过滤一下肯定不需要修改的 .class 文件。isShouldModify 方法的实现逻辑比较简单，代码片段参考如下：

```
static {
    exclude = new HashSet<>()
    exclude.add('android.support')
    exclude.add(' com.sensorsdata.analytics.android.sdk ')
}

protected static boolean isShouldModify(String className) {
    Iterator<String> iterator = exclude.iterator()
    while (iterator.hasNext()) {
        String packageName = iterator.next()
```

```
            if (className.startsWith(packageName)) {
                return false
            }
        }

        if (className.contains('R$') ||
                className.contains('R2$') ||
                className.contains('R.class') ||
                className.contains('R2.class') ||
                className.contains('BuildConfig.class')) {
            return false
        }
        return true
    }
```

比如我们可以简单的过滤如下 .class 文件：

1）android.support 包下的文件；

2）我们的 SDK 的 .class 文件，即：com.sensorsdata.analytics.android.sdk 包下的所有 .class 文件；

3）R.class 及其子类；

4）R2.class 及其子类（ButterKnife 生成）；

5）BuildConfig.class。

之所以要过滤一些文件，主要是为了提高编译速度。同时，大家也可以根据实际情况去增加更多需要过滤的 .class 文件，此处仅仅是一个简单的示例。

然后调用 SensorsAnalyticsClassModifier.groovy 中的 modifyClassFile(File dir, File classFile, File tempDir) 方法修改 .class 文件。将修改后的 .class 文件放到一个 HashMap 对象中。然后将输入目录下的所有 .class 文件拷贝到输出目录，最后再将 HashMap 中修改过的 .class 文件拷贝到输出目录，覆盖之前拷贝的 .class 文件（原 .class 文件）。关于 modifyClassFile 方法的代码片段可以参考如下：

```
static File modifyClassFile(File dir, File classFile, File tempDir) {
    File modified = null
    try {
        String className = path2ClassName(classFile.absolutePath.replace(dir.
            absolutePath + File.separator, ""))
        byte[] sourceClassBytes = IOUtils.toByteArray(new FileInputStream(classFile))
        byte[] modifiedClassBytes = modifyClass(sourceClassBytes)
        if (modifiedClassBytes) {
            modified = new File(tempDir, className.replace('.', '') + '.class')
            if (modified.exists()) {
                modified.delete()
            }
            modified.createNewFile()
            new FileOutputStream(modified).write(modifiedClassBytes)
        }
```

```
        } catch (Exception e) {
            e.printStackTrace()
            modified = classFile
        }
        return modified
    }
```

在此方法中，首先获取 .class 文件对应的 className，包括包名和类名，然后再获取 .class 文件字节数组，调用 modifyClass 方法进行修改，再将修改后的 byte 数组生成 .class 文件。关于 modifyClass 方法的代码片段参考如下：

```
private static byte[] modifyClass(byte[] srcClass) throws IOException {
    ClassWriter classWriter = new ClassWriter(ClassWriter.COMPUTE_MAXS)
    ClassVisitor classVisitor = new SensorsAnalyticsClassVisitor(classWriter)
    ClassReader cr = new ClassReader(srcClass)
    cr.accept(classVisitor, ClassReader.EXPAND_FRAMES)
    return classWriter.toByteArray()
}
```

我们使用 ASM 的 ClassReader 类读取 .class 的字节数组并加载类，然后用自定义的 ClassVisitor "拜访" 类并进行修改符合特定条件的方法，最后返回修改后的字节数组。

完整的 SensorsAnalyticsClassModifier.groovy 源码如下：

```
package com.sensorsdata.analytics.android.plugin

import org.apache.commons.codec.digest.DigestUtils
import org.apache.commons.io.IOUtils
import org.objectweb.asm.ClassReader
import org.objectweb.asm.ClassVisitor
import org.objectweb.asm.ClassWriter

import java.util.jar.JarEntry
import java.util.jar.JarFile
import java.util.jar.JarOutputStream
import java.util.zip.ZipEntry


class SensorsAnalyticsClassModifier {
    private static HashSet<String> exclude = new HashSet<>();
    static {
        exclude = new HashSet<>()
        exclude.add('android.support')
        exclude.add('com.sensorsdata.analytics.android.sdk')
    }

    static File modifyJar(File jarFile, File tempDir, boolean nameHex) {
        /**
         * 读取原 jar
         */
        def file = new JarFile(jarFile)
```

```groovy
    /**
     * 设置输出到的 jar
     */
    def hexName = ""
    if (nameHex) {
        hexName = DigestUtils.md5Hex(jarFile.absolutePath).substring(0, 8)
    }
    def outputJar = new File(tempDir, hexName + jarFile.name)
    JarOutputStream jarOutputStream = new JarOutputStream(new FileOutputStream
        (outputJar))
    Enumeration enumeration = file.entries()

    while (enumeration.hasMoreElements()) {
        JarEntry jarEntry = (JarEntry) enumeration.nextElement()
        InputStream inputStream = file.getInputStream(jarEntry)

        String entryName = jarEntry.getName()
        String className

        ZipEntry zipEntry = new ZipEntry(entryName)

        jarOutputStream.putNextEntry(zipEntry)

        byte[] modifiedClassBytes = null
        byte[] sourceClassBytes = IOUtils.toByteArray(inputStream)
        if (entryName.endsWith(".class")) {
            className = entryName.replace("/", ".").replace(".class", "")
            if (isShouldModify(className)) {
                modifiedClassBytes = modifyClass(sourceClassBytes)
            }
        }
        if (modifiedClassBytes == null) {
            modifiedClassBytes = sourceClassBytes
        }
        jarOutputStream.write(modifiedClassBytes)
        jarOutputStream.closeEntry()
    }
    jarOutputStream.close()
    file.close()
    return outputJar
}

private static byte[] modifyClass(byte[] srcClass) throws IOException {
    ClassWriter classWriter = new ClassWriter(ClassWriter.COMPUTE_MAXS)
    ClassVisitor classVisitor = new SensorsAnalyticsClassVisitor(classWriter)
    ClassReader cr = new ClassReader(srcClass)
    cr.accept(classVisitor, ClassReader.EXPAND_FRAMES)
    return classWriter.toByteArray()
}

protected static boolean isShouldModify(String className) {
```

```
        Iterator<String> iterator = exclude.iterator()
        while (iterator.hasNext()) {
            String packageName = iterator.next()
            if (className.startsWith(packageName)) {
                return false
            }
        }

        if (className.contains('R$') ||
                className.contains('R2$') ||
                className.contains('R.class') ||
                className.contains('R2.class') ||
                className.contains('BuildConfig.class')) {
            return false
        }

        return true
    }

    static File modifyClassFile(File dir, File classFile, File tempDir) {
        File modified = null
        try {
            String className = path2ClassName(classFile.absolutePath.replace(dir.
                absolutePath + File.separator, ""))
            byte[] sourceClassBytes = IOUtils.toByteArray(new FileInputStream
                (classFile))
            byte[] modifiedClassBytes = modifyClass(sourceClassBytes)
            if (modifiedClassBytes) {
                modified = new File(tempDir, className.replace('.', '') + '.class')
                if (modified.exists()) {
                    modified.delete()
                }
                modified.createNewFile()
                new FileOutputStream(modified).write(modifiedClassBytes)
            }
        } catch (Exception e) {
            e.printStackTrace()
            modified = classFile
        }
        return modified
    }

    static String path2ClassName(String pathName) {
        pathName.replace(File.separator, ".").replace(".class", "")
    }
}
```

自定义的 SensorsAnalyticsClassVisitor 完整源码参考如下：

```
package com.sensorsdata.analytics.android.plugin

import org.objectweb.asm.AnnotationVisitor
```

```
import org.objectweb.asm.ClassVisitor
import org.objectweb.asm.MethodVisitor
import org.objectweb.asm.Opcodes

class SensorsAnalyticsClassVisitor extends ClassVisitor implements Opcodes {
    private final
    static String SDK_API_CLASS = "android/analytics/sensorsdata/com/sdk/
        SensorsDataAutoTrackHelper"
    private String[] mInterfaces
    private ClassVisitor classVisitor

    SensorsAnalyticsClassVisitor(final ClassVisitor classVisitor) {
        super(Opcodes.ASM5, classVisitor)
        this.classVisitor = classVisitor
    }

    @Override
    void visit(int version, int access, String name, String signature, String superName,
        String[] interfaces) {
        super.visit(version, access, name, signature, superName, interfaces)
        mInterfaces = interfaces
    }

    @Override
    MethodVisitor visitMethod(int access, String name, String desc, String signature,
        String[] exceptions) {
        MethodVisitor methodVisitor = super.visitMethod(access, name, desc,
            signature, exceptions)

        String nameDesc = name + desc

        methodVisitor = new SensorsAnalyticsDefaultMethodVisitor(methodVisitor,
            access, name, desc) {

            @Override
            protected void onMethodExit(int opcode) {
                super.onMethodExit(opcode)

                if ((mInterfaces != null && mInterfaces.length > 0)) {
                    if ((mInterfaces.contains('android/view/View$OnClickListener')
                        && nameDesc == 'onClick(Landroid/view/View;)V') ||
                            desc == '(Landroid/view/View;)V') {
                        methodVisitor.visitVarInsn(ALOAD, 1)
                        methodVisitor.visitMethodInsn(INVOKESTATIC, SDK_API_CLASS,
                            "trackViewOnClick", "(Landroid/view/View;)V", false)
                    }
                }
            }
        }

        @Override
```

```
            AnnotationVisitor visitAnnotation(String s, boolean b) {
                return super.visitAnnotation(s, b)
            }
        }
        return methodVisitor
    }
}
```

SensorsAnalyticsClassVisitor 继承 ClassVisitor。在其 visit 方法里，我们可以拿到关于 .class 的所有信息，比如当前类所实现的接口列表等。在 visitMethod 方法里，我们可以拿到关于 method 的所有信息，比如方法名、方法的参数描述等。

对于 Button 控件，它设置的 listener 是 View.OnClickListener 类型。所以，对于一个 onClick(View view) 方法，只要它所在的类实现了 View.OnClickListener 接口，那么这个方法就是我们要找的方法，即 View.OnClickListener 的回调方法。我们自定义一个 MethodVisitor 类，然后在 onMethodExit 方法里进行判断，从 onMethodExit 的方法名上我们就能明白，如果条件满足，就插入埋点代码，即在原有方法退出之前进行处理。还有一个名为 onMethodEnter 方法，即在原有方法执行之前进行处理。我们选择的是 onMethodExit，这样就不会影响到应用程序原有点击事件的响应速度。

```
methodVisitor = new SensorsAnalyticsDefaultMethodVisitor(methodVisitor, access,
    name, desc) {
    @Override
    protected void onMethodExit(int opcode) {
        super.onMethodExit(opcode)

        if ((mInterfaces != null && mInterfaces.length > 0)) {
            if ((mInterfaces.contains('android/view/View$OnClickListener') &&
                    nameDesc == 'onClick(Landroid/view/View;)V') ||
                desc == '(Landroid/view/View;)V') {
                methodVisitor.visitVarInsn(ALOAD, 1)
                methodVisitor.visitMethodInsn(INVOKESTATIC, SDK_API_CLASS, "trackViewOn
                    Click", "(Landroid/view/View;)V", false)
            }
        }
    }

    @Override
    AnnotationVisitor visitAnnotation(String s, boolean b) {
        return super.visitAnnotation(s, b)
    }
}
```

如果当前类实现了 View.OnClickListener 接口，并且方法的定义又是 "onClick(Landroid/view/View;)V" 描述符，那我们就在原有方法退出之前插入 SensorsDataAutoTrackHelper.trackViewOnClick(view) 方法，其中参数 view 就是 onClick 中的参数 view，这样就达到自动埋点的效果了。

注意此处类和方法的表达方式，以及如何加载参数。

❑ **遍历 jar 包**

对于 jar 包的处理，与目录差不多，只不过多了解压和重新打包的过程。

首先遍历当前应用程序所有的 jar，代码片段参考如下：

```
/**遍历 jar*/
input.jarInputs.each { JarInput jarInput ->
    String destName = jarInput.file.name

    /**截取文件路径的 md5 值重命名输出文件,因为可能同名,会覆盖*/
    def hexName = DigestUtils.md5Hex(jarInput.file.absolutePath).substring(0, 8)
    /** 获取 jar 名字*/
    if (destName.endsWith(".jar")) {
        destName = destName.substring(0, destName.length() - 4)
    }

    /** 获得输出文件*/
    File dest = outputProvider.getContentLocation(destName + "_" + hexName,
        jarInput.contentTypes, jarInput.scopes, Format.JAR)
    def modifiedJar = SensorsAnalyticsClassModifier.modifyJar(jarInput.file,
        context.getTemporaryDir(), true)
    if (modifiedJar == null) {
        modifiedJar = jarInput.file
    }
    FileUtils.copyFile(modifiedJar, dest)
}
```

然后调用 SensorsAnalyticsClassModifier 的 modifyJar 方法处理 jar 包。modifyJar 的完整代码片段参考如下：

```
static File modifyJar(File jarFile, File tempDir, boolean nameHex) {
    /**
     * 读取原 jar
     */
    def file = new JarFile(jarFile)

    /**
     * 设置输出到的 jar
     */
    def hexName = ""
    if (nameHex) {
        hexName = DigestUtils.md5Hex(jarFile.absolutePath).substring(0, 8)
    }
    def outputJar = new File(tempDir, hexName + jarFile.name)
    JarOutputStream jarOutputStream = new JarOutputStream(new FileOutputStream
        (outputJar))
    Enumeration enumeration = file.entries()

    while (enumeration.hasMoreElements()) {
        JarEntry jarEntry = (JarEntry) enumeration.nextElement()
```

```
            InputStream inputStream = file.getInputStream(jarEntry)

            String entryName = jarEntry.getName()
            String className

            ZipEntry zipEntry = new ZipEntry(entryName)

            jarOutputStream.putNextEntry(zipEntry)

            byte[] modifiedClassBytes = null
            byte[] sourceClassBytes = IOUtils.toByteArray(inputStream)
            if (entryName.endsWith(".class")) {
                className = entryName.replace("/", ".").replace(".class", "")
                if (isShouldModify(className)) {
                    modifiedClassBytes = modifyClass(sourceClassBytes)
                }
            }
            if (modifiedClassBytes == null) {
                modifiedClassBytes = sourceClassBytes
            }
            jarOutputStream.write(modifiedClassBytes)
            jarOutputStream.closeEntry()
        }
        jarOutputStream.close()
        file.close()
        return outputJar
}
```

在内部实现里，首先使用 JarOutputStream 相关的 API 对 jar 进行解压，再调用 modifyClass 方法修改 .class 文件，最后再进行打包。modifyClass 的逻辑和前面遍历目录的操作完全一样。

第 12 步：定义 Plugin

自定义 SensorsAnalyticsPlugin.groovy 类，完整的源码参考如下：

```
package com.sensorsdata.analytics.android.plugin

import com.android.build.gradle.AppExtension
import org.gradle.api.Plugin
import org.gradle.api.Project

class SensorsAnalyticsPlugin implements Plugin<Project> {
    void apply(Project project) {
        AppExtension appExtension = project.extensions.findByType(AppExtension.class)
        appExtension.registerTransform(new SensorsAnalyticsTransform(project))
    }
}
```

SensorsAnalyticsPlugin 类实现 Plugin<Project> 接口，并实现了 apply(Project project) 方法。在 apply(Project project) 方法里通过 AppExtension 的 registerTransform 方法可以注册我们上面自定义的 SensorsAnalyticsTransform。

第 13 步：新建 properties 文件

在 plugin/src/main 目录下依次新建目录 resources/META-INF/gradle-plugins，然后在该目录下新建文件 com.sensorsdata.android.properties，其中 com.sensorsdata.android 就是我们要定义的插件名字。com.sensorsdata.android.properties 内容如下：

```
implementation-class=com.sensorsdata.analytics.android.plugin.SensorsAnalyticsPlugin
```

等号后面的内容就是我们定义的 SensorsAnalyticsPlugin 的包名和类名。

整个目录创建完后如图 9-6。

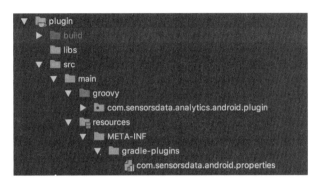

图 9-6 　项目目录结构

第 14 步：构建插件

执行 ./gradlew uploadArchives 命令构建插件，或者使用 gradle Task 构建。构建成功之后，在当前 Project 根目录下的 repo 目录里就能看到我们的插件目标文件，参考图 9-7。

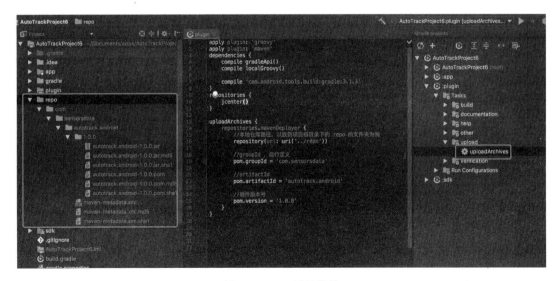

图 9-7 　repo 目录结构

第 15 步：添加对插件的依赖

修改 Project 根目录下的 build.gradle 文件，添加对插件的依赖。完整的脚本参考如下：

```
buildscript {

    repositories {
        google()
        jcenter()
        mavenCentral()
        maven { url "https://oss.sonatype.org/content/repositories/snapshots/" }
        maven {
            url uri('repo')
        }
    }
    dependencies {
        classpath 'com.android.tools.build:gradle:3.1.3'
        classpath 'com.jakewharton:butterknife-gradle-plugin:9.0.0-SNAPSHOT'
        classpath 'com.sensorsdata:autotrack.android:1.0.0'
    }
}

allprojects {
    repositories {
        google()
        jcenter()
    }
}

task clean(type: Delete) {
    delete rootProject.buildDir
}
```

第 16 步：在应用程序中使用插件

修改 app/build.gradle 文件，声明使用插件。

```
apply plugin: 'com.android.application'
apply plugin: 'com.jakewharton.butterknife'
apply plugin: 'com.sensorsdata.android'

android {
    compileOptions {
        sourceCompatibility JavaVersion.VERSION_1_8
        targetCompatibility JavaVersion.VERSION_1_8
    }
    compileSdkVersion 28
    defaultConfig {
        applicationId "com.sensorsdata.analytics.android.app.project6"
        minSdkVersion 15
        targetSdkVersion 28
        versionCode 1
```

```
            versionName "1.0"
    }
    buildTypes {
        release {
            minifyEnabled false
            proguardFiles getDefaultProguardFile('proguard-android.txt'), 'proguard-
                rules.pro'
        }
    }

    dataBinding {
        enabled = true
    }
}

dependencies {
    implementation fileTree(include: ['*.jar'], dir: 'libs')
    implementation 'com.android.support:appcompat-v7:28.0.0-beta01'
    implementation 'com.android.support.constraint:constraint-layout:1.1.2'

    implementation project(':sdk')

    //https://github.com/JakeWharton/butterknife
    implementation 'com.jakewharton:butterknife:8.8.1'
    annotationProcessor 'com.jakewharton:butterknife-compiler:8.8.1'
}
```

apply plugin: 'com.sensorsdata.android' 后面的 com.sensorsdata.android 要与 com.sensorsdata. android.properties 文件名保持一致。

第 17 步：构建应用程序

应用程序构建成功之后，我们可以通过查看 build 目录下对应的 .class 文件确认是否成功插入埋点代码了。比如查看 MainActivity.class，它的路径是 app/build/intermediates/ transforms/SensorsAnalyticsAutoTrack/debug/，参考图 9-8。

图 9-8 插入埋点代码

至此，基于 ASM 框架的用于采集 Button 点击事件的全埋点方案就算完成了。

9.4 完善

通过测试可以发现，该方案目前无法采集通过 android:onClick 属性绑定的点击事件。对于这个问题，原因和解决方案与使用 AspectJ 方案时一致。

我们首先在 sdk module 新增一个注解 @SensorsDataTrackViewOnClick。注解的完整源码参考如下：

```
package android.analytics.sensorsdata.com.sdk;

import java.lang.annotation.ElementType;
import java.lang.annotation.Retention;
import java.lang.annotation.RetentionPolicy;
import java.lang.annotation.Target;

/**
 * Created by 王灼洲 on 2017/1/5
 */

@Target({ElementType.METHOD})
@Retention(RetentionPolicy.RUNTIME)
public @interface SensorsDataTrackViewOnClick {
}
```

在前面定义的 MethodVisitor 类中，有一个叫 visitAnnotation 的方法，该方法是当扫描器扫描到方法注解声明时进行调用。我们可以在这里判断一下当前扫描到的注解是否是我们自定义的 @SensorsDataTrackViewOnClick 类型。如果是则做个标记，然后在 visitMethod 里判断是否有这个标记，如果有，则插入埋点字节码。visitAnnotation 的实现可以参考如下代码片段：

```
@Override
AnnotationVisitor visitAnnotation(String s, boolean b) {
    if (s == 'Lcom/sensorsdata/analytics/android/sdk/SensorsDataTrackViewOnClick; ') {
        isSensorsDataTrackViewOnClickAnnotation = true
    }

    return super.visitAnnotation(s, b)
}
```

在 visitAnnotation 方法里，我们判断一下当前扫描的注解（即第一个参数 s）是否是我们自定义的 @SensorsDataTrackViewOnClick 注解类型，如果是，我们就做个标记，即 isSensorsDataTrackViewOnClickAnnotation = true。

```
@Override
protected void onMethodExit(int opcode) {
```

```
    super.onMethodExit(opcode)

    if (isSensorsDataTrackViewOnClickAnnotation && desc == '(Landroid/view/View;)V') {
        methodVisitor.visitVarInsn(ALOAD, 1)
        methodVisitor.visitMethodInsn(INVOKESTATIC, SDK_API_CLASS, "trackViewOnClick",
            "(Landroid/view/View;)V", false)
        return
    }

    if ((mInterfaces != null && mInterfaces.length > 0)) {
        if ((mInterfaces.contains('android/view/View$OnClickListener') && nameDesc ==
            'onClick(Landroid/view/View;)V') ||
                desc == '(Landroid/view/View;)V') {
            methodVisitor.visitVarInsn(ALOAD, 1)
            methodVisitor.visitMethodInsn(INVOKESTATIC, SDK_API_CLASS, "trackViewOn
                Click", "(Landroid/view/View;)V", false)
        }
    }
}
```

在 onMethodExit 方法里，如果 isSensorsDataTrackViewOnClickAnnotation 为 true，则说明该方法上有 @SensorsDataTrackViewOnClick 注解。如果被注解的方法有且仅有一个 View 类型的参数，那我们就插入埋点代码，即插入代码 SensorsDataAutoTrackHelper. trackViewOnClick(view) 对应的字节码。

最后在 android:onClick 属性绑定的方法上用我们上面自定义的注解标记一下，即 @SensorsDataTrackViewOnClick。

```
/**
 * 通过 layout 中的 Android:onClick 属性绑定点击事件
 *
 * @param view View
 */
@SensorsDataTrackViewOnClick
public void xmlOnClick(View view) {
//do something
}
```

这样处理之后，就可以采集通过 android:onClick 属性绑定的点击事件了。

9.5 扩展采集能力

我们上面介绍的内容，是以 Button 控件为例的，相对比较简单。下面我们扩展一下埋点 SDK，让它可以采集更多控件的点击事件，并让它的各项功能更完善。

扩展 1：支持采集 AlertDialog 的点击事件

AlertDialog 的简单使用方法一般如下：

```
private void showDialog(Context context) {
    AlertDialog.Builder builder = new AlertDialog.Builder(context);
    builder.setTitle("标题");
    builder.setMessage("内容");
    builder.setNegativeButton("取消", new DialogInterface.OnClickListener() {
        @Override
        public void onClick(DialogInterface dialog, int which) {

        }
    });
    builder.setPositiveButton("确定", new DialogInterface.OnClickListener() {
        @Override
        public void onClick(DialogInterface dialog, int which) {

        }
    });

    AlertDialog dialog = builder.create();

    dialog.show();
}
```

通过上面的代码片段可以发现，我们只要在 MethodVisitor 的 onMethodExit 方法中，扫描到 onClick(DialogInterface dialog, int which) 方法时，如果当前类又实现了 DialogInterface. OnClickListener 接口，我们即可插入相应的埋点字节码，从而就可以支持采集 AlertDialog 的点击事件了。对于 AlertDialog 设置的 DialogInterface.OnMultiChoiceClickListener 类型也是同样的处理方式。

以上逻辑的实现，可以参考如下代码片段：

```
if (mInterfaces.contains('android/content/DialogInterface$OnClickListener') &&
        nameDesc == 'onClick(Landroid/content/DialogInterface;I)V') {
    methodVisitor.visitVarInsn(ALOAD, 1)
    methodVisitor.visitVarInsn(ILOAD, 2)
    methodVisitor.visitMethodInsn(INVOKESTATIC, SDK_API_CLASS,
        "trackViewOnClick", "(Landroid/content/DialogInterface;I)V", false)
}
```

注意此处 ALOAD 和 ILOAD 的区别：ALOAD 是指加载对象类型的参数，而 ILOAD 是指加载基础类型的参数，如 int、long、boolean 类型等。其中的数字是参数在原有函数参数中的顺序，从 1 开始，0 代表当前类本身（static 类型的方法除外），类似于 Java 中的 this 对象。

在 DialogInterface.OnClickListener 的 onClick 回调方法退出之前插入的埋点字节码是 SensorsDataAutoTrackHelper.trackViewOnClick(DialogInterface dialogInterface, int whichButton)，该方法的完整源码参考如下：

```
@Keep
public static void trackViewOnClick(DialogInterface dialogInterface, int whichButton) {
    try {
```

```
        Dialog dialog = null;
        if (dialogInterface instanceof Dialog) {
            dialog = (Dialog) dialogInterface;
        }

        if (dialog == null) {
            return;
        }

        Context context = dialog.getContext();
        //将Context转成Activity
        Activity activity = SensorsDataPrivate.getActivityFromContext(context);

        if (activity == null) {
            activity = dialog.getOwnerActivity();
        }

        JSONObject properties = new JSONObject();
        //$screen_name & $title
        if (activity != null) {
            properties.put("$activity", activity.getClass().getCanonicalName());
        }

        Button button = null;
        if (dialog instanceof android.app.AlertDialog) {
            button = ((android.app.AlertDialog) dialog).getButton(whichButton);
        } else if (dialog instanceof android.support.v7.app.AlertDialog) {
            button = ((android.support.v7.app.AlertDialog) dialog).getButton
                (whichButton);
        }

        if (button != null) {
            properties.put("$element_content", button.getText());
        }

        properties.put("$element_type", "Dialog");

        SensorsDataAPI.getInstance().track("$AppClick", properties);
    } catch (Exception e) {
        e.printStackTrace();
    }
}
```

通过 dialog.getContext() 方法可以获取到当前 Activity 的相关信息。通过 dialog.getButton (whichButton) 方法可以获取当时被点击的 Button 详细信息。这里需要我们注意的是，由于 AlertDialog 控件有两种情况，所以处理时我们需要兼容 android.app.AlertDialog 和 android. support.v7.app.AlertDialog 两种类型的 AlertDialog。

对于 DialogInterface.OnMultiChoiceClickListener 的判断规则及插入代码逻辑，可以参考如下代码片段：

```
if (mInterfaces.contains('android/content/DialogInterface$OnMultiChoiceClickListener') &&
        nameDesc == 'onClick(Landroid/content/DialogInterface;IZ)V') {
    methodVisitor.visitVarInsn(ALOAD, 1)
    methodVisitor.visitVarInsn(ILOAD, 2)
    methodVisitor.visitVarInsn(ILOAD, 3)
    methodVisitor.visitMethodInsn(INVOKESTATIC, SDK_API_CLASS,
        "trackViewOnClick", "(Landroid/content/Dialog Interface;IZ)V", false)
}
```

在 DialogInterface.OnMultiChoiceClickListener 的 onClick 回调方法退出之前插入的埋点字节码是：SensorsDataAutoTrackHelper.trackViewOnClick(DialogInterface dialogInterface, int whichButton, boolean isChecked)。关于该方法的代码片段参考如下：

```
@Keep
public static void trackViewOnClick(DialogInterface dialogInterface, int whichButton,
    boolean isChecked) {
    try {
        Dialog dialog = null;
        if (dialogInterface instanceof Dialog) {
            dialog = (Dialog) dialogInterface;
        }

        if (dialog == null) {
            return;
        }

        Context context = dialog.getContext();
        //将Context转成Activity
        Activity activity = SensorsDataPrivate.getActivityFromContext(context);

        if (activity == null) {
            activity = dialog.getOwnerActivity();
        }

        JSONObject properties = new JSONObject();
        //$screen_name & $title
        if (activity != null) {
            properties.put("$activity", activity.getClass().getCanonicalName());
        }

        ListView listView = null;
        if (dialog instanceof android.app.AlertDialog) {
            listView = ((android.app.AlertDialog) dialog).getListView();
        } else if (dialog instanceof android.support.v7.app.AlertDialog) {
            listView = ((android.support.v7.app.AlertDialog) dialog).getListView();
        }

        if (listView != null) {
            ListAdapter listAdapter = listView.getAdapter();
            Object object = listAdapter.getItem(whichButton);
```

```
            if (object != null) {
                if (object instanceof String) {
                    properties.put("$element_content", object);
                }
            }
        }

        properties.put("isChecked", isChecked);
        properties.put("$element_type", "Dialog");

        SensorsDataAPI.getInstance().track("$AppClick", properties);
    } catch (Exception e) {
        e.printStackTrace();
    }
}
```

由于这种情况显示的是一个 ListView，所以通过 dialog.getListView() 方法可以拿到这个 ListView 对象。whichButton 参数代表的是当前点击的第几个 Item，通过 listView.getAdapter().getItem(whichButton) 就可以拿到被点击的 Item 对象，然后就可以获取上面显示的文本信息。

通过以上的处理，当前的全埋点方案就可以支持采集 AlertDialog 的点击事件了。

扩展 2：支持采集 MenuItem 的点击事件

众所周知，Android 系统中的常用菜单有两种形式：

❏ **选项菜单**

是通过 onCreateOptionsMenu 方法创建的菜单，也就是你点击手机 menu 键弹出的菜单。

❏ **上下文菜单**

是通过 Activity 的 registerForContextMenu(View view) 方法给 View 注册的菜单，然后通过 onCreateContextMenu 方法创建。也就是你长按前面注册的 View 时弹出的菜单。

另外，在 Android 系统中，和 MenuItem 点击相关的方法主要有三个：

❏ Activity.onOptionsItemSelected(android.view.MenuItem)

这个方法只在 onCreateOptionsMenu 创建的菜单被选中时才会被触发。

❏ Activity.onContextItemSelected(android.view.MenuItem)

这个方法只在 onCreateContextMenu 创建的菜单被选中时才会被触发。

❏ Activity.onMenuItemSelected(int, android.view.MenuItem)

当你选择上面两种菜单中的任意一种时，都会触发这个回调方法。在 AppCompatActivity 中，该方法已被标记为 final，无法重写，所以我们可以忽略。

如果我们要支持采集 MenuItem 的点击事件，只需要判断扫描到的方法是 onOptionsItemSelected 或 onContextItemSelected，然后插入相应的埋点字节码即可。以上判断逻辑和插入字节码的实现，可以参考如下代码片段：

```
if (nameDesc == 'onContextItemSelected(Landroid/view/MenuItem;)Z' ||
    nameDesc == 'onOptionsItemSelected(Landroid/view/MenuItem;)Z') {
```

```
methodVisitor.visitVarInsn(ALOAD, 0)
methodVisitor.visitVarInsn(ALOAD, 1)
methodVisitor.visitMethodInsn(INVOKESTATIC, SDK_API_CLASS,
"trackViewOnClick", "(Ljava/lang/Object;Landroid/view/MenuItem;)V", false)
}
```

注意此处的 methodVisitor.visitVarInsn(ALOAD, 0)，它是指加载当前类，也就是这两个方法各自所属的 Activity 对象。我们在此处插入的埋点代码为：SensorsDataAutoTrackHelper.trackViewOnClick(Object object, MenuItem menuItem)。我们可以尝试把 Object 对象转成 Activity 对象，这样就能拿到当前 Activity 页面的信息了。最后再通过 menuItem.getTitle() 就可以获取当前菜单的 title 信息。

通过以上的操作，我们就可以支持采集 MenuItem 的点击事件了。

扩展 3：支持采集 CheckBox、SwitchCompat、RadioButton、ToggleButton、RadioGroup 的点击事件

以上这些控件有一个共同的特点，就是都有选中 / 未选中的状态。它们的点击事件，设置的 listener 均是 CompoundButton.OnCheckedChangeListener 类型，实现的回调方法是 onCheckedChanged(CompoundButton compoundButton, boolean isChecked)。

对于以上控件点击事件的采集，我们只需要判断当前扫描到的方法是 onChecked Changed(CompoundButton compoundButton, boolean isChecked)，并且当前类又实现了 Compound Button.OnCheckedChangeListene 接口，然后去插入相应的埋点字节码即可实现。以上判断逻辑和插入字节码的实现，可以参考如下代码片段：

```
if (mInterfaces.contains('android/widget/CompoundButton$OnCheckedChangeListener') &&
        nameDesc == 'onCheckedChanged(Landroid/widget/CompoundButton;Z)V') {
    methodVisitor.visitVarInsn(ALOAD, 1)
    methodVisitor.visitVarInsn(ILOAD, 2)
    methodVisitor.visitMethodInsn(INVOKESTATIC, SDK_API_CLASS,
        "trackViewOnClick", "(Landroid/widget/CompoundButton;Z)V", false)
}
```

由于这些控件都有状态，所以获取它们的显示文本信息时，需要根据 View 的不同状态获取其对应的显示文本，下面我们以 ToggleButton 为例：

```
if (view instanceof ToggleButton) {
    viewType = "ToggleButton";
    ToggleButton toggleButton = (ToggleButton) view;
    if (isChecked) {
        if (!TextUtils.isEmpty(toggleButton.getTextOn())) {
            viewText = toggleButton.getTextOn().toString();
        }
    } else {
        if (!TextUtils.isEmpty(toggleButton.getTextOff())) {
            viewText = toggleButton.getTextOff().toString();
        }
    }
}
```

如果 ToggleButton 是选中状态（isChecked 为 true），可以通过 toggleButton.getTextOn(). toString() 方法获取文本信息；如果是未选中状态（isChecked 为 false），可以通过 toggleButton. getTextOff().toString() 方法获取文本信息。对于获取类似其他控件的文本信息，在此不再一一举例说明。

通过以上的处理，我们就可以支持采集 CompoundButton 类型控件的点击事件了。

扩展 4：支持采集 RatingBar 的点击事件

RatingBar 设置的 listener 是 RatingBar.OnRatingBarChangeListener 类型，实现的回调方法是 onRatingChanged(RatingBar ratingBar, float rating, boolean fromUser)。

同理，我们只需要判断当前扫描到的方法是 onRatingChanged(RatingBar ratingBar, float rating, boolean fromUser)，并且当前类又实现了 RatingBar.OnRatingBarChangeListener 接口，然后插入相应的埋点字节码即可。以上判断逻辑和插入字节码的实现，可以参考如下代码片段：

```
if (mInterfaces.contains('android/widget/RatingBar$OnRatingBarChangeListener') &&
        nameDesc == 'onRatingChanged(Landroid/widget/RatingBar;FZ)V') {
    methodVisitor.visitVarInsn(ALOAD, 1)
    methodVisitor.visitMethodInsn(INVOKESTATIC, SDK_API_CLASS,
        "trackViewOnClick", "(Landroid/view/View;)V", false)
}
```

这种处理方法与普通的 Button 点击处理方式相同。我们不需要关心 listener 回调方法中的 rating 参数，因为通过 ratingBar.getRating() 也可以获取到 rating 信息。对于 fromUser，是指 rating 的改变，是否是用户手动操作的，这个要看具体的分析需求，一般情况下，可以忽略。

通过以上的处理，我们就可以支持采集 RatingBar 控件的点击事件了。

扩展 5：支持采集 SeekBar 的点击事件

SeekBar 设置的 listener 是 SeekBar.OnSeekBarChangeListener 类型，它总共有三个回调方法：

```
public interface OnSeekBarChangeListener {

    /**
     * 拖动条进度改变的时候调用
     */
    void onProgressChanged(SeekBar seekBar, int progress, boolean fromUser);

    /**
     * 拖动条开始拖动的时候调用
     */
    void onStartTrackingTouch(SeekBar seekBar);

    /**
     * 拖动条停止拖动的时候调用
     */
    void onStopTrackingTouch(SeekBar seekBar);
}
```

根据实际的业务需求，我们一般只需要关注 onStopTrackingTouch(SeekBar seekBar) 即可，对于 onProgressChanged 和 onStartTrackingTouch 可以直接忽略。如果有更精细化的分析需求，也可以添加对这两个回调方法的处理，这方面大家可以自行扩展。

对于 SeekBar 控件点击事件的采集，我们只需要判断当前扫描到的方法是 onStop TrackingTouch(SeekBar seekBar)，并且当前类又实现了 SeekBar.OnSeekBarChangeListener 接口，然后插入相应的埋点字节码即可。以上判断逻辑和插入字节码的实现，可以参考如下代码片段：

```
if (mInterfaces.contains('android/widget/SeekBar$OnSeekBarChangeListener') &&
        nameDesc == 'onStopTrackingTouch(Landroid/widget/SeekBar;)V') {
    methodVisitor.visitVarInsn(ALOAD, 1)
    methodVisitor.visitMethodInsn(INVOKESTATIC, SDK_API_CLASS,
        "trackViewOnClick", "(Landroid/view/View;)V", false)
}
```

通过 seekBar.getProgress() 可以获取当前的 progress 信息。

通过以上的处理，我们就可以支持采集 SeekBar 控件的点击事件了。

扩展 6：支持采集 Spinner 的点击事件

Spinner 设置的 listener 是 AdapterView.OnItemSelectedListener 类型，实现的回调方法是 onItemSelected(AdapterView<?> parent, View view, int position, long id)。

对于 Spinner 控件点击事件的采集，我们只需要判断当前扫描到的方法是 onItemSelected (AdapterView<?> parent, View view, int position, long id)，并且当前类又实现了 AdapterView. OnItemSelectedListener 接口，然后插入相应的埋点字节码即可。以上判断逻辑和插入字节码的实现，可以参考如下代码片段：

```
if (mInterfaces.contains('android/widget/AdapterView$OnItemSelectedListener') &&
        nameDesc == 'onItemSelected(Landroid/widget/AdapterView;Landroid/view/
            View;IJ)V') {
    methodVisitor.visitVarInsn(ALOAD, 1)
    methodVisitor.visitVarInsn(ALOAD, 2)
    methodVisitor.visitVarInsn(ILOAD, 3)
    methodVisitor.visitMethodInsn(INVOKESTATIC, SDK_API_CLASS,
        "trackViewOnClick", "(Landroid/widget/AdapterView;Landroid/view/View;I)
            V", false)
}
```

通过 adapterView.getItemAtPosition(position) 方法可以拿到当前点击的 item 对象，从而可以获取显示的文本信息。如果 item 是 String 类型，直接获取即可；如果是普通的对象，可以重写其 toString 方法。对于这种情况，建议 SDK 可以定义一个标准的协议（接口），然后 item 所属的对象实现这个协议，SDK 通过这个协议获取显示的文本信息。这是因为 toString 方法是一个非常通用的方法，有可能会跟其他地方的需求产生冲突。

通过以上的处理，我们就可以支持采集 Spinner 控件的点击事件了。

扩展 7：采集 TabHost 的点击事件

TabHost 设置的 listener 是 TabHost.OnTabChangeListener 类型，实现的回调方法是 onTab Changed(String tabName)。

对于 TabHost 控件点击事件的采集，我们只需要判断当前扫描到的方法是 onTab Changed(String tabName)，并且当前类又实现了 TabHost.OnTabChangeListener 接口，然后插入相应的埋点字节码即可。以上判断逻辑和插入字节码的实现，可以参考如下代码片段：

```
if (mInterfaces.contains('android/widget/TabHost$OnTabChangeListener') &&
        nameDesc == 'onTabChanged(Ljava/lang/String;)V') {
    methodVisitor.visitVarInsn(ALOAD, 1)
    methodVisitor.visitMethodInsn(INVOKESTATIC, SDK_API_CLASS,
        "trackTabHost", "(Ljava/lang/String;)V", false)
}
```

TabHost 点击事件的采集，目前有一个问题，就是无法采集 TabHost 所在的页面信息（Activity）。因为从目前的情况，暂时无法拿到 Activity 对象，只能拿到当前被点击 Tab 的名称，即回调方法 onTabChanged(String tabName) 中的 tabName 参数。

通过以上的处理，我们就可以支持采集 TabHost 控件的点击事件了。

扩展 8：支持采集 ListView、GridView 的点击事件

ListView、GridView 的功能和使用方法都非常类似，它们设置的 listener 是 AdapterView. OnItemClickListener 类型，实现的回调方法是 onItemClick(AdapterView<?> parent, View view, int position, long id)。

对于 ListView 和 GridView 控件点击事件的采集，我们只需要判断当前扫描到的方法是 onItemClick(AdapterView<?> parent, View view, int position, long id)，并且当前类又实现了 AdapterView.OnItemClickListener 接口，然后插入相应的埋点字节码即可。以上判断逻辑和插入字节码的实现，可以参考如下代码片段：

```
if (mInterfaces.contains('android/widget/AdapterView$OnItemClickListener') &&
        nameDesc == 'onItemClick(Landroid/widget/AdapterView;Landroid/view/
            View;IJ)V') {
    methodVisitor.visitVarInsn(ALOAD, 1)
    methodVisitor.visitVarInsn(ALOAD, 2)
    methodVisitor.visitVarInsn(ILOAD, 3)
    methodVisitor.visitMethodInsn(INVOKESTATIC, SDK_API_CLASS,
        "trackViewOnClick", "(Landroid/widget/AdapterView;Landroid/view/View;I)V",
            false)
}
```

与 Spinner 的处理方法类似，我们需要重点考虑的还是如何获取当前点击的 item 的显示文本信息。

通过以上的处理，我们就可以支持采集 ListView 和 GridView 控件的点击事件了。

扩展 9：支持采集 ExpandableListView 的点击事件

ExpandableListView 是 ListView 的子类，它的点击需要分为 groupClick 和 childClick 两

种情况。所以它设置的 listener 也有两种类型，即 ExpandableListView.OnChildClickListener 类型和 ExpandableListView.OnGroupClickListener 类型，实现的回调方法分别是 onChild Click(ExpandableListView expandableListView, View view, int parentPos, int childPos, long l) 和 onGroupClick(ExpandableListView expandableListView, View view, int i, long l)。

对于 ExpandableListView 控件点击事件的采集，我们只需要判断当前扫描到的方法是 onChildClick(ExpandableListView expandableListView, View view, int parentPos, int childPos, long l) 或 onGroupClick(ExpandableListView expandableListView, View view, int i, long l)，并且当前类又实现了 ExpandableListView.OnChildClickListener 接口或 ExpandableListView. OnGroupClickListener，然后插入相应的埋点字节码即可。以上判断逻辑和插入字节码的实现，可以参考如下代码片段：

```
if (mInterfaces.contains('android/widget/ExpandableListView$OnGroupClickListener') &&
    nameDesc == 'onGroupClick(Landroid/widget/ExpandableListView;Landroid/view/
        View;IJ)Z') {
    methodVisitor.visitVarInsn(ALOAD, 1)
    methodVisitor.visitVarInsn(ALOAD, 2)
    methodVisitor.visitVarInsn(ILOAD, 3)
    methodVisitor.visitMethodInsn(INVOKESTATIC, SDK_API_CLASS,
    "trackExpandableListViewGroupOnClick",
    "(Landroid/widget/ExpandableListView;Landroid/view/View;I)V", false)
}

if (mInterfaces.contains('android/widget/ExpandableListView$OnChildClickListener') &&
    nameDesc == 'onChildClick(Landroid/widget/ExpandableListView;Landroid/view/
        View;IIJ)Z') {
    methodVisitor.visitVarInsn(ALOAD, 1)
    methodVisitor.visitVarInsn(ALOAD, 2)
    methodVisitor.visitVarInsn(ILOAD, 3)
    methodVisitor.visitVarInsn(ILOAD, 4)
    methodVisitor.visitMethodInsn(INVOKESTATIC, SDK_API_CLASS,
    "trackExpandableListViewChildOnClick",
    "(Landroid/widget/ExpandableListView;Landroid/view/View;II)V", false)
}
```

对于 ExpandableListView 的点击，我们需要重点考虑的还是如何获取当前点击的 item 的显示文本，具体方法可以参考项目里的源码。

通过以上的处理，我们就可以支持采集 ExpandableListView 控件的点击事件了。

至此，一个相当完善的基于 AspectJ 的全埋点方案就算完成了。

9.6 缺点

❑ 目前来看，实现全埋点，使用 ASM 框架是一个相对完美的选择，暂时没有发现有什么缺点。

$AppClick 全埋点方案 7：Javassist

10.1　关键技术

10.1.1　Javassist

Java 字节码以二进制的形式存储在 .class 文件中，每一个 .class 文件包含一个 Java 类或接口。Javaassist 框架就是一个用来处理 Java 字节码的类库。它可以在一个已经编译好的类中添加新的方法，或者是修改已有的方法，并且不需要对字节码方面有深入的了解。

Javassist 可以绕过编译，直接操作字节码，从而实现代码的注入。所以，使用 Javassist 框架的最佳时机就是在构建工具 Gradle 将源文件编译成 .class 文件之后，在将 .class 打包成 .dex 文件之前。

10.1.2　Javassist 基础

下面我们介绍一些关于 Javassist 的相关基础知识。

❏ 读写字节码

在 Javassist 框架中，.class 文件是用类 Javassist.CtClass 表示的。一个 CtClass 对象可以处理一个 .class 文件。

下面举一个简单的例子。

```
ClassPool pool = ClassPool.getDefault();
CtClass aClass = pool.get("com.sensorsdata.analytics.android.sdk.SensorsData
    AutoTrackHelper")
aClass.setSuperclass("java.lang.Object")
aClass.writeFile()
```

在上面这个例子中，我们首先获取一个 ClassPool 对象。ClassPool 是 CtClass 对象的容器，可以按需读取类文件用来创建并保存 CtClass 对象，以便之后可能会被使用到。

为了修改类的定义，首先需要使用 ClassPool.get() 方法从 ClassPool 中获得一个 CtClass 对象。使用 getDefault() 方法获取的 ClassPool 对象使用的是默认系统的类搜索路径。

ClassPool 是一个存储 CtClass 的 Hash 表，类的名称作为 Hash 表的 key。ClassPool 的 get() 方法会从 Hash 表查找 key 对应的 CtClass 对象。如果根据对应的 Key 没有找到 CtClass 对象，get() 方法就会创建并返回一个新的 CtClass 对象，这个对象同时也会保存在 Hash 表中。

从 ClassPool 中获取的 CtClass 对象是可以被修改的。在上面的例子中，com.sensorsdata. analytics.android.sdk.SensorsDataAutoTrackHelper 的父类被设置为 java.lang.Object。调用 writeFile() 方法后，这项修改会被写入原始类文件中。writeFile() 方法会将 CtClass 对象转换成类文件并写到本地磁盘。同时，也可以使用 toBytecode() 方法来获取修改过的字节码。比如：

```
byte[] b = aClass.toBytecode();
```

也可以使用 toClass() 函数直接将 CtClass 对象转换成 Class 对象，比如：

```
Class clazz = aClass.toClass();
```

toClass() 请求当前线程的 ClassLoader 加载 CtClass 对象所代表的类文件，它返回的是该类文件的 java.lang.Class 对象。

❑ **冻结类**

如果一个 CtClass 对象通过 writeFile()、toClass()、toBytecode() 等方法被转换成一个类文件，此 CtClass 对象就会被冻结起来，不再允许被修改，这是因为一个类只能被 JVM 加载一次。

其实，一个冻结的 CtClass 对象也可以被解冻，比如：

```
CtClass aClass = …;
……
aClass.writeFile();
aClass.defrost();
//因为类已经被解冻，所以这里是可以被修改成功的
aClass.setSuperClass(…);
```

此处调用 defrost() 方法之后，这个 CtClass 对象就又可以被修改了。

❑ **类搜索路径**

通过 ClassPool.getDefault() 获取的 ClassPool 是使用 JVM 的类搜索路径。如果程序运行在 JBoss 或者 Tomcat 等 Web 服务器上，ClassPool 可能无法找到用户的类，因为 Web 服务器使用多个类加载器作为系统类加载器。在这种情况下，ClassPool 必须添加额外的类搜索路径。比如：

```
ClassPool pool = ClassPool.getDefault();
pool.insertClassPath(new ClassClassPath(this.getClass()));
```

在上面的代码示例中，将 this 指向的类添加到 ClassPool 的类加载路径中。你可以使用任意 Class 对象来代替 this.getClass()，从而将 Class 对象添加到类加载路径中，也可以注册一个目录作为搜索路径。比如：

```
ClassPool pool = ClassPool.getDefault();
pool.insertClassPath("/usr/local/Library/");
```

上面的例子是将 "/usr/local/Library/" 目录添加到类搜索路径中。

❑ ClassPool

ClassPool 是 CtClass 对象的容器。因为编译器在编译引用 CtClass 代表的 Java 类的源代码时，可能会引用 CtClass 对象，所以一旦一个 CtClass 被创建，它就会被保存在 ClassPool 中。

　❑ 避免内存溢出

如果 CtClass 对象的数量变得非常多，ClassPool 有可能会导致巨大的内存消耗。为了避免这个问题，我们可以从 ClassPool 中显式删除不必要的 CtClass 对象。如果对 CtClass 对象调用 detach() 方法，那么该 CtClass 对象将会从 ClassPool 中删除。比如：

```
CtClass aClass = …;
aClass.writeFile();
aClass.detach();
```

在调用 detach() 方法之后，就不能再调用这个 CtClass 对象的任何有关方法了。如果调用 ClassPool 的 get() 方法，ClassPool 会再次读取这个类文件，并创建一个新的 CtClass 对象。

　❑ 在方法体中插入代码

CtMethod 和 CtConstructor 均提供了 insertBefore()、insertAfter() 及 addCatch() 等方法。它们可以把用 Java 编写的代码片段插入到现有的方法体中。Javassist 包括一个用于处理源代码的小型编译器，它接收用 Java 编写的源代码，然后将其编译成 Java 字节码，并内联到方法体中。

也可以按行号来插入代码段（如果行号表包含在类文件中）。向 CtMethod 和 CtConstructor 中的 insertAt() 方法提供源代码和原始类定义中的源文件的行号，就可以将编译后的代码插入到指定行号位置。

insertBefore()、insertAfter()、addCatch() 和 insertAt() 等方法都能接收一个表示语句或语句块的 String 对象。一个语句是一个单一的控制结构，比如 if 和 while，或者以分号结尾的表达式。语句块是一组用 {} 包围的语句。

语句和语句块可以引用字段和方法，但不允许访问在方法中声明的局部变量，尽管在块中声明一个新的局部变量是允许的。

传递给方法 insertBefore()、insertAfter()、addCatch() 和 insertAt() 的 String 对象是由 Javassist 的编译器编译的。由于编译器支持语言扩展,所以以 $ 开头的几个标识符都有特殊的含义:

❏ $0, $1, $2, ……

传递给目标方法的参数使用 $1, $2, ……来访问,而不是原始的参数名称。$1 表示第一个参数,$2 表示第二个参数,以此类推。这些变量的类型与参数类型相同。$0 等价于 this 指针。如果方法是静态的,则 $0 不可用。

❏ $args

变量 $args 表示所有参数的数组。该变量的类型是 Object 类型的数组。如果参数类型是原始类型(如 int、boolean 等),则该参数值将被转换为包装器对象(如 java.lang.Integer)以存储在 $args 中。因此,如果第一个参数的类型不是原始类型,那么 $args[0] 等于 $1。注意 $args[0] 不等于 $0,因为 $0 表示 this。

❏ $$

变量 $$ 是所有参数列表的缩写,用逗号分隔。

❏ $_

CtMethod 中的 insertAfter() 是在方法的末尾插入编译的代码。在传递给 insertAfter() 的语句中,不但可以使用特殊符号,如 $0、$1,也可以使用 $_ 来表示方法的结果值。

该变量的类型是方法的返回结果类型(返回类型)。如果返回结果类型为 void,那么 $_ 的类型为 Object,$_ 的值为 null。

虽然由 insertAfter() 插入的编译代码通常在方法返回之前执行,但是当方法抛出异常时,它也可以执行。要在抛出异常时执行它,insertAfter() 的第二个参数 asFinally 必须为 true。

如果抛出异常,由 insertAfter() 插入的编译代码将作为 finally 子句执行。$_ 的值为 0 或 null。在编译代码的执行终止后,最初抛出的异常被重新抛出给调用者。注意,$_ 的值不会被抛给调用者,而是被丢弃。

❏ addCatch

addCatch() 插入方法体抛出异常时执行的代码,控制权会返回给调用者。在插入的源代码中,异常用 $e 表示。

```
CtMethod m = ...;
CtClass etype = ClassPool.getDefault().get("java.io.IOException");
m.addCatch("{ System.out.println($e); throw $e; }", etype);
```

转换成对应的 java 代码如下:

```
try {
    // the original method body
} catch (java.io.IOException e) {
```

```
    System.out.println(e);
    throw e;
}
```

请注意，插入的代码片段必须以 throw 或 return 语句结束。

❏ **注解（Annotations）**

CtClass、CtMethod、CtField 和 CtConstructor 均提供了 getAnnotations() 方法，用于读取对应类型上添加的注解。它返回的是一个注解类型的对象数组。

我们目前只介绍当前全埋点方案会用到的关于 Javassist 的相关基础知识，关于 Javassist 更详细的用法，可以参考：

https://github.com/jboss-javassist/javassist/wiki/Tutorial-1

10.2　原理概述

在自定义的 plugin 里，我们可以注册一个自定义的 Transform，从而可以分别对当前应用程序的所有源码目录和 jar 包进行遍历。在遍历过程中，利用 Javassist 框架的 API 可以对满足特定条件的方法进行修改，比如插入相关埋点代码。整个原理与使用 ASM 框架类似，此时只是把操作 .class 文件的框架由 ASM 换成 Javassist 了。

10.3　案例

下面，我们以自动采集 Android 的 Button 控件点击事件为例，详细介绍该方案的实现步骤。对于其他控件点击事件的自动采集，后面会进行扩展。

完整的项目源码请参考：

https://github.com/wangzhzh/AutoTrackAppClick7

详细步骤：

第 1 步：新建一个项目（Project）

在新建的项目中，会自动包含一个主 module，即：app。

第 2 步：创建 sdk module

新建一个 Android Library module，名称叫 sdk，这个模块就是我们的埋点 SDK 模块。

第 3 步：编写埋点 SDK

在 sdk module 中我们新建一个埋点 SDK 的主类，即 SensorsDataAPI.java。完整的源码可以参考如下：

```
package com.sensorsdata.analytics.android.sdk;

import android.app.Application;
```

```java
import android.support.annotation.Keep;
import android.support.annotation.NonNull;
import android.support.annotation.Nullable;
import android.util.Log;

import org.json.JSONObject;

import java.util.Map;

/**
 * Created by 王灼洲 on 2018/7/22
 */
@Keep
public class SensorsDataAPI {
    private final String TAG = this.getClass().getSimpleName();
    public static final String SDK_VERSION = "1.0.0";
    private static SensorsDataAPI INSTANCE;
    private static final Object mLock = new Object();
    private static Map<String, Object> mDeviceInfo;
    private String mDeviceId;

    @Keep
    @SuppressWarnings("UnusedReturnValue")
    public static SensorsDataAPI init(Application application) {
        synchronized (mLock) {
            if (null == INSTANCE) {
                INSTANCE = new SensorsDataAPI(application);
            }
            return INSTANCE;
        }
    }

    @Keep
    public static SensorsDataAPI getInstance() {
        return INSTANCE;
    }

    private SensorsDataAPI(Application application) {
        mDeviceId = SensorsDataPrivate.getAndroidID(application.getApplicationContext());
        mDeviceInfo = SensorsDataPrivate.getDeviceInfo(application.getApplicationContext());
    }

    /**
     * Track 事件
     *
     * @param eventName  String 事件名称
     * @param properties JSONObject 事件属性
     */
    @Keep
    public void track(@NonNull final String eventName, @Nullable JSONObject properties) {
        try {
            JSONObject jsonObject = new JSONObject();
```

```
        jsonObject.put("event", eventName);
        jsonObject.put("device_id", mDeviceId);

        JSONObject sendProperties = new JSONObject(mDeviceInfo);

        if (properties != null) {
            SensorsDataPrivate.mergeJSONObject(properties, sendProperties);
        }

        jsonObject.put("properties", sendProperties);
        jsonObject.put("time", System.currentTimeMillis());

        Log.i(TAG, SensorsDataPrivate.formatJson(jsonObject.toString()));
    } catch (Exception e) {
        e.printStackTrace();
    }
    }
    }
}
```

目前，这个主类比较简单，主要包含下面几个方法：

❑ init(Application application)

这是一个静态方法，埋点 SDK 的初始化函数，内部实现使用到了单例设计模式，然后调用私有构造函数初始化埋点 SDK。app module 就是调用这个方法初始化我们埋点 SDK 的。

❑ getInstance()

这也是一个静态方法，通过该方法可以获取埋点 SDK 的实例对象。

❑ SensorsDataAPI(Application application)

私有的构造函数，也是埋点 SDK 真正的初始化逻辑。在其方法内部通过调用埋点 SDK 的私有类 SensorsDataPrivate 中的方法来注册 ActivityLifecycleCallbacks 回调。

❑ track(@NonNull final String eventName, @Nullable JSONObject properties)

对外公开的 track 接口，通过该方法可以触发事件。第一个参数 eventName 代表事件的名称，第二个参数 properties 代表事件的属性。本书为了简化，触发事件仅仅是打印了事件的 JSON 信息。

❑ 用到的 SensorsDataPrivate.java，可以参考项目源码。

第 4 步：在 sdk module 里新建 SensorsDataAutoTrackHelper.java 工具类。此类的完整源码可以参考如下

```
package android.analytics.sensorsdata.com.sdk;

import android.app.Activity;
import android.support.annotation.Keep;
import android.view.View;

import org.json.JSONObject;

public class SensorsDataAutoTrackHelper {
```

```java
/**
 * View 被点击，自动埋点
 *
 * @param view View
 */
@Keep
public static void trackViewOnClick(View view) {
    try {
        JSONObject jsonObject = new JSONObject();
        jsonObject.put("$element_type", SensorsDataPrivate.getElementType(view));
        jsonObject.put("$element_id", SensorsDataPrivate.getViewId(view));
        jsonObject.put("$element_content", SensorsDataPrivate.getElementContent(view));

        Activity activity = SensorsDataPrivate.getActivityFromView(view);
        if (activity != null) {
            jsonObject.put("$activity", activity.getClass().getCanonicalName());
        }

        SensorsDataAPI.getInstance().track("$AppClick", jsonObject);
    } catch (Exception e) {
        e.printStackTrace();
    }
}
```

这个工具类主要是用来给 plugin 插入埋点代码的。我们新增一个方法 trackViewOnClick(View view)，用来给 Button 控件的点击事件埋点。

第 5 步：添加依赖关系

app module 需要依赖 sdk module。通过修改 app/build.gradle 文件，在其 dependencies 节点中添加依赖关系。完整的脚本参考如下：

```groovy
apply plugin: 'com.android.application'
apply plugin: 'com.jakewharton.butterknife'

android {
    compileOptions {
        sourceCompatibility JavaVersion.VERSION_1_8
        targetCompatibility JavaVersion.VERSION_1_8
    }
    compileSdkVersion 28
    defaultConfig {
        applicationId "com.sensorsdata.analytics.android.app.project7"
        minSdkVersion 15
        targetSdkVersion 28
        versionCode 1
        versionName "1.0"
    }
    buildTypes {
        release {
```

```
            minifyEnabled false
            proguardFiles getDefaultProguardFile('proguard-android.txt'),
                'proguard-rules.pro'
        }
    }

    dataBinding {
        enabled = true
    }
}

dependencies {
    implementation fileTree(include: ['*.jar'], dir: 'libs')
    implementation 'com.android.support:appcompat-v7:28.0.0-rc02'
    implementation 'com.android.support.constraint:constraint-layout:1.1.2'

    implementation project(':sdk')

    //https://github.com/JakeWharton/butterknife
    implementation 'com.jakewharton:butterknife:8.8.1'
    annotationProcessor 'com.jakewharton:butterknife-compiler:8.8.1'
}
```

第 6 步：初始化埋点 SDK

需要在应用程序中自定义的 Application（比如 MyApplication）里初始化埋点 SDK，一般建议在 onCreate() 方法中初始化。MyApplication.java 的完整源码参考如下：

```java
package com.sensorsdata.analytics.android.app;

import android.app.Application;

import com.sensorsdata.analytics.android.sdk.SensorsDataAPI;

/**
 * Created by 王灼洲 on 2018/7/22
 */
public class MyApplication extends Application {
    @Override
    public void onCreate() {
        super.onCreate();

        initSensorsDataAPI(this);
    }

    /**
     * 初始化埋点 SDK
     *
     * @param application Application
     */
    private void initSensorsDataAPI(Application application) {
```

```
        SensorsDataAPI.init(application);
    }
}
```

第 7 步：声明自定义的 Application

以上面自定义的 MyApplication 为例，需要在 AndroidManifest.xml 文件的 application
节点中声明 MyApplication。

```
<?xml version="1.0" encoding="utf-8"?>
<manifest xmlns:android="http://schemas.android.com/apk/res/android"
    package="com.sensorsdata.analytics.android.app">
    <application
        android:name=".MyApplication"
        android:allowBackup="true"
        android:icon="@mipmap/ic_launcher"
        android:label="@string/app_name"
        android:roundIcon="@mipmap/ic_launcher_round"
        android:supportsRtl="true"
        android:theme="@style/AppTheme">
        ......
    </application>
</manifest>
```

第 8 步：新建一个 Android Library module，名称为：plugin
第 9 步：清空 plugin/build.gradle 文件的内容，修改成如下内容

```
apply plugin: 'groovy'
apply plugin: 'maven'
dependencies {
    compile gradleApi()
    compile localGroovy()

    compile 'com.android.tools.build:gradle:3.1.3'

    compile 'org.javassist:javassist:3.20.0-GA'
}
repositories {
    jcenter()
}


uploadArchives {
    repositories.mavenDeployer {
        //本地仓库路径，以放到项目根目录下的 repo 的文件夹为例
        repository(url: uri('../repo'))

        //groupId ，自行定义
        pom.groupId = 'com.sensorsdata'

        //artifactId
        pom.artifactId = 'autotrack.android'
```

```
        //插件版本号
        pom.version = '1.0.0'
    }
}
```

注意：因为要使用 Javassist 库，所以需要添加对应的依赖关系：

```
compile 'org.javassist:javassist:3.20.0-GA'
```

关于 repository、groupId、artifactId、version 等内容，前文已有介绍，此处不再赘述。
关于 Javassist 的更多详细信息，可以其参考文档：

https://mvnrepository.com/artifact/org.javassist/javassist

第 10 步：创建 groovy 目录

首先清空 plugin/src/main 目录下的所有文件，然后在 plugin/src/main 目录下新建 groovy 目录。这是因为我们的插件是用 groovy 语言开发的，所以需要把它放到 groovy 目录下。接着再新建一个 package，比如包 com.sensorsdata.analytics.android.plugin。

第 11 步：新建 Transform

在上面新建的 com.sensorsdata.analytics.android.plugin 包里新建 Transform 类 SensorsAnalyticsTransform.groovy。完整的源码参考如下：

```
package com.sensorsdata.analytics.android.plugin

import com.android.build.api.transform.*
import com.android.build.gradle.internal.pipeline.TransformManager
import org.apache.commons.codec.digest.DigestUtils
import org.apache.commons.io.FileUtils
import org.gradle.api.Project

class SensorsAnalyticsTransform extends Transform {
    private static Project project

    SensorsAnalyticsTransform(Project project) {
        this.project = project
    }

    @Override
    String getName() {
        return "SensorsAnalyticsAutoTrack"
    }

    /**
     * 需要处理的数据类型，有两种枚举类型
     * CLASSES 代表处理的 java 的 class 文件，RESOURCES 代表要处理 java 的资源
     * @return
     */
    @Override
    Set<QualifiedContent.ContentType> getInputTypes() {
```

```
        return TransformManager.CONTENT_CLASS
}

/**
 * 指 Transform 要操作内容的范围，官方文档 Scope 有 7 种类型：
 * 1. EXTERNAL_LIBRARIES          只有外部库
 * 2. PROJECT                     只有项目内容
 * 3. PROJECT_LOCAL_DEPS          只有项目的本地依赖(本地jar)
 * 4. PROVIDED_ONLY               只提供本地或远程依赖项
 * 5. SUB_PROJECTS                只有子项目
 * 6. SUB_PROJECTS_LOCAL_DEPS     只有子项目的本地依赖项(本地jar)
 * 7. TESTED_CODE                 由当前变量(包括依赖项)测试的代码
 * @return
 */
@Override
Set<QualifiedContent.Scope> getScopes() {
    return TransformManager.SCOPE_FULL_PROJECT
}

@Override
boolean isIncremental() {
    return false
}

@Override
void transform(Context context, Collection<TransformInput> inputs, Collection
    <TransformInput> referencedInputs, TransformOutputProvider outputProvider,
    boolean isIncremental) throws IOException, TransformException, Interrupted
    Exception {
    if (!incremental) {
        outputProvider.deleteAll()
    }

    /**Transform 的 inputs 有两种类型，一种是目录，一种是 jar 包，要分开遍历 */
    inputs.each { TransformInput input ->
        /**遍历 jar*/
        input.jarInputs.each { JarInput jarInput ->
            /**重命名输出文件(同目录copyFile会冲突)*/
            String destName = jarInput.file.name

            /**截取文件路径的 md5 值重命名输出文件,因为可能同名,会覆盖*/
            def hexName = DigestUtils.md5Hex(jarInput.file.absolutePath).
                substring(0, 8)
            /** 获取 jar 名字*/
            if (destName.endsWith(".jar")) {
                destName = destName.substring(0, destName.length() - 4)
            }

            File copyJarFile = SensorsAnalyticsInject.injectJar(jarInput.file.
                absolutePath, project)
            def dest = outputProvider.getContentLocation(destName + hexName,
                jarInput.contentTypes, jarInput.scopes, Format.JAR)
```

```
                FileUtils.copyFile(copyJarFile, dest)

                context.getTemporaryDir().deleteDir()
            }

            /**遍历目录*/
            input.directoryInputs.each { DirectoryInput directoryInput ->
                SensorsAnalyticsInject.injectDir(directoryInput.file.absolutePath, project)

                def dest = outputProvider.getContentLocation(directoryInput.name,
                    directoryInput.contentTypes, directoryInput.scopes, Format.
                        DIRECTORY)
                /**将input的目录复制到output指定目录*/
                FileUtils.copyDirectory(directoryInput.file, dest)
            }
        }
    }
}
```

SensorsAnalyticsTransform 继承 Transform，并重写几个相关的方法。在 transform 方法里，会分别遍历 jar 包和目录里的所有 .class 文件，然后使用 Javassist 的 API 修改 .class 文件并插入代码埋点。关于 SensorsAnalyticsInject.java 的完整源码可参考如下：

```
package com.sensorsdata.analytics.android.plugin

import javassist.ClassPool
import javassist.CtClass
import javassist.CtMethod
import javassist.bytecode.AnnotationsAttribute
import javassist.bytecode.MethodInfo
import javassist.bytecode.annotation.Annotation
import org.apache.commons.io.FileUtils
import org.gradle.api.Project

import java.util.jar.JarEntry
import java.util.jar.JarFile
import java.util.jar.JarOutputStream
import java.util.zip.ZipEntry

class SensorsAnalyticsInject {
    private static ClassPool pool = ClassPool.getDefault()
    private static
    final String SDK_HLPER = "com.sensorsdata.analytics.android.sdk.Sensors
        DataAutoTrackHelper"

    static void appendClassPath(String libPath) {
        pool.appendClassPath(libPath)
    }

    /**
```

```
 * 这里需要将jar包先解压，注入代码后再重新生成jar包
 * @path jar包的绝对路径
 */
static File injectJar(String path, Project project) {
    appendClassPath(path)

    if (path.endsWith(".jar")) {
        pool.appendClassPath(project.android.bootClasspath[0].toString())
        File jarFile = new File(path)
        // jar包解压后的保存路径
        String jarZipDir = jarFile.getParent() + "/" + jarFile.getName().
            replace('.jar', '')

        // 解压jar包，返回jar包中所有class的完整类名的集合（带.class后缀）
        List<File> classNameList = unzipJar(path, jarZipDir)

        // 删除原来的jar包
        jarFile.delete()

        // 注入代码
        pool.appendClassPath(jarZipDir)
        for (File classFile : classNameList) {
            injectClass(classFile, jarZipDir)
        }

        // 重新打包jar
        zipJar(jarZipDir, path)

        // 删除目录
        FileUtils.deleteDirectory(new File(jarZipDir))

        return jarFile
    }

    return null
}

private static void injectClass(File classFile, String path) {
    String filePath = classFile.absolutePath
    if (!filePath.endsWith(".class")) {
        return
    }

    if (!filePath.contains('R$')
            && !filePath.contains('R2$')
            && !filePath.contains('R.class')
            && !filePath.contains('R2.class')
            && !filePath.contains("BuildConfig.class")) {
        int index = filePath.indexOf(path)
        String className = filePath.substring(index + path.length() + 1,
            filePath.length() - 6).replaceAll("/", ".")
```

```
if (!className.startsWith("android")) {
    try {
        CtClass ctClass = pool.getCtClass(className)

        //解冻
        if (ctClass.isFrozen()) {
            ctClass.defrost()
        }

        boolean modified = false

        CtClass[] interfaces = ctClass.getInterfaces()

        if (interfaces != null) {
            Set<String> interfaceList = new HashSet<>()
            for (CtClass c1 : interfaces) {
                interfaceList.add(c1.getName())
            }

            for (CtMethod currentMethod : ctClass.getDeclaredMethods()) {
                MethodInfo methodInfo = currentMethod.getMethodInfo()
                AnnotationsAttribute attribute = (AnnotationsAttribute)
                    methodInfo
                        .getAttribute(AnnotationsAttribute.visibleTag)
                if (attribute != null) {
                    for (Annotation annotation : attribute.annotations) {
                        if ("@com.sensorsdata.analytics.android.sdk.
                            SensorsDataTrackViewOnClick".equals(annotation.
                            toString())) {
                            if ('(Landroid/view/View;)V'.equals(current
                                Method.getSignature())) {
                                currentMethod.insertAfter(SDK_HLPER
                                    + ".trackViewOnClick(\$1);")
                                modified = true
                                break
                            }
                        }
                    }
                }

                String methodSignature = currentMethod.name + current
                    Method.getSignature()

                if (interfaceList.contains('android.view.View$OnClick
                    Listener')) {
                    if ('onClick(Landroid/view/View;)V'.equals(method
                        Signature)) {
                        currentMethod.insertAfter(SDK_HLPER + ".track
                            ViewOnClick(\$1);")
                        modified = true
                    }
```

```
                        }
                    }
                }

                if (modified) {
                    ctClass.writeFile(path)
                    ctClass.detach()//释放
                }
            } catch (Exception e) {
                e.printStackTrace()
            }
        }
    }
}

static void injectDir(String path, Project project) {
    try {
        pool.appendClassPath(path)
        /**加入android.jar, 不然找不到android相关的所有类*/
        pool.appendClassPath(project.android.bootClasspath[0].toString())

        File dir = new File(path)
        if (dir.isDirectory()) {
            dir.eachFileRecurse { File file ->
                injectClass(file, path)
            }
        }
    } catch (Exception e) {
        e.printStackTrace()
    }
}

/**
 * 将该jar包解压到指定目录
 * @param jarPath jar包的绝对路径
 * @param destDirPath jar包解压后的保存路径
 * @return List < File >
 */
static List<File> unzipJar(String jarPath, String destDirPath) {
    List<File> fileList = new ArrayList<>()
    if (jarPath.endsWith('.jar')) {
        JarFile jarFile = new JarFile(jarPath)
        Enumeration<JarEntry> jarEntrys = jarFile.entries()
        while (jarEntrys.hasMoreElements()) {
            JarEntry jarEntry = jarEntrys.nextElement()
            if (jarEntry.directory) {
                continue
            }
            String entryName = jarEntry.getName()
            String outFileName = destDirPath + "/" + entryName
            File outFile = new File(outFileName)
```

```
            fileList.add(outFile)
            outFile.getParentFile().mkdirs()
            InputStream inputStream = jarFile.getInputStream(jarEntry)
            FileOutputStream fileOutputStream = new FileOutputStream(outFile)
            fileOutputStream << inputStream
            fileOutputStream.close()
            inputStream.close()
        }
        jarFile.close()
    }

    return fileList
}

/**
 * 重新打包jar
 * @param packagePath 将这个目录下的所有文件打包成jar
 * @param destPath 打包好的jar包的绝对路径
 */
static void zipJar(String packagePath, String destPath) {
    File file = new File(packagePath)
    JarOutputStream outputStream = new JarOutputStream(new FileOutputStream
        (destPath))
    file.eachFileRecurse { File f ->
        String entryName = f.getAbsolutePath().substring(file.absolutePath.
            length() + 1)
        outputStream.putNextEntry(new ZipEntry(entryName))
        if (!f.directory) {
            InputStream inputStream = new FileInputStream(f)
            outputStream << inputStream
            inputStream.close()
        }
    }
    outputStream.close()
}
}
```

通过 pool.getCtClass 方法可以获取 class 对象，即：CtClass。

```
CtClass ctClass = pool.getCtClass(className)
```

通过 ctClass.getInterfaces 方法可以获取 class 实现的接口列表。

```
CtClass[] interfaces = ctClass.getInterfaces()
```

通过 ctClass.getDeclaredMethods 方法可以获取 class 的所有方法列表。

```
for (CtMethod currentMethod : ctClass.getDeclaredMethods()) {

}
```

通过 currentMethod.name 和 currentMethod.getSignature() 可以获取方法的详细信息。通

过 currentMethod.insertAfter 可以在方法后面插入代码片段。通过 ctClass.writeFile 可以对修改后的 .class 文件进行保存。

所以，对于 Button 控件点击事件的采集，我们只需要判断当前类是否实现了 android. view.View$OnClickListener 接口，然后在它的所有方法中找到"onClick(Landroid/view/ View;)V"描述符对应的 CtMethod 对象，最后利用 CtMethod 提供的 insertAfter 方法插入埋点逻辑即可。以上逻辑的实现对应的代码片段可以参考如下：

```
for (CtMethod currentMethod : ctClass.getDeclaredMethods()) {
    if (interfaceList.contains('android.view.View$OnClickListener')) {
        if ('onClick(Landroid/view/View;)V'.equals(
                currentMethod.name + currentMethod.getSignature())) {
            currentMethod.insertAfter("
com.sensorsdata.analytics.android.sdk.SensorsDataAutoTrackHelper.trackView
            OnClick(\$1);")
            modified = true
        }
    }
}
```

其中，$1 代表当前方法的第一个参数，即被点击的 View 对象。

第 12 步：定义 plugin，并注册 Transform

```
package com.sensorsdata.analytics.android.plugin

import com.android.build.gradle.AppExtension
import org.gradle.api.Plugin
import org.gradle.api.Project

public class SensorsAnalyticsPlugin implements Plugin<Project> {
    void apply(Project project) {
        AppExtension appExtension = project.extensions.findByType(AppExtension.class)
        appExtension.registerTransform(new SensorsAnalyticsTransform(project))
    }
}
```

SensorsAnalyticsPlugin 实现了 Plugin<Project> 接口，并实现了 apply(Project project) 方法。在 apply(Project project) 方法里，我们首先获取 AppExtension 对象，然后调用它的 register Transform 方法来注册我们上面定义的 SensorsAnalyticsTransform。

第 13 步：新建 properties 文件

在 plugin/src/main 目录下新建目录 resources/META-INF/gradle-plugins，然后在该目录下再新建一个文件 com.sensorsdata.android.properties，其中后缀 .properties 前面的 com. sensorsdata.android 就是我们要定义的插件名字。其中 com.sensorsdata.android.properties 文件的内容如下：

```
implementation-class=com.sensorsdata.analytics.android.plugin.SensorsAnalyticsPlugin
```

等号后面的内容就是我们定义的 SensorsAnalyticsPlugin 的包名和类名。

整个目录创建完后如图 10-1。

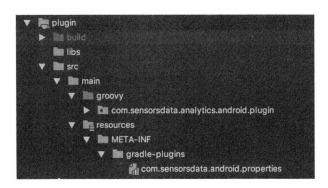

图 10-1　项目目录结构

第 14 步：构建插件

执行 ./gradlew uploadArchives 命令用来构建插件，或者使用 gradle Task 的方式构建。构建成功之后，在当前 Project 根目录下的 repo 目录里就能看到我们插件的目标文件，如图 10-2。

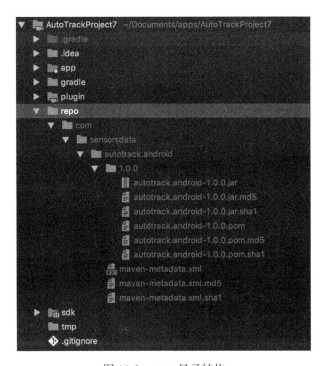

图 10-2　repo 目录结构

第 15 步：修改 Project 根目录下的 build.gradle 文件，添加对插件的依赖

完整的脚本可以参考如下：

```
buildscript {

    repositories {
        google()
        jcenter()
        mavenCentral()
        maven { url "https://oss.sonatype.org/content/repositories/snapshots/" }
        maven {
            url uri('repo')
        }
    }
    dependencies {
        classpath 'com.android.tools.build:gradle:3.1.3'
        classpath 'com.jakewharton:butterknife-gradle-plugin:9.0.0-SNAPSHOT'
        classpath 'com.sensorsdata:autotrack.android:1.0.0'
    }
}

allprojects {
    repositories {
        google()
        jcenter()
    }
}

task clean(type: Delete) {
    delete rootProject.buildDir
}
```

第 16 步：修改 app/build.gradle 文件，声明使用插件

完整的脚本可以参考如下：

```
apply plugin: 'com.android.application'
apply plugin: 'com.jakewharton.butterknife'
apply plugin: 'com.sensorsdata.android'

android {
    compileOptions {
        sourceCompatibility JavaVersion.VERSION_1_8
        targetCompatibility JavaVersion.VERSION_1_8
    }
    compileSdkVersion 28
    defaultConfig {
        applicationId "com.sensorsdata.analytics.android.app.project7"
        minSdkVersion 15
        targetSdkVersion 28
        versionCode 1
        versionName "1.0"
    }
```

```
    buildTypes {
        release {
            minifyEnabled false
            proguardFiles getDefaultProguardFile('proguard-android.txt'), 'proguard-
                rules.pro'
        }
    }

    dataBinding {
        enabled = true
    }
}

dependencies {
    implementation fileTree(include: ['*.jar'], dir: 'libs')
    implementation 'com.android.support:appcompat-v7:28.0.0-beta01'
    implementation 'com.android.support.constraint:constraint-layout:1.1.2'

    implementation project(':sdk')

    //https://github.com/JakeWharton/butterknife
    implementation 'com.jakewharton:butterknife:8.8.1'
    annotationProcessor 'com.jakewharton:butterknife-compiler:8.8.1'
}
```

第 17 步：构建应用程序

应用程序构建成功之后，我们可以通过查看 build 目录下对应的 .class 文件，确认是否成功插入埋点代码了。比如，查看 MainActivity.class 文件，可参考图 10-3。

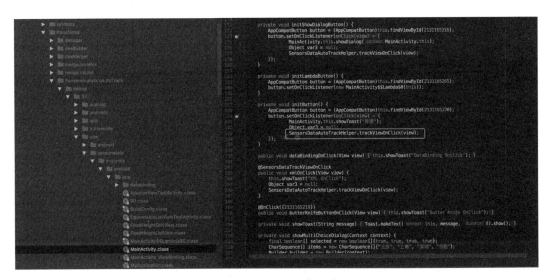

图 10-3　插入埋点代码效果

至此，基于 Javassist 的用于采集 Button 点击事件的全埋点方案已经完成了。

10.4　扩展采集能力

我们上面介绍的内容，是以 Button 控件为例的，相对比较简单。下面我们扩展一下埋点 SDK，让它可以采集更多控件的点击事件，并让它的各项功能更加完善。

扩展 1：支持采集通过 android:onClick 属性绑定的点击事件

原理和之前介绍的方案一致，也是通过添加自定义注解的方式来解决。

首先在 sdk module 里新增注解，即 @SensorsDataTrackViewOnClick。该注解的完整源码参考如下：

```
package com.sensorsdata.analytics.android.sdk;

import java.lang.annotation.ElementType;
import java.lang.annotation.Retention;
import java.lang.annotation.RetentionPolicy;
import java.lang.annotation.Target;

/**
 * Created by 王灼洲 on 2017/1/5
 */

@Target({ElementType.METHOD})
@Retention(RetentionPolicy.RUNTIME)
public @interface SensorsDataTrackViewOnClick {
}
```

然后修改相应插入埋点代码的判断逻辑，新增对 @SensorsDataTrackViewOnClick 注解的判断。代码片段参考如下：

```
MethodInfo methodInfo = currentMethod.getMethodInfo()
AnnotationsAttribute attribute = (AnnotationsAttribute) methodInfo
        .getAttribute(AnnotationsAttribute.visibleTag)
if (attribute != null) {
    for (Annotation annotation : attribute.annotations) {
        if ("@com.sensorsdata.analytics.android.sdk.SensorsDataTrackViewOnClick"
            == annotation.toString()) {
            if ('(Landroid/view/View;)V' == currentMethod.getSignature()) {
                currentMethod.insertAfter(SDK_HELPER + ".trackViewOnClick(\$1);")
                modified = true
                break
            }
        }
    }
}
```

首先，获取当前方法上的所有注解类型列表，然后进行遍历。如果发现是我们自定义的注解 @SensorsDataTrackViewOnClick 类型，并且该方法有且仅有一个 View 类型的参数，则该方法就符合我们插入埋点代码的判断逻辑，然后通过 insertAfter 方法插入相应的埋点代码即可。

　　最后在 android:onClick 属性绑定的方法上添加 @SensorsDataTrackViewOnClick 注解标记，示例如下：

```
/**
 * 通过 layout 中的 Android:onClick 属性绑定点击事件
 *
 * @param view View
 */
@SensorsDataTrackViewOnClick
public void xmlOnClick(View view) {
    showToast("XML OnClick");
}
```

这样处理之后就可以正常采集通过 android:onClick 属性绑定的点击事件了。

扩展 2：支持采集 AlertDialog 的点击事件

关于 AlertDialog 的普通用法如下：

```
private void showDialog(Context context) {
    AlertDialog.Builder builder = new AlertDialog.Builder(context);
    builder.setTitle("标题");
    builder.setMessage("内容");
    builder.setNegativeButton("取消", new DialogInterface.OnClickListener() {
        @Override
        public void onClick(DialogInterface dialog, int which) {

        }
    });
    builder.setPositiveButton("确定", new DialogInterface.OnClickListener() {
        @Override
        public void onClick(DialogInterface dialog, int which) {

        }
    });
    AlertDialog dialog = builder.create();
    dialog.show();
}
```

　　通过上面的代码可知，AlertDialog 设置的 listener 是 DialogInterface.OnClickListener 类型，实现的回调方法是 onClick(DialogInterface dialog, int which)。

　　所以，对于 AlertDialog 点击事件的采集，我们如果判断当前类实现了 DialogInterface. OnClickListener 接口，并且又是相应的 onClick(DialogInterface dialog, int which) 方法，我们就插入相应的埋点代码即可。以上逻辑的代码实现可以参考如下代码片段：

```
String methodSignature = currentMethod.name + currentMethod.getSignature()
if (interfaceList.contains('android.content.DialogInterface$OnClickListener')) {
    if ('onClick(Landroid/content/DialogInterface;I)V' == methodSignature) {
        currentMethod.insertAfter(SDK_HELPER + ".trackViewOnClick(\$1,\$2);")
```

```
            modified = true
        }
    }
```

其中，$1 代表 onClick(DialogInterface dialog, int which) 中的第一个参数 dialog，$2 代表第二个参数 which。

还有一种 Dialog 是可以显示带有选择状态的列表，使用示例如下：

```
private void showMultiChoiceDialog(Context context) {
    Dialog dialog;
    boolean[] selected = new boolean[]{true, true, true, true};
    CharSequence[] items = {"北京", "上海", "深圳", "广州"};
    AlertDialog.Builder builder = new AlertDialog.Builder(context);
    builder.setTitle("中国的一线城市有哪几个？");
    DialogInterface.OnMultiChoiceClickListener mutiListener =
        new DialogInterface.OnMultiChoiceClickListener() {

            @Override
            public void onClick(DialogInterface dialogInterface,
                                int which, boolean isChecked) {
                selected[which] = isChecked;
            }
        };
    builder.setMultiChoiceItems(items, selected, mutiListener);
    dialog = builder.create();
    dialog.show();
}
```

这种情况下，设置的 listener 是 DialogInterface.OnMultiChoiceClickListener 类型，实现的回调方法是 onClick(DialogInterface dialogInterface,int which, boolean isChecked)。

同理，我们再新增一个判断，即如果当前类实现了 DialogInterface.OnMultiChoice ClickListener 接口，并且又是相应的 onClick(DialogInterface dialogInterface,int which, boolean isChecked) 方法，我们就插入埋点代码。以上逻辑的代码实现可以参考如下代码片段：

```
if (interfaceList.contains('android.content.DialogInterface$OnMultiChoiceClickListener')) {
    if ('onClick(Landroid/content/SDK_HELPER;IZ)V' == methodSignature) {
        currentMethod.insertAfter(SDK_HELPER + ".trackViewOnClick(\$1,\$2,\$3);")
        modified = true
    }
}
```

这样处理之后，我们就可以采集 AlertDialog 的点击事件了。

扩展 3：支持采集 MenuItem 的点击事件

和 MenuItem 相关的函数主要有两个：

❑ onContextItemSelected(MenuItem item)

❑ onOptionsItemSelected(MenuItem item)

所有对于 MenuItem 点击事件的采集，我们只需要增加判断当前方法是否是上面的两个方法，如果是，即可插入相应的埋点代码。以上逻辑的代码实现可以参考如下代码片段：

```
if ('onContextItemSelected(Landroid/view/MenuItem;)Z' == methodSignature) {
    currentMethod.insertAfter(SDK_HELPER + ".trackViewOnClick(\$0,\$1);")
    modified = true
} else if ('onOptionsItemSelected(Landroid/view/MenuItem;)Z' == methodSignature) {
    currentMethod.insertAfter(SDK_HELPER + ".trackViewOnClick(\$0,\$1);")
    modified = true
}
```

其中 $0 代表的是当前 Activity 对象，$1 代表当前点击的 MenuItem 对象。

这样处理之后，我们就能采集 MenuItem 的点击事件了。

扩展 4：支持采集 CheckBox、SwitchCompat、RadioButton、ToggleButton、RadioGroup 的点击事件

以上控件都属于同一种类型，它们都带有选择"状态"的按钮，同时又都是 CompoundButton 类型的子类。这些控件设置的 listener 均是 android.widget.CompoundButton. OnCheckedChangeListener 类型，实现的回调方法是 onCheckedChanged(CompoundButton compoundButton, boolean b)。

对于 CompoundButton 类型控件点击事件的采集，我们只需要判断当前类实现了相应的 CompoundButton.OnCheckedChangeListener 接口，并且又是对应的 onCheckedChanged (CompoundButton compoundButton, boolean b) 回调方法，然后插入埋点代码即可。以上逻辑的代码实现可以参考如下代码片段：

```
if (interfaceList.contains('android.widget.CompoundButton$OnCheckedChangeListener')) {
    if ('onCheckedChanged(Landroid/widget/CompoundButton;Z)V' == methodSignature) {
        currentMethod.insertAfter(SDK_HELPER + ".trackViewOnClick(\$1,\$2);")
        modified = true
    }
}
```

这样处理之后，我们就可以采集以上控件的点击事件了。

扩展 5：支持采集 RatingBar 的点击事件

RatingBar 设置的 listener 是 android.widget.RatingBar.OnRatingBarChangeListener 类型，实现的回调方法是 onRatingChanged(RatingBar ratingBar, float rating, boolean fromUser)。

对于 RatingBar 控件点击事件的采集，我们只需要判断当前类实现了相应的 RatingBar. OnRatingBarChangeListener 接口，并且又是对应的 onRatingChanged(RatingBar ratingBar, float rating, boolean fromUser) 回调方法，然后插入埋点代码即可。以上逻辑的代码实现可以参考如下代码片段：

```
if (interfaceList.contains('android.widget.RatingBar$OnRatingBarChangeListener')) {
    if ('onRatingChanged(Landroid/widget/RatingBar;FZ)V' == methodSignature) {
```

```
        currentMethod.insertAfter(SDK_HELPER + ".trackViewOnClick(\$1);")
        modified = true
    }
}
```

这样处理之后，我们就可以采集 RatingBar 的点击事件了。

扩展 6：支持采集 SeekBar 的点击事件

SeekBar 设置的 listener 是 android.widget.SeekBar.OnSeekBarChangeListener 类型，需要实现的回调方法一共有三个：

```
private void initSeekBar() {
    SeekBar seekBar = findViewById(R.id.seekBar);
    seekBar.setOnSeekBarChangeListener(new SeekBar.OnSeekBarChangeListener() {
        @Override
        public void onProgressChanged(SeekBar seekBar,inti,boolean) {

        }

        @Override
        public void onStartTrackingTouch(SeekBar seekBar) {

        }

        @Override
        public void onStopTrackingTouch(SeekBar seekBar) {

        }
    });
}
```

根据实际的业务分析需求，一般情况下我们只需要关心 onStopTrackingTouch(SeekBar seekBar) 回调方法即可。对于 onProgressChanged 和 onStartTrackingTouch 回调方法可以直接忽略。

对于 SeekBar 控件点击事件的采集，我们只需要判断当前类实现了相应的 SeekBar.OnSeekBarChangeListener 接口，并且又是对应的 onStopTrackingTouch(SeekBar seekBar) 回调方法，然后插入埋点代码即可。以上逻辑的代码实现可以参考如下代码片段：

```
if (interfaceList.contains('android.widget.SeekBar$OnSeekBarChangeListener')) {
    if ('onStopTrackingTouch(Landroid/widget/SeekBar;)V' == methodSignature) {
        currentMethod.insertAfter(SDK_HELPER + ".trackViewOnClick(\$1);")
        modified = true
    }
}
```

这样处理之后，我们就可以采集 SeekBar 的点击事件了。

扩展 7：支持采集 Spinner 的点击事件

Spinner 是 AdapterView 的子类，它显示的是一个可选择的列表。Spinner 设置的 listener 是 android.widget.AdapterView.OnItemSelectedListener 类型，要实现的回调方法一共有两个：

```
spinner.setOnItemSelectedListener(new AdapterView.OnItemSelectedListener() {
    @Override
    public void onItemSelected(AdapterView<?> parent, View view, int position, long id) {
    }

    @Override
    public void onNothingSelected(AdapterView<?> parent) {
    }
});
```

根据实际的业务分析需求，一般情况下我们只需要关心 onItemSelected(AdapterView<?> parent, View view, int position, long id) 回调方法。对于 onNothingSelected(AdapterView<?> parent) 回调方法可以直接忽略。如果用户有更精细化的分析需求，也可以自行添加对 onNothingSelected 回调方法的处理，在此我们不再做单独的介绍。

对于 Spinner 控件点击事件的采集，我们只需要判断当前类实现了相应的 AdapterView.OnItemSelectedListener 接口，并且又是对应的 onItemSelected(AdapterView<?> parent, View view, int position, long id) 回调方法，然后插入埋点代码即可。以上逻辑的代码实现可以参考如下代码片段：

```
if (interfaceList.contains('android.widget.AdapterView$OnItemSelectedListener')) {
    if ('onItemSelected(Landroid/widget/AdapterView;Landroid/view/View;IJ)V'
            == methodSignature) {
        currentMethod.insertAfter(SDK_HELPER + ".trackViewOnClick(\$1,\$2,\$3);")
        modified = true
    }
}
```

这样处理之后，我们就可以采集 Spinner 的点击事件了。

扩展 8：支持采集 TabHost 的点击事件

TabHost 设置的 listener 是 android.widget.TabHost$OnTabChangeListener 类型，要实现的回调方法是 onTabChanged(String tabName)。

对于 TabHost 控件点击事件的采集，我们只需要判断当前类实现了相应的 TabHost$OnTabChangeListener 接口，并且又是对应的 onTabChanged(String tabName) 回调方法，然后插入埋点代码即可。以上逻辑的代码实现可以参考如下代码片段：

```
if (interfaceList.contains('android.widget.TabHost$OnTabChangeListener')) {
    if ('onTabChanged(Ljava/lang/String;)V' == methodSignature) {
        currentMethod.insertAfter(SDK_HELPER + ".trackTabHost(\$1);")
        modified = true
    }
}
```

这样处理之后，我们就可以采集 TabHost 的点击事件了。

和之前面临的问题一样，TabHost 点击事件的采集，我们目前无法获取 TabHost 所属 Activity 的信息，仅能获取当前点击 Tab 对应的名称，即 onTabChanged(String tabName) 回调方法中的 tabName 参数。

扩展 9：支持采集 ListView、GridView 的点击事件

ListView 和 GridView 的功能和使用方法非常相似，它们设置的 listener 均是 android. widget.AdapterView.OnItemClickListener 类型，需要实现的回调方法是 onItemClick(Adapter View<?> parent, View view, int position, long id)。

对于 ListView 和 GridView 控件点击事件的采集，我们只需要判断当前类实现了相应的 AdapterView.OnItemClickListener 接口，并且又是对应的 onItemClick(AdapterView<?> parent, View view, int position, long id) 回调方法，然后插入埋点代码即可。以上逻辑的代码实现可以参考如下代码片段：

```
if (interfaceList.contains('android.widget.AdapterView$OnItemClickListener')) {
    if ('onItemClick(Landroid/widget/AdapterView;Landroid/view/View;IJ)V' ==
        methodSignature) {
        currentMethod.insertAfter(SDK_HELPER + ".trackViewOnClick(\$1,\$2,\$3);")
        modified = true
    }
}
```

这样处理之后，我们就可以采集 ListView 和 GridView 的点击事件了。

扩展 10：支持采集 ExpandableListView 的点击事件

ExpandableListView 是 ListView 的子类。ExpandableListView 的点击需要区分 childOnClick 和 groupOnClick 两种情况，它设置的 listener 分别是 android.widget.ExpandableListView.OnGroup ClickListener 类型和 android.widget.ExpandableListView.OnChildClickListener 类型，需要实现的回调方法分别是 onChildClick(ExpandableListView expandableListView, View view, int groupPosition, int childPosition, long id) 和 onGroupClick(ExpandableListView expandableListView, View view, int groupPosition, long id)。

对于 ExpandableListView 控件点击事件的采集，我们只需要判断当前类实现了相应的 ExpandableListView.OnGroupClickListener 接口或 ExpandableListView.OnChildClickListener 接口，并且又是对应的 onGroupClick(ExpandableListView expandableListView, View view, int groupPosition, long id) 或 onChildClick(ExpandableListView expandableListView, View view, int groupPosition, int childPosition, long id) 回调方法，然后插入埋点代码即可。

对于 OnChildClickListener 的 onChildClick 回调方法，以上逻辑的代码实现可以参考如下代码片段：

```
if (interfaceList.contains('android.widget.ExpandableListView$OnChildClickListener')) {
    if ('onChildClick(Landroid/widget/ExpandableListView;Landroid/view/View;IIJ)
        Z' == methodSignature) {
        currentMethod.insertAfter(SDK_HELPER + ".trackExpandableListViewChildOnC
            lick(\$1,\$2,\$3,\$4);")
        modified = true
    }
}
```

对于 OnGroupClickListener 的 onGroupClick 回调方法，以上逻辑的代码实现可以参考如下代码片段：

```
if (interfaceList.contains('android.widget.ExpandableListView$OnGroupClickListener')) {
    if ('onGroupClick(Landroid/widget/ExpandableListView;Landroid/view/View;IJ)
        Z' == methodSignature) {
        currentMethod.insertAfter(SDK_HELPER + ".trackExpandableListViewGroupOnC
            lick(\$1,\$2,\$3);")
        modified = true
    }
}
```

这样处理之后，我们就可以采集 ExpandableListView 的点击事件了。

至此，一个相当完善的基于 Javassist 的全埋点方案就算完成了。

第 11 章

$AppClick 全埋点方案 8：AST

11.1 关键技术

11.1.1 APT

APT 是 Annotation Processing Tool 的缩写，即注解处理器，是一种处理注解的工具。确切来说，它是 javac 的一个工具，用来在编译时扫描和处理注解。注解处理器以 Java 代码（或者编译过的字节码）作为输入，以生成 .java 文件作为输出。简单来说，就是在编译期通过注解生成 .java 文件。

11.1.2 Element

自定义注解处理器，需要继承 AbstractProcessor 类。对于 AbstractProcessor 来说，最重要的就是 process 方法，process 方法处理的核心是 Element 对象。

下面我们详细介绍一下 Element 对象。

Element 的完整源码如下：

```
package javax.lang.model.element;

import java.lang.annotation.Annotation;
import java.util.List;
import java.util.Set;
import javax.lang.model.AnnotatedConstruct;
import javax.lang.model.type.TypeMirror;

public interface Element extends AnnotatedConstruct {
    TypeMirror asType();
```

```
ElementKind getKind();
Set<Modifier> getModifiers();
Name getSimpleName();
Element getEnclosingElement();
List<? extends Element>getEnclosedElements();
boolean equals(Object var1);
int hashCode();
List<? extends AnnotationMirror> getAnnotationMirrors();
<A extends Annotation> A getAnnotation(Class<A> var1);
<R, P> R accept(ElementVisitor<R, P> var1, P var2);
}
```

从以上定义可以看出，Element 其实就是一个接口，它定义了外部可以调用的几个方法。
下面简单介绍一下 Element 定义的一些常用方法。

❑ asType

返回此元素定义的类型。

❑ getKind

返回此元素的种类：包、类、接口、方法、字段等。

❑ getModifiers

返回此元素的修饰符。

❑ getSimpleName

返回此元素的简单名称，如类名。

❑ getEnclosedElements

返回封装此元素的最里层元素。

❑ getAnnotation

返回此元素针对指定类型的注解。注解可以是继承的，也可以是直接存在于此元素上的。

Element 有 5 个直接子类，它们分别代表一种特定类型的元素。5 个子类各有各的用处，
并且有各自独有的方法，在使用的时候可以强制将 Element 对象转换成它们中的任意一种，
但是必须满足转换的条件，不然会抛出异常。

❑ TypeElement

一个类或接口程序元素。

❑ VariableElement

一个字段、enum 常量、方法或构造方法参数、局部变量或异常参数。

❑ ExecutableElement

某个类或接口的方法、构造方法或初始化程序（静态或实例），包括注解类型元素。

❑ PackageElement

一个包程序元素。

❑ TypeParameterElement

一般类、接口、方法或构造方法元素的泛型参数。

其中，TypeElement 和 VariableElement 是最核心的两个 Element，也是我们在下文会使用到的。

11.1.3　APT 实例

下面来讲解一个关于 APT 实例。

我们通过 APT 来实现一个功能，该功能类似于 ButterKnife 中的 @BindView 注解。通过对 View 变量的注解，实现对 View 的绑定（无须调用 findViewById 方法）。

完整的项目源码可以参考：https://github.com/wangzhzh/AutoTrackAPTProject。

完整工程的整体结构如图 11-1 所示。

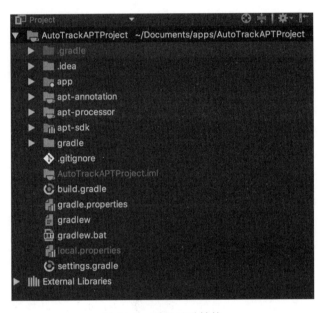

图 11-1　项目目录结构

工程主要分为四个 module：

❏ app

主要用来测试我们要实现的功能。

❏ apt-annotation

是一个 Java Library Module，主要放置我们自定义的注解 @SensorsDataBindView；

❏ apt-processor

是一个 Java Library Module，是我们的注解处理器模块，它主要是根据 apt-annotation 模块中定义的注解，在编译时生成 xxxActivity_SensorsDataViewBinding.java 文件。该 module 需要依赖 apt-annotation module。

❏ apt-sdk

是一个 Android Library Module，即 SDK 模块。它通过反射调用 apt-processor 模块生成的 xxxActivity_SensorsDataViewBinding.java 中的方法，实现对 View 的绑定。该 module 依赖 apt-annotation module。

有关 apt-annotation、apt-processor、apt-sdk 三个模块的关系，可以参考图 11-2。

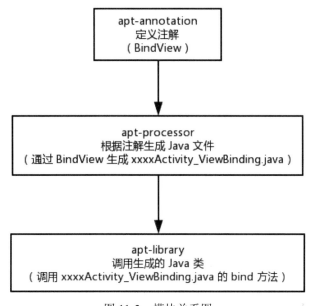

图 11-2　模块关系图

下面介绍一下 APT 实现的详细步骤。

第 1 步：自定义注解 @SensorsDataBindView

在 apt-annotation 中新建一个注解 @SensorsDataBindView。该注解的完整源码如下：

```
package com.sensorsdata.analytics.android.annotation;

import java.lang.annotation.ElementType;
import java.lang.annotation.Retention;
import java.lang.annotation.RetentionPolicy;
import java.lang.annotation.Target;

@Retention(RetentionPolicy.CLASS)
@Target(ElementType.FIELD)
public @interface SensorsDataBindView {
    int value();
}
```

这里定义了运行时注解 @SensorsDataBindView，其中 int value() 用于获取对应的 View 的 android:id。该注解又使用 @Retention 和 @Target 注解进行了标记，它们的含义分别是：

@Retention

定义了该 Annotation 被保留的时间长短的策略。它一共有三种策略，定义在 RetentionPolicy 枚举中：

```
public enum RetentionPolicy {
    SOURCE,
    CLASS,
    RUNTIME
}
```

❏ SOURCE

表示会被编译器忽略。

❏ CLASS

表示该注解将会被保留在 Class 文件中，但在运行时并不会被 VM 保留。这是一种默认行为，所有没有用 Retention 注解的注解，都会采用这种策略。

❏ RUNTIME

表示保留至运行时。所以我们可以通过反射去获取注解信息。

@Target

定义 Annotation 所修饰的对象范围。Annotation 可用于 packages、types（类、接口、枚举、Annotation 类型）、类型成员（方法、构造方法、成员变量、枚举值）、方法参数和本地变量（如循环变量、catch 参数）。

Target 主要有下面几种范围：

❏ CONSTRUCTOR：用于描述构造器；

❏ FIELD：用于描述域；

❏ LOCAL_VARIABLE：用于描述局部变量；

❏ METHOD：用户描述方法；

❏ PACKAGE：用户描述包；

❏ PARAMETER：用于描述参数；

❏ TYPE：用于描述类、接口（包括注解类型）或 enum 声明。

第 2 步：添加依赖关系

apt-processor module 依赖 apt-annotation module，同时也要依赖 auto-service 第三方库，主要是后面创建注解处理器时需要使用它的 @AutoService 注解。可以通过修改 apt-processor/build.gradle 文件，添加相关的依赖关系。完整的脚本内容可以如下：

```
apply plugin: 'java-library'

dependencies {
    implementation fileTree(include: ['*.jar'], dir: 'libs')
    implementation project(':apt-annotation')
    implementation 'com.google.auto.service:auto-service:1.0-rc2'
}
```

```
sourceCompatibility = "1.7"
targetCompatibility = "1.7"
```

关于 auto-service 的更多详细信息，可以参考文档：

https://mvnrepository.com/artifact/com.google.auto.service/auto-service

第 3 步：创建注解处理器

在 apt-processor 中定义注解处理器 SensorsDataBindViewProcessor.java。完整的源码如下：

```java
package com.sensorsdata.analytics.android.processor;

import com.google.auto.service.AutoService;

import java.io.IOException;
import java.io.Writer;
import java.util.HashMap;
import java.util.HashSet;
import java.util.LinkedHashSet;
import java.util.Map;
import java.util.Set;

import javax.annotation.processing.AbstractProcessor;
import javax.annotation.processing.ProcessingEnvironment;
import javax.annotation.processing.Processor;
import javax.annotation.processing.RoundEnvironment;
import javax.lang.model.SourceVersion;
import javax.lang.model.element.Element;
import javax.lang.model.element.TypeElement;
import javax.lang.model.element.VariableElement;
import javax.lang.model.util.Elements;
import javax.tools.JavaFileObject;

import com.sensorsdata.analytics.android.annotation.SensorsDataBindView;

@AutoService(Processor.class)
@SuppressWarnings("unused")
public class SensorsDataBindViewProcessor extends AbstractProcessor {
    private Elements mElementUtils;
    private Map<String, SensorsDataClassCreatorFactory> mClassCreatorFactoryMap =
        new HashMap<>();

    @Override
    public synchronized void init(ProcessingEnvironment processingEnv) {
        super.init(processingEnv);
        mElementUtils = processingEnv.getElementUtils();
    }

    @Override
    public Set<String> getSupportedAnnotationTypes() {
        HashSet<String> supportTypes = new LinkedHashSet<>();
```

```java
        supportTypes.add(SensorsDataBindView.class.getCanonicalName());
        return supportTypes;
    }


    @Override
    public SourceVersion getSupportedSourceVersion() {
        return SourceVersion.latestSupported();
    }


    @Override
    publicbooleanprocess(Set<?extendsTypeElement>set,RoundEnvironmentround
        Environment) {
        mClassCreatorFactoryMap.clear();
        //得到所有的注解
        Set<? extends Element> elements = roundEnvironment.getElementsAnnotatedW-
            ith(SensorsDataBindView.class);
        for (Element element : elements) {
            VariableElement variableElement = (VariableElement) element;
            TypeElement classElement = (TypeElement) variableElement.getEnclosing
                Element();
                String fullClassName = classElement.getQualifiedName().toString();
                SensorsDataClassCreatorFactory proxy = mClassCreatorFactoryMap.
                    get(fullClassName);
            if (proxy == null) {
                proxy = new SensorsDataClassCreatorFactory(mElementUtils, class
                    Element);
                mClassCreatorFactoryMap.put(fullClassName, proxy);
            }
            SensorsDataBindView bindAnnotation = variableElement.getAnnotation(S-
                ensorsDataBindView.class);
            int id = bindAnnotation.value();
            proxy.putElement(id, variableElement);
        }
        //创建java文件
        for (String key : mClassCreatorFactoryMap.keySet()) {
            SensorsDataClassCreatorFactory proxyInfo = mClassCreatorFactoryMap.
                get(key);
            try {
                JavaFileObject jfo = processingEnv.getFiler().createSourceFile
                    (proxyInfo.getProxyClassFullName(), proxyInfo.getTypeElement());
                Writer writer = jfo.openWriter();
                writer.write(proxyInfo.generateJavaCode());
                writer.flush();
                writer.close();
            } catch (IOException e) {
                e.printStackTrace();
            }
        }
        return true;
    }
}
```

SensorsDataBindViewProcessor 继承 AbstractProcessor 类，并且需要在类上使用 @AutoService(Processor.class) 注解标记，表明当前类是一个注解处理器。

如果不使用 @AutoService(Processor.class) 注解进行标记，就需要我们创建文件 apt-processor/src/main/resources/META-INF/services/ javax.annotation.processing.Processor 进行声明。文件里的内容就是我们自定义的 SensorsDataBindViewProcessor 注解处理器的包名和类名，即 com.sensorsdata.analytics.android.processor.SensorsDataBindViewProcessor。

目前整个工程的整体目录结构如图 11-3 所示。

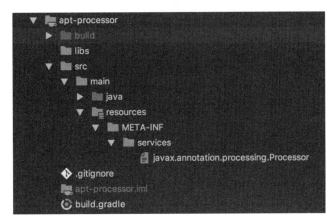

图 11-3　项目目录结构

SensorsDataBindViewProcessor.java 主要包含下面几个重要的方法：

❏ init

初始化函数，可以得到 ProcessingEnviroment 对象。ProcessingEnviroment 提供很多有用的工具类，如 Elements、Types 和 Filer。

❏ getSupportedAnnotationTypes

指定这个注解处理器是注册给哪个注解的，这里指定的是我们上面创建的注解 @SensorsDataBindView。

此函数也可以用 @SupportedAnnotationTypes 注解代替。即在 SensorsDataBindViewProcessor.java 类上使用 @SupportedAnnotationTypes 注解标记，并标明支持的注解类型，如：

```
@SupportedAnnotationTypes({"com.sensorsdata.analytics.android.annotation.Sensors
    DataBindView"})
```

❏ getSupportedSourceVersion

指定使用的 Java 版本，通常这里返回 SourceVersion.latestSupported()。

此函数也可以用 @SupportedSourceVersion 注解代替，即在 SensorsDataBindViewProcessor.java 类上使用 @SupportedSourceVersion 注解标记，并标明支持的 Java 版本，如：

```
@SupportedSourceVersion(SourceVersion.RELEASE_8)
```

❑ process

可以在这里添加扫描、评估和处理注解的代码，生成 Java 文件。通过 roundEnvironment.
getElementsAnnotatedWith(SensorsDataBindView.class) 可以得到所有含有 @SensorsDataBindView
注解的 elements 集合。可以将 element 强制转为 VariableElement 类型，通过 variableElement.
getEnclosingElement() 可以获取类的信息 TypeElement，通过 classElement.getQualifiedName().
toString() 可以获取类的完整包名和类名。然后将 elements 的信息以完整的 "包名 + 类名" 为
key 保存到 mClassCreatorFactoryMap 中，最后通过 mClassCreatorFactoryMap 创建对应的 Java
文件，其中 mClassCreatorFactoryMap 是 SensorsDataClassCreatorFactory 的 Map 集合，以完整
的 "包名 + 类名" 为 key。SensorsDataClassCreatorFactory 的完整源码如下：

```java
package com.sensorsdata.analytics.android.processor;

import java.util.HashMap;
import java.util.Map;

import javax.lang.model.element.PackageElement;
import javax.lang.model.element.TypeElement;
import javax.lang.model.element.VariableElement;
import javax.lang.model.util.Elements;

/**
 * Created by SensorsData
 */
public class SensorsDataClassCreatorFactory {
    private String mBindingClassName;
    private String mPackageName;
    private TypeElement mTypeElement;
    private Map<Integer, VariableElement> mVariableElementMap = new HashMap<>();

    SensorsDataClassCreatorFactory(Elements elementUtils, TypeElement classElement) {
        this.mTypeElement = classElement;
        PackageElement packageElement = elementUtils.getPackageOf(mTypeElement);
        String packageName = packageElement.getQualifiedName().toString();
        String className = mTypeElement.getSimpleName().toString();
        this.mPackageName = packageName;
        this.mBindingClassName = className + "_SensorsDataViewBinding";
    }

    public void putElement(int id, VariableElement element) {
        mVariableElementMap.put(id, element);
    }

    /**
     * 创建 Java 代码
     *
     * @return String
```

```
     */
    public String generateJavaCode() {
        StringBuilder builder = new StringBuilder();
        builder.append("/**\n" +
                " * Auto Created by SensorsData APT\n" +
                " */\n");
        builder.append("package ").append(mPackageName).append(";\n");
        builder.append('\n');
        builder.append("public class ").append(mBindingClassName);
        builder.append(" {\n");

        generateBindViewMethods(builder);
        builder.append('\n');
        builder.append("}\n");
        return builder.toString();
    }

    /**
     * 加入Method
     *
     * @param builder StringBuilder
     */
    private void generateBindViewMethods(StringBuilder builder) {
        builder.append("\tpublic void bindView(");
        builder.append(mTypeElement.getQualifiedName());
        builder.append(" owner ) {\n");
        for (int id : mVariableElementMap.keySet()) {
            VariableElement element = mVariableElementMap.get(id);
            String viewName = element.getSimpleName().toString();
            String viewType = element.asType().toString();
            builder.append("\t\towner.");
            builder.append(viewName);
            builder.append(" = ");
            builder.append("(");
            builder.append(viewType);
            builder.append(")(((android.app.Activity)owner).findViewById( ");
            builder.append(id);
            builder.append("));\n");
        }
        builder.append("  }\n");
    }

    public String getProxyClassFullName() {
        return mPackageName + "." + mBindingClassName;
    }

    public TypeElement getTypeElement() {
        return mTypeElement;
    }
}
```

上面的代码主要就是从 Elements、TypeElement 中得到一些想要的信息，如 packageName、Activity 名、变量类型、id 等，通过 StringBuilder 一点一点地拼出 Java 代码，每个对象分别代表一个对应的 .java 文件。

生成的代码类似于：

```
/**
 * Auto Created by SensorsData APT
 */
package com.sensorsdata.analytics.android.app;

public class MainActivity_SensorsDataViewBinding {
    public void bindView(com.sensorsdata.analytics.android.app.MainActivity owner ) {
        owner.button = (android.support.v7.widget.AppCompatButton)(((android.app.
            Activity)owner).findViewById( 2131165218));
    }
}
```

第 4 步：编写埋点 SDK

首先修改 apt-sdk/build.gradle 文件，添加对 apt-annotation module 的依赖关系。完整的脚本内容参考如下：

```
apply plugin: 'com.android.library'

android {
    compileSdkVersion 28

    defaultConfig {
        minSdkVersion 15
        targetSdkVersion 28
        versionCode 1
        versionName "1.0"

    }

    buildTypes {
        release {
            minifyEnabled false
            proguardFiles getDefaultProguardFile('proguard-android.txt'), 'proguard-
                rules.pro'
        }
    }
}

dependencies {
    implementation fileTree(include: ['*.jar'], dir: 'libs')
    implementation 'com.android.support:appcompat-v7:28.0.0-beta01'
    implementation project(':apt-annotation')
}
```

在上面的 SensorsDataBindViewProcessor.java 类中，我们创建了对应的 xxxActivity_ SensorsDataViewBinding.java 文件，在我们的埋点 SDK 中，需要通过反射调用其中的 bindView 方法。

然后新建 SensorsDataAPI.java，并新增 bindView 静态方法。bindView 方法的代码片段可以如下：

```
package com.sensorsdata.analytics.android.sdk;

import android.app.Activity;

import java.lang.reflect.InvocationTargetException;
import java.lang.reflect.Method;

public class SensorsDataAPI {
    public static void bindView(Activity activity) {
        Class clazz = activity.getClass();
        try {
            Class<?> bindViewClass = Class.forName(clazz.getName() + "_Sensors
                DataViewBinding");
            Method method = bindViewClass.getMethod("bindView", activity.
                getClass());
            method.invoke(bindViewClass.newInstance(), activity);
        } catch (ClassNotFoundException e) {
            e.printStackTrace();
        } catch (IllegalAccessException e) {
            e.printStackTrace();
        } catch (InstantiationException e) {
            e.printStackTrace();
        } catch (NoSuchMethodException e) {
            e.printStackTrace();
        } catch (InvocationTargetException e) {
            e.printStackTrace();
        }
    }
}
```

通过反射找到对应的 xxxActivity_SensorsDataViewBinding.java 类，然后调用其中的 bindView() 方法完成对 View 的绑定。

第 5 步：在应用程序中使用注解处理器

修改 app/build.gradle 文件，添加对 apt-sdk、apt-annotation、apt-processor 模块的依赖关系。完整的配置脚本内容如下：

```
apply plugin: 'com.android.application'

android {
    compileSdkVersion 28
    defaultConfig {
```

```
        applicationId "apt.app.android.autotrack.sensorsdata.cn.autotrackaptproject"
        minSdkVersion 15
        targetSdkVersion 28
        versionCode 1
        versionName "1.0"
    }
    buildTypes {
        release {
            minifyEnabled false
            proguardFiles getDefaultProguardFile('proguard-android.txt'), 'proguard-
                rules.pro'
        }
    }
}

dependencies {
    implementation fileTree(include: ['*.jar'], dir: 'libs')
    implementation 'com.android.support:appcompat-v7:28.0.0-beta01'
    implementation 'com.android.support.constraint:constraint-layout:1.1.2'
    implementation project(':apt-annotation')
    implementation project(':apt-sdk')
    annotationProcessor project(':apt-processor')
}
```

注意，这里的依赖注解处理器模块使用了 annotationProcessor。

最后在 Acitivity 里使用注解 @SensorsDataBindView，以及在 onCreate 里调用 SensorsData
API.bindView(this) 方法：

```
package com.sensorsdata.analytics.android.app;

import android.support.v7.app.AppCompatActivity;
import android.os.Bundle;
import android.support.v7.widget.AppCompatButton;

import com.sensorsdata.analytics.android.annotation.SensorsDataBindView;
import com.sensorsdata.analytics.android.sdk.SensorsDataAPI;

public class MainActivity extends AppCompatActivity {
    @SensorsDataBindView(R.id.button)
    AppCompatButton button;

    @Override
    protected void onCreate(Bundle savedInstanceState) {
        super.onCreate(savedInstanceState);
        setContentView(R.layout.activity_main);
        SensorsDataAPI.bindView(this);
        button.setText("New Text");
    }
}
```

第 6 步：构建应用程序

编译应用程序成功之后，在 app module 的 build/generated/source/apt/debug 目录下，可以看到注解处理器生成的 xxxActivity_SensorsDataViewBinding.java 文件，参考图 11-4。

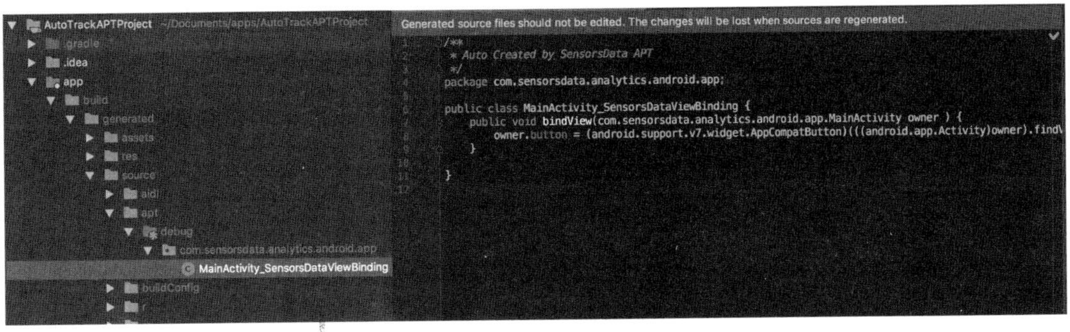

图 11-4　自动生成的代码

至此，一个非常简单的 APT 实例就算完成了。

11.1.4　javapoet

在上面的实例中，我们通过 StringBuilder 拼接生成了对应的 Java 代码。但是，这种做法比较烦琐、容易出错，而且难以维护。所以，我们也可以使用 javapoet 库来生成 Java 代码。

javapoet 是一个开源的项目，Github 地址：

https://github.com/square/javapoet

下面我们介绍如何利用 javapoet 代替之前通过 StringBuilder 生成的 Java 代码：

第 1 步：添加依赖关系

在 apt-processor/build.gradle 中添加对 javapoet 的依赖关系。完整的配置脚本如下：

```
apply plugin:'java-library'

dependencies {
    implementation fileTree(include: ['*.jar'], dir: 'libs')
    implementation project(':apt-annotation')
    implementation 'com.google.auto.service:auto-service:1.0-rc2'

    implementation 'com.squareup:javapoet:1.10.0'
}

sourceCompatibility = "1.7"
targetCompatibility = "1.7"
```

第 2 步：在 SensorsDataClassCreatorFactory.java 里添加如下代码片段所示的方法

```
/**
 * 使用 javapoet 创建 Java 代码
```

```
 * javapoet
 *
 * @return TypeSpec
 */
public TypeSpec generateJavaCodeWithJavapoet() {
    TypeSpec bindingClass = TypeSpec.classBuilder(mBindingClassName)
            .addModifiers(Modifier.PUBLIC)
            .addMethod(generateMethodsWithJavapoet())
            .build();
    return bindingClass;

}


/**
 * 使用 javapoet 创建 Method
 *
 * @return MethodSpec
 */
private MethodSpec generateMethodsWithJavapoet() {
    ClassName owner = ClassName.bestGuess(mTypeElement.getQualifiedName().toString());
    MethodSpec.Builder methodBuilder = MethodSpec.methodBuilder("bindView")
            .addModifiers(Modifier.PUBLIC)
            .returns(void.class)
            .addParameter(owner, "owner");

    for (int id : mVariableElementMap.keySet()) {
        VariableElement element = mVariableElementMap.get(id);
        String viewName = element.getSimpleName().toString();
        String viewType = element.asType().toString();
        methodBuilder.addCode("owner." + viewName + " = " + "(" + viewType + ")
        (((android.app.Activity)owner).findViewById( " + id + "));");
    }
    return methodBuilder.build();
}


public String getPackageName() {
    return mPackageName;
}
```

第 3 步：在 SensorsDataBindViewProcessor.java 中调用上面的方法创建 java 文件。
可以参考如下代码片段：

```
//使用 javapoet 创建java文件。
for (String key : mClassCreatorFactoryMap.keySet()) {
    SensorsDataClassCreatorFactory proxyInfo = mClassCreatorFactoryMap.get(key);
    JavaFile javaFile = JavaFile.builder(proxyInfo.getPackageName(), proxyInfo.
        generateJavaCodeWithJavapoet()).build();
    try {
        // 生成文件
        javaFile.writeTo(processingEnv.getFiler());
```

```
    } catch (IOException e) {
        e.printStackTrace();
    }
}
```

这样就可以用 javapoet 来生成 Java 代码了。

11.1.5　AST

下面我们讲一下什么是 AST。

AST，是 Abstract Syntax Tree 的缩写，即"抽象语法树"，是编辑器对代码的第一步加工之后的结果，是一个树形式表示的源代码。源代码的每个元素映射到一个节点或子树。

Java 的编译过程可以分成三个阶段，参考图 11-5。

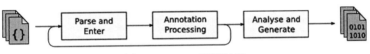

图 11-5　Java 编译过程

第一阶段：所有的源文件会被解析成语法树。

第二阶段：调用注解处理器，即 APT 模块。如果注解处理器产生了新的源文件，新的源文件也要参与编译。

第三阶段：语法树会被分析并转化成类文件。

11.2　原理概述

编辑器对代码处理的流程大概是：

JavaTXT->词语法分析->生成 AST ->语义分析 ->编译字节码

通过操作 AST，可以达到修改源代码的功能。

在自定义注解处理器的 process 方法里，通过 roundEnvironment.getRootElements() 方法可以拿到所有的 Element 对象，通过 trees.getTree(element) 方法可以拿到对应的抽象语法树（AST），然后我们自定义一个 TreeTranslator，在 visitMethodDef 里即可对方法进行判断。如果是目标处理方法，则通过 AST 框架的相关 API 即可插入埋点代码，从而实现全埋点的效果。

11.3　案例

下面以自动采集 Android 的 Button 点击事件为例，详细介绍该方案的实现。对于其他控件的自动采集，后面会进行扩展。

完整的项目源码可以参考：

https://github.com/wangzhzh/AutoTrackAppClick8

详细步骤如下所示。

第 1 步：新建一个项目（Project）

在新建的项目中，会自动包含一个主 module，即 app。

第 2 步：创建 sdk module

新建一个 Android Library module，名称叫 sdk，这个模块就是我们的埋点 SDK 模块。

第 3 步：编写埋点 SDK

在 sdk module 中新建一个埋点 SDK 的主类，即 SensorsDataAPI.java。完整的源码如下：

```java
package com.sensorsdata.analytics.android.sdk;

import android.app.Application;
import android.support.annotation.Keep;
import android.support.annotation.NonNull;
import android.support.annotation.Nullable;
import android.util.Log;

import org.json.JSONObject;

import java.util.Map;

/**
 * Created by 王灼洲 on 2018/7/22
 */
@Keep
public class SensorsDataAPI {
    private final String TAG = this.getClass().getSimpleName();
    public static final String SDK_VERSION = "1.0.0";
    private static SensorsDataAPI INSTANCE;
    private static final Object mLock = new Object();
    private static Map<String, Object> mDeviceInfo;
    private String mDeviceId;

    @Keep
    @SuppressWarnings("UnusedReturnValue")
    public static SensorsDataAPI init(Application application) {
        synchronized (mLock) {
            if (null == INSTANCE) {
                INSTANCE = new SensorsDataAPI(application);
            }
            return INSTANCE;
        }
    }

    @Keep
```

```java
public static SensorsDataAPI getInstance() {
    return INSTANCE;
}

private SensorsDataAPI(Application application) {
    mDeviceId = SensorsDataPrivate.getAndroidID(application.getApplicationContext());
    mDeviceInfo = SensorsDataPrivate.getDeviceInfo(application.getApplication
        Context());
}

/**
 * Track 事件
 *
 * @param eventName  String 事件名称
 * @param properties JSONObject 事件属性
 */
@Keep
public void track(@NonNull final String eventName, @Nullable JSONObject properties) {
    try {
        JSONObject jsonObject = new JSONObject();
        jsonObject.put("event", eventName);
        jsonObject.put("device_id", mDeviceId);

        JSONObject sendProperties = new JSONObject(mDeviceInfo);

        if (properties != null) {
            SensorsDataPrivate.mergeJSONObject(properties, sendProperties);
        }

        jsonObject.put("properties", sendProperties);
        jsonObject.put("time", System.currentTimeMillis());

        Log.i(TAG, SensorsDataPrivate.formatJson(jsonObject.toString()));
    } catch (Exception e) {
        e.printStackTrace();
    }
}
}
```

目前这个主类比较简单，主要包含下面几个方法：

❏ init(Application application)

这是一个静态方法，埋点 SDK 的初始化函数，内部实现用到了单例设计模式，然后调用私有构造函数初始化埋点 SDK。app module 就是调用这个方法初始化埋点 SDK 的。

❏ getInstance()

这也是一个静态方法，通过该方法可以获取埋点 SDK 的实例对象。

❏ SensorsDataAPI(Application application)

私有的构造函数，也是埋点 SDK 真正的初始化逻辑。在其方法内部通过调用埋点 SDK 的私有类 SensorsDataPrivate 中的方法来注册 ActivityLifecycleCallbacks。

❏ track(@NonNull final String eventName, @Nullable JSONObject properties)

对外公开的 track 接口，通过该方法可以触发事件，第一个参数 eventName 代表事件的名称，第二个参数 properties 代表事件的属性。本书为了简化，触发事件仅仅是打印了事件的 JSON 信息。

❏ 用到的 SensorsDataPrivate.java 可以参考项目源码。

第 4 步：创建埋点 SDK 工具类

在 sdk module 里新建 SensorsDataAutoTrackHelper.java。完整的源码如下：

```java
package android.analytics.sensorsdata.com.sdk;

import android.app.Activity;
import android.support.annotation.Keep;
import android.view.View;

import org.json.JSONObject;

public class SensorsDataAutoTrackHelper {
    /**
     * View 被点击，自动埋点
     *
     * @param view View
     */
    @Keep
    public static void trackViewOnClick(View view) {
        try {
            JSONObject jsonObject = new JSONObject();
            jsonObject.put("$element_type", SensorsDataPrivate.getElementType(view));
            jsonObject.put("$element_id", SensorsDataPrivate.getViewId(view));
            jsonObject.put("$element_content", SensorsDataPrivate.getElement
                Content(view));

            Activity activity = SensorsDataPrivate.getActivityFromView(view);
            if (activity != null) {
                jsonObject.put("$activity", activity.getClass().getCanonicalName());
            }

            SensorsDataAPI.getInstance().track("$AppClick", jsonObject);
        } catch (Exception e) {
            e.printStackTrace();
        }
    }
}
```

这个类主要是给 plugin 使用的，现新增一个方法 trackViewOnClick(View view)，用来给 Button 埋点。

第 5 步：添加依赖关系

app module 需要依赖 sdk module。可以通过修改 app/build.gradle 文件，在其 dependencies 节点中添加依赖关系。完整的配置脚本如下：

```
apply plugin: 'com.android.application'
apply plugin: 'com.jakewharton.butterknife'

allprojects {
    repositories {
        google()
        jcenter()
        maven {
            url uri('../repo')
        }
    }
}

android {
    compileOptions {
        sourceCompatibility JavaVersion.VERSION_1_8
        targetCompatibility JavaVersion.VERSION_1_8
    }
    compileSdkVersion 28
    defaultConfig {
        applicationId "com.sensorsdata.analytics.android.app.project8"
        minSdkVersion 15
        targetSdkVersion 28
        versionCode 1
        versionName "1.0"
    }
    buildTypes {
        release {
            minifyEnabled false
            proguardFiles getDefaultProguardFile('proguard-android.txt'), 'proguard-
                rules.pro'
        }
    }

    dataBinding {
        enabled = true
    }
}

dependencies {
    implementation fileTree(include: ['*.jar'], dir: 'libs')
    implementation 'com.android.support:appcompat-v7:28.0.0-rc02'
    implementation 'com.android.support.constraint:constraint-layout:1.1.2'

    implementation project(':sdk')

    //https://github.com/JakeWharton/butterknife
    implementation 'com.jakewharton:butterknife:8.8.1'
    annotationProcessor 'com.jakewharton:butterknife-compiler:8.8.1'
}
```

第 6 步：初始化埋点 SDK

需要在应用程序中自定义的 Application（比如 MyApplication）里初始化 SDK，一般建议在 onCreate 方法中初始化。MyApplication.java 的完整源码如下：

```
package com.sensorsdata.analytics.android.app;

import android.app.Application;

import com.sensorsdata.analytics.android.sdk.SensorsDataAPI;

/**
 * Created by 王灼洲 on 2018/7/22
 */
public class MyApplication extends Application {
    @Override
    public void onCreate() {
        super.onCreate();

        initSensorsDataAPI(this);
    }

    /**
     * 初始化埋点 SDK
     *
     * @param application Application
     */
    private void initSensorsDataAPI(Application application) {
        SensorsDataAPI.init(application);
    }
}
```

第 7 步：声明自定义的 Application

以上面自定义的 MyApplication 为例，需要在 AndroidManifest.xml 文件的 application 节点中声明 MyApplication。

```
<?xml version="1.0" encoding="utf-8"?>
<manifest xmlns:android="http://schemas.android.com/apk/res/android"
    package="com.sensorsdata.analytics.android.app">
    <application
        android:name=".MyApplication"
        android:allowBackup="true"
        android:icon="@mipmap/ic_launcher"
        android:label="@string/app_name"
        android:roundIcon="@mipmap/ic_launcher_round"
        android:supportsRtl="true"
        android:theme="@style/AppTheme">
        ......
    </application>
</manifest>
```

第 8 步：新建一个 Android Library module，名称叫：plugin

第 9 步：修改 plugin/build.gradle 文件，添加对 auto-service、toolsJar 的依赖关系。
完整的配置脚本如下：

```
apply plugin: 'java'
apply plugin: 'maven'

sourceCompatibility = JavaVersion.VERSION_1_7
targetCompatibility = JavaVersion.VERSION_1_7

dependencies {
    implementation 'com.google.auto.service:auto-service:1.0-rc2'
    implementation files(org.gradle.internal.jvm.Jvm.current().toolsJar)
}
repositories {
    jcenter()
}

uploadArchives {
    repositories.mavenDeployer {
        //本地仓库路径，以放到项目根目录下的 repo 的文件夹为例
        repository(url: uri('../repo'))

        //groupId ，自行定义
        pom.groupId = 'com.sensorsdata'

        //artifactId
        pom.artifactId = 'autotrack.android'

        //插件版本号
        pom.version = '1.0.2'
    }
}
```

第 10 步：创建注解处理器

在 plugin 里定义注解处理器 SensorsAnalyticsPlugin.java。完整的源码如下：

```java
package com.sensorsdata.analytics.android.plugin;

import com.google.auto.service.AutoService;
import com.sun.source.util.Trees;
import com.sun.tools.javac.processing.JavacProcessingEnvironment;
import com.sun.tools.javac.tree.JCTree;
import com.sun.tools.javac.tree.TreeMaker;
import com.sun.tools.javac.tree.TreeTranslator;
import com.sun.tools.javac.util.Context;
import com.sun.tools.javac.util.Name;
import com.sun.tools.javac.util.Names;

import java.util.Set;
```

```java
import javax.annotation.processing.AbstractProcessor;
import javax.annotation.processing.Messager;
import javax.annotation.processing.ProcessingEnvironment;
import javax.annotation.processing.Processor;
import javax.annotation.processing.RoundEnvironment;
import javax.annotation.processing.SupportedAnnotationTypes;
import javax.annotation.processing.SupportedSourceVersion;
import javax.lang.model.SourceVersion;
import javax.lang.model.element.Element;
import javax.lang.model.element.ElementKind;
import javax.lang.model.element.TypeElement;

@SupportedSourceVersion(SourceVersion.RELEASE_8)
@SupportedAnnotationTypes("*")
@AutoService(Processor.class)
public class SensorsAnalyticsPlugin extends AbstractProcessor {
    private ProcessingEnvironment processingEnvironment;
    private Trees trees;
//    private TreeMaker make;
//    private Name.Table names;
//    private Messager messager;

    @Override
    public synchronized void init(ProcessingEnvironment env) {
        super.init(env);
        processingEnvironment = env;
//        messager = env.getMessager();
        trees = Trees.instance(env);
        Context context = ((JavacProcessingEnvironment) env).getContext();
//        make = TreeMaker.instance(context);
//        names = Names.instance(context).table;
    }

    @Override
    public boolean process(Set<? extends TypeElement> set, RoundEnvironment
        roundEnvironment) {
        if (!roundEnvironment.processingOver()) {
            Set<? extends Element> elements = roundEnvironment.getRootElements();
            for (Element element : elements) {
                if (element.getKind() == ElementKind.CLASS) {
                    JCTree tree = (JCTree) trees.getTree(element);
                    TreeTranslator visitor = new SensorsAnalyticsTreeTranslator(
                        processingEnvironment);
                    tree.accept(visitor);
                }
            }
        }
        return false;
    }
}
```

在类上分别添加以下三个注解:

❑ @SupportedSourceVersion(SourceVersion.RELEASE_8)

代表支持 Java8。

❑ @SupportedAnnotationTypes("*")

代表支持所有的注解。

❑ @AutoService(Processor.class)

此时，我们无须再创建 plugin/src/main/resources/META-INF/services/ javax.annotation. processing.Processor 文件。

在 process 函数里，首先获取所有的 Element 对象，然后再逐一处理类型为 ElementKind. CLASS 的 Element，通过 trees.getTree(element) 获取当前 Element 的抽象语法树，然后利用自定义的 TreeTranslator 处理每一个方法。对于 Button 的点击，设置的就是 View. OnClickListener.onClick(View view)，我们只需要判断当前方法是否满足这个条件即可，如果满足条件，则修改其抽象语法树，插入埋点代码。

第 11 步：自定义 TreeTranslator，即 SensorsAnalyticsTreeTranslator

完整的源码如下:

```java
package com.sensorsdata.analytics.android.plugin;

import com.sun.source.util.Trees;
import com.sun.tools.javac.processing.JavacProcessingEnvironment;
import com.sun.tools.javac.tree.JCTree;
import com.sun.tools.javac.tree.TreeMaker;
import com.sun.tools.javac.tree.TreeTranslator;
import com.sun.tools.javac.util.Context;
import com.sun.tools.javac.util.List;
import com.sun.tools.javac.util.Name;
import com.sun.tools.javac.util.Names;

import javax.annotation.processing.Messager;
import javax.annotation.processing.ProcessingEnvironment;
import javax.tools.Diagnostic;

@SuppressWarnings({"unused", "FieldCanBeLocal"})
public class SensorsAnalyticsTreeTranslator extends TreeTranslator {
    private Trees trees;
    private TreeMaker make;
    private Name.Table names;
    private Messager messager;

    SensorsAnalyticsTreeTranslator(ProcessingEnvironment env) {
        messager = env.getMessager();
        trees = Trees.instance(env);
        Context context = ((JavacProcessingEnvironment)
                env).getContext();
```

```java
        make = TreeMaker.instance(context);
        names = Names.instance(context).table;
    }

    void log(String message) {
        messager.printMessage(Diagnostic.Kind.NOTE, message);
    }

    @Override
    public void visitClassDef(JCTree.JCClassDecl jcClassDecl) {
        super.visitClassDef(jcClassDecl);
    }

    private void insertAfterMethod(JCTree.JCMethodDecl jcMethodDecl) {
        JCTree.JCExpression printlnExpression = make.Ident(names.fromString("com"));
        printlnExpression = make.Select(printlnExpression, names.fromString
            ("sensorsdata"));
        printlnExpression = make.Select(printlnExpression, names.fromString
            ("analytics"));
        printlnExpression = make.Select(printlnExpression, names.fromString
            ("android"));
        printlnExpression = make.Select(printlnExpression, names.fromString
            ("sdk"));
        printlnExpression = make.Select(printlnExpression, names.fromString("Sen
            sorsDataAutoTrackHelper"));
        printlnExpression = make.Select(printlnExpression, names.fromString("tra
            ckViewOnClick"));

        JCTree.JCStatement statement = make.Exec(
                make.Apply(List.<JCTree.JCExpression>nil(),
                    printlnExpression,
                    List.of((JCTree.JCExpression) make.Ident(jcMethodDecl.
                        getParameters().get(0).name))
                )
        );

        jcMethodDecl.body.stats = jcMethodDecl.body.stats.appendList(List.of(statement));
    }

    private boolean isButtonOnClick(JCTree.JCMethodDecl jcMethodDecl) {
        List<JCTree.JCAnnotation> annotationList = jcMethodDecl.getModifiers().
            annotations;
        if (jcMethodDecl.getName().toString().equals("onClick")) {
            if (jcMethodDecl.getReturnType().toString().equals("void")) {
                if (jcMethodDecl.getParameters().size() == 1) {
                    return jcMethodDecl.getParameters().get(0).vartype.toString().
                        equals("View") ||
                            jcMethodDecl.getParameters().get(0).vartype.toString().
                                equals("android.view.View");
                }
            }
```

```
        }

        return false;
    }

    @Override
    public void visitMethodDef(JCTree.JCMethodDecl jcMethodDecl) {
        super.visitMethodDef(jcMethodDecl);

        try {
            if (isButtonOnClick(jcMethodDecl)) {
                insertAfterMethod(jcMethodDecl);
            }
        } catch (Exception e) {
            e.printStackTrace();
        }
    }
}
```

SensorsAnalyticsTreeTranslator 继承 TreeTranslator，并重写其相应的几个方法。

每当遍历到方法时，都会调用 visitMethodDef 方法，我们可以在这里判断当前方法是否符合我们要插入的代码的逻辑。插入的代码为 SensorsDataAutoTrackHelper. trackView OnClick(view)。

第 12 步：在应用程序中使用埋点 SDK 和插件

修改 app/build.gradle 文件，添加对 sdk 和 plugin 的依赖关系。完整的配置脚本如下：

```
apply plugin: 'com.android.application'
apply plugin: 'com.jakewharton.butterknife'

allprojects {
    repositories {
        google()
        jcenter()
        maven {
            url uri('../repo')
        }
    }
}

android {
    compileOptions {
        sourceCompatibility JavaVersion.VERSION_1_8
        targetCompatibility JavaVersion.VERSION_1_8
    }
    compileSdkVersion 28
    defaultConfig {
        applicationId "com.sensorsdata.analytics.android.app.project8"
        minSdkVersion 15
        targetSdkVersion 28
```

```
            versionCode 1
            versionName "1.0"
        }
        buildTypes {
            release {
                minifyEnabled false
                proguardFiles getDefaultProguardFile('proguard-android.txt'),
                    'proguard-rules.pro'
            }
        }

        dataBinding {
            enabled = true
        }
    }

dependencies {
    implementation fileTree(include: ['*.jar'], dir: 'libs')
    implementation 'com.android.support:appcompat-v7:28.0.0-beta01'
    implementation 'com.android.support.constraint:constraint-layout:1.1.2'

    implementation project(':sdk')

    //https://github.com/JakeWharton/butterknife
    implementation 'com.jakewharton:butterknife:8.8.1'
    annotationProcessor 'com.jakewharton:butterknife-compiler:8.8.1'

//    annotationProcessor 'cn.sensorsdata:autotrack.android:1.0.2'
    annotationProcessor project(':plugin')
}
```

注意：使用 plugin 用的是 annotationProcessor。

至此，基于 AST 的用于采集 Button 点击事件的全埋点方案就算完成了。

11.4 完善方案

通过测试发现，下面几种情况的点击事件，该方案目前无法采集：

1. 通过 ButterKnife 的 @OnClick 注解绑定的事件；

2. 通过 android:OnClick 属性绑定的事件；

3. 设置 OnClickListener 使用了 Lambda 语法。

针对以上问题，我们会在下面一一进行分析。

问题 1：无法采集通过 ButterKnife 的 @OnClick 注解绑定的事件

由于 ButterKnife 是通过 @OnClick 注解绑定事件的，所以我们上面的判断条件就无法满足，即实现了 View.OnClickListener 接口，并且方法是 onClick(View view)。

　　针对这个问题，我们可以判断一个方法上是否有 ButterKnife 的 @OnClick 注解标记，如果有，就插入相应的埋点代码。以上逻辑的代码实现可以参考如下代码片段：

```
private boolean isButtonOnClick(JCTree.JCMethodDecl jcMethodDecl) {
    List<JCTree.JCAnnotation> annotationList = jcMethodDecl.getModifiers().
        annotations;
    if (annotationList.toString().startsWith("@OnClick")) {
        return true;
    }

    if (jcMethodDecl.getName().toString().equals("onClick")) {
        if (jcMethodDecl.getReturnType().toString().equals("void")) {
            if (jcMethodDecl.getParameters().size() == 1) {
                return jcMethodDecl.getParameters().get(0).vartype.toString().
                    equals("View") ||
                        jcMethodDecl.getParameters().get(0).vartype.toString().
                            equals("android.view.View");
            }
        }
    }

    return false;
}
```

　　通过 jcMethodDecl.getModifiers().annotations 能获取到该方法上的所有注解，只需要判断是否有 @OnClick 注解。

　　这样处理之后，就可以采集通过 ButterKnife 的 @OnClick 注解绑定的事件了。

问题 2：无法采集通过 android:OnClick 属性绑定的事件

该问题的解决方案与之前的类似，通过添加注解的方式即可解决。

　　首先在 sdk module 里新增注解 @SensorsDataTrackViewOnClick。该注解的完整源码如下：

```
package com.sensorsdata.analytics.android.sdk;

import java.lang.annotation.ElementType;
import java.lang.annotation.Retention;
import java.lang.annotation.RetentionPolicy;
import java.lang.annotation.Target;

/**
 * Created by 王灼洲 on 2017/1/5
 */

@Target({ElementType.METHOD})
@Retention(RetentionPolicy.RUNTIME)
public @interface SensorsDataTrackViewOnClick {
}
```

然后，我们再判断一个方法上是否有 @SensorsDataTrackViewOnClick 注解标记，如果有，就插入相应的埋点代码。以上逻辑的代码实现可以参考如下代码片段：

```
private boolean isButtonOnClick(JCTree.JCMethodDecl jcMethodDecl) {
    List<JCTree.JCAnnotation> annotationList = jcMethodDecl.getModifiers().
        annotations;
    if (annotationList.toString().startsWith("@OnClick") ||
            annotationList.toString().contains("@SensorsDataTrackViewOnClick()")) {
        return true;
    }

    if (jcMethodDecl.getName().toString().equals("onClick")) {
        if (jcMethodDecl.getReturnType().toString().equals("void")) {
            if (jcMethodDecl.getParameters().size() == 1) {
                return jcMethodDecl.getParameters().get(0).vartype.toString().
                    equals("View") ||
                        jcMethodDecl.getParameters().get(0).vartype.toString().
                            equals("android.view.View");
            }
        }
    }

    return false;
}
```

最后，我们在 android:onClick 属性绑定的方法上使用上面新增的 @ SensorsDataTrack ViewOnClick 注解进行标记。使用示例如下：

```
/**
 * 通过 layout 中的 Android:onClick 属性绑定点击事件
 *
 * @param view View
 */
@SensorsDataTrackViewOnClick
public void xmlOnClick(View view) {
    showToast("XML OnClick");
}
```

这样处理之后，就可以采集通过 android:onClick 属性绑定的点击事件了。

问题 3：设置 OnClickListener 使用了 Lambda 语法

同 AspectJ 一样，该方面目前暂时无法支持。

11.5 扩展采集能力

上面介绍的内容是以 Button 控件为例的，相对比较简单。下面扩展一下埋点 SDK，让它可以采集更多控件的点击事件，并让它的各项功能更加完善。

扩展 1：支持采集 AlertDialog 的点击事件

AlertDialog 的普通用法如下：

```java
private void showDialog(Context context) {
    AlertDialog.Builder builder = new AlertDialog.Builder(context);
    builder.setTitle("标题");
    builder.setMessage("内容");
    builder.setNegativeButton("取消", new DialogInterface.OnClickListener() {
        @Override
        public void onClick(DialogInterface dialog, int which) {

        }
    });
    builder.setPositiveButton("确定", new DialogInterface.OnClickListener() {
        @Override
        public void onClick(DialogInterface dialog, int which) {

        }
    });
    AlertDialog dialog = builder.create();
    dialog.show();
}
```

所以，对于采集 AlertDialog 的点击事件，只需要判断当前 JCMethodDecl 是否符合
"void onClick(DialogInterface dialog, int which)"方法描述符规则，如果符合，则插入相应的
埋点代码。以上逻辑的代码实现可以参考如下代码片段：

```java
private boolean isAlertDialogOnClick(JCTree.JCMethodDecl jcMethodDecl) {
    if (jcMethodDecl.getName().toString().equals("onClick")) {
        if (jcMethodDecl.getReturnType().toString().equals("void")) {
            if (jcMethodDecl.getParameters().size() == 2) {
                return jcMethodDecl.getParameters().get(0).vartype.toString().
                    equals("DialogInterface") &&
                        jcMethodDecl.getParameters().get(1).vartype.toString().
                            equals("int");
            }
        }
    }

    return false;
}
```

通过上面可以发现，我们对 JCTree.JCMethodDecl 的判断，主要是从返回值、方法名
称、方法参数个数及类型方面来判断的。所以，我们可以编写一个通用的判断规则，这样
更方便维护和扩展。

首先，定义 SensorsAnalyticsMethodCell 类，主要用来表示一个方法所包含的相关信
息，主要包括返回值、方法名称、方法参数列表。SensorsAnalyticsMethodCell 类的完整源
码如下：

```java
package com.sensorsdata.analytics.android.plugin;

import java.util.ArrayList;
import java.util.List;

public class SensorsAnalyticsMethodCell {
    /**
     * 方法名
     */
    private String name;
    /**
     * 方法返回值
     */
    private String returnType;
    /**
     * 方法参数列表
     */
    private List<String> paramsType;
    /**
     * 埋点代码插入位置
     */
    private SensorsAnalyticsInsertLocation insertLocation;

    public SensorsAnalyticsMethodCell(String name, String returnType, List<String>
        paramsType, SensorsAnalyticsInsertLocation insertLocation) {
        this.name = name;
        this.returnType = returnType;
        this.paramsType = paramsType;
        this.insertLocation = insertLocation;
    }

    public String getName() {
        return name;
    }

    public void setName(String name) {
        this.name = name;
    }

    public String getReturnType() {
        return returnType;
    }

    public void setReturnType(String returnType) {
        this.returnType = returnType;
    }

    public List<String> getParamsType() {
        if (paramsType == null) {
            return new ArrayList<>();
        }
```

```
        return paramsType;
    }

    public void setParamsType(List<String> paramsType) {
        this.paramsType = paramsType;
    }

    public SensorsAnalyticsInsertLocation getInsertLocation() {
        return insertLocation;
    }

    public void setInsertLocation(SensorsAnalyticsInsertLocation insertLocation) {
        this.insertLocation = insertLocation;
    }
}
```

然后再定义配置类 SensorsAnalyticsConfig.java，主要用来保存各个要匹配的方法配置，以及判断方法。SensorsAnalyticsConfig.java 的完整源码如下：

```
package com.sensorsdata.analytics.android.plugin;

import com.sun.tools.javac.tree.JCTree;

import java.util.ArrayList;
import java.util.Arrays;
import java.util.Collections;
import java.util.List;

public class SensorsAnalyticsConfig {
    private final static List<SensorsAnalyticsMethodCell> sInterfaceMethods = new
        ArrayList<>();

    static {
        sInterfaceMethods.add(new SensorsAnalyticsMethodCell(
            "onClick", "void",
            Collections.singletonList("android.view.View"),
            SensorsAnalyticsInsertLocation.AFTER));
    }

    private static boolean isParamsMatched(JCTree.JCMethodDecl jcMethodDecl, List
        <String> paramsList) {
        boolean isMatched = true;
        for (int i = 0; i < jcMethodDecl.getParameters().size(); i++) {
            if (!jcMethodDecl.getParameters().get(i).vartype.toString().equals
                (paramsList.get(i))) {
                isMatched = false;
                break;
            }
        }
        return isMatched;
```

```
        }

    public static SensorsAnalyticsMethodCell isMatched(JCTree.JCMethodDecl
        jcMethodDecl) {
        for (SensorsAnalyticsMethodCell methodCell : sInterfaceMethods) {
            if (jcMethodDecl.getName().toString().equals(methodCell.getName())) {
                if (jcMethodDecl.getReturnType().toString().equals(methodCell.
                    getReturnType())) {
                    if (jcMethodDecl.getParameters().size() == methodCell.getParams
                        Type().size()) {
                        if (isParamsMatched(jcMethodDecl, methodCell.getParams
                            Type())) {
                            return methodCell;
                        }
                    }
                }
            }
        }
        return null;
    }
}
```

比如，对于 Button 点击事件的采集，只需要添加如下配置项即可。

```
static {
    sInterfaceMethods.add(new SensorsAnalyticsMethodCell(
        "onClick", "void", Collections.singletonList("View"),
        SensorsAnalyticsInsertLocation.AFTER));
}
```

SensorsAnalyticsInsertLocation.AFTER 代表埋点代码插入的位置，目前支持在方法前、方法后插入埋点代码。枚举的定义如下：

```
package com.sensorsdata.analytics.android.plugin;

public enum SensorsAnalyticsInsertLocation {
    BEFORE,
    AFTER
}
```

那么，对于采集 AlertDialog 的点击事件，可以添加下面的配置项：

```
sInterfaceMethods.add(new SensorsAnalyticsMethodCell("onClick", "void",
    Arrays.asList("DialogInterface", "int"),
    SensorsAnalyticsInsertLocation.AFTER));
```

还有一种 AlertDialog 是可以显示带有选择状态的列表，使用实例如下：

```
private void showMultiChoiceDialog(Context context) {
    Dialog dialog;
    boolean[] selected = new boolean[]{true, true, true, true};
    CharSequence[] items = {"北京", "上海", "深圳", "广州"};
```

```
    AlertDialog.Builder builder = new AlertDialog.Builder(context);
    builder.setTitle("中国的一线城市有哪几个？");
    DialogInterface.OnMultiChoiceClickListener mutiListener =
        new DialogInterface.OnMultiChoiceClickListener() {

            @Override
            public void onClick(DialogInterface dialogInterface,
                                int which, boolean isChecked) {
                selected[which] = isChecked;
            }
        };
    builder.setMultiChoiceItems(items, selected, mutiListener);
    dialog = builder.create();
    dialog.show();
}
```

通过上面可以知道，方法描述符需要满足："void onClick(DialogInterface dialogInterface, int which, boolean isChecked)"规则。

我们可以添加如下配置：

```
sInterfaceMethods.add(new SensorsAnalyticsMethodCell(
    "onClick", "void",
    Arrays.asList("DialogInterface", "int", "boolean"),
    SensorsAnalyticsInsertLocation.AFTER));
```

这样处理之后，我们就可以采集 AlertDialog 的点击事件了。

扩展 2：支持采集 MenuItem 的点击事件

在 Android 系统中，与 MenuItem 相关的方法主要有两个：

1）Activity.onOptionsItemSelected(android.view.MenuItem)

2）Activity.onContextItemSelected(android.view.MenuItem)

所以，对于采集 MenuItem 的点击事件，只需要判断当前 JCMethodDecl 是否符合上面的方法描述符规则即可，可以通过添加上面两个方法描述符对应的配置项来实现。

```
sInterfaceMethods.add(new SensorsAnalyticsMethodCell(
    "onOptionsItemSelected", "boolean",
    Collections.singletonList("MenuItem"),
    SensorsAnalyticsInsertLocation.BEFORE));
sInterfaceMethods.add(new SensorsAnalyticsMethodCell(
    "onContextItemSelected", "boolean",
    Collections.singletonList("MenuItem"),
    SensorsAnalyticsInsertLocation.BEFORE));
```

这样处理之后，就可以采集 MenuItem 的点击事件了。

扩展 3：支持采集 CheckBox、SwitchCompat、RadioButton、ToggleButton、RadioGroup 的点击事件

以上控件都是 CompoundButton 的子类，它们设置的 listener 均是 CompoundButton.

OnCheckedChangeListener 类型，要实现的回调方法是"onCheckedChanged(CompoundButton compoundButton, boolean isChecked)"。

所以，对于采集 CompoundButton 类型控件的点击事件，我们只需要判断当前 JCMethodDecl 是否符合"onCheckedChanged(CompoundButton compoundButton, boolean isChecked)"对应的方法描述符规则即可。我们可以通过添加上述方法对应的方法描述符规则的配置项来实现。

```
sInterfaceMethods.add(new SensorsAnalyticsMethodCell(
    "onCheckedChanged", "void",
    Arrays.asList("CompoundButton", "boolean"),
    SensorsAnalyticsInsertLocation.AFTER));
```

这样处理之后，我们就可以采集 MenuItem 的点击事件了。

扩展 4：支持采集 RatingBar 的点击事件

RatingBar 设置的 listener 是 RatingBar. OnRatingBarChangeListener 类型，要实现的回调方法是"onRatingChanged (RatingBar ratingBar, float rating, boolean fromUser)"。

所以，对于采集 RatingBar 控件的点击事件，只需要判断当前 JCMethodDecl 是否符合"onRatingChanged (RatingBar ratingBar, float rating, boolean fromUser)"对应的方法描述符规则。我们可以通过添加上述方法对应的方法描述符规则的配置项来实现。

```
sInterfaceMethods.add(new SensorsAnalyticsMethodCell(
    "onRatingChanged", "void",
    Arrays.asList("RatingBar", "float", "boolean"),
    SensorsAnalyticsInsertLocation.AFTER));
```

这样处理之后，我们就可以采集 RatingBar 的点击事件了。

扩展 5：支持采集 SeekBar 的点击事件

SeekBar 设置的 listener 是 SeekBar.OnSeekBarChangeListener 类型，要实现的方法一共有三个：

```
seekBar.setOnSeekBarChangeListener(new SeekBar.OnSeekBarChangeListener() {
    @Override
    public void onProgressChanged(SeekBar seekBar, int i, boolean b) {

    }

    @Override
    public void onStartTrackingTouch(SeekBar seekBar) {

    }

    @Override
    public void onStopTrackingTouch(SeekBar seekBar) {
    }
});
```

根据实际的业务分析需求，我们只需要考虑"onStopTrackingTouch(SeekBar seekBar)"
方法。

所以，对于采集 SeekBar 控件的点击事件，我们只需要判断当前 JCMethodDecl 是否符
合"onStopTrackingTouch(SeekBar seekBar)"对应的方法描述符规则。可以通过添加上述
方法对应的方法描述符规则的配置项来实现。

```
sInterfaceMethods.add(new SensorsAnalyticsMethodCell(
    "onStopTrackingTouch", "void",
    Collections.singletonList("SeekBar"),
    SensorsAnalyticsInsertLocation.AFTER));
```

这样处理之后，我们就可以采集 SeekBar 的点击事件了。

扩展 6：支持采集 Spinner 的点击事件

Spinner 设置的 listener 是 AdapterView.OnItemSelectedListener 类型，要实现的回调方
法总共有两个：

```
spinner.setOnItemSelectedListener(new AdapterView.OnItemSelectedListener() {
    @Override
    public void onItemSelected(AdapterView<?> parent, View view, int position, long id) {

    }

    @Override
    public void onNothingSelected(AdapterView<?> parent) {

    }
});
```

根据实际的业务分析需求，我们只需要考虑"onItemSelected(AdapterView<?> parent,
View view, int position, long id)"方法。

所以，对于采集 Spinner 控件的点击事件，只需要判断当前 JCMethodDecl 是否符合
"onItemSelected(AdapterView<?> parent, View view, int position, long id)"对应的方法描述
符规则。我们可以通过添加上述方法对应的方法描述符规则的配置项来实现。

```
sInterfaceMethods.add(new SensorsAnalyticsMethodCell(
    "onItemSelected", "void",
    Arrays.asList("AdapterView<?>", "View", "int", "long"),
    SensorsAnalyticsInsertLocation.AFTER));
```

这样处理之后，我们就可以采集 Spinner 的点击事件了。

扩展 7：支持采集 TabHost 的点击事件

TabHost 设置的 listener 是 TabHost.OnTabChangeListener 类型，要实现的回调方法是
"onTabChanged(String tabName)"，

所以，对于采集 TabHost 控件的点击事件，只需要判断当前 JCMethodDecl 是否符合 "onTabChanged(String tabName)" 对应的方法描述符规则。我们可以通过添加上述方法对应的方法描述符规则的配置项来实现。

```
sInterfaceMethods.add(new SensorsAnalyticsMethodCell(
    "onTabChanged", "void",
    Collections.singletonList("String"),
    SensorsAnalyticsInsertLocation.AFTER));
```

这样处理之后，我们就可以采集 TabHost 的点击事件了。

同理，该方案也无法获取 TabHost 所属的 Activity 页面信息，目前仅能获取 Tab 的名称，即 onTabChanged(String tabName) 回调方法中的 tabName 参数。

扩展 8：支持采集 ListView、GridView 的点击事件

ListView 和 GridView 设置的 listener 均是 AdapterView.OnItemClickListener 类型，要实现的回调方法是 "onItemClick(AdapterView<?> parent, View view, int position, long id)"。

所以，对于采集 ListView 和 GridView 控件的点击事件，只需要判断当前 JCMethodDecl 是否符合 "onItemClick(AdapterView<?> parent, View view, int position, long id)" 对应的方法描述符规则。我们可以通过添加上述方法对应的方法描述符规则的配置项来实现。

```
sInterfaceMethods.add(new SensorsAnalyticsMethodCell(
    "onItemClick", "void",
    Arrays.asList("AdapterView<?>", "View", "int", "long"),
    SensorsAnalyticsInsertLocation.AFTER));
```

这样处理之后，我们就可以采集 ListView 和 GridView 的点击事件了。

扩展 9：支持采集 ExpandableListView 的点击事件

ExpandableListView 的点击分为 groupClick 和 childClick 两种情况。其中 groupClick 设置的 listener 是 ExpandableListView.OnGroupClickListener 类型，要实现的回调方法是 "onGroupClick(ExpandableListView expandableListView, View view, int position, long id)"。

所以，对于采集 ExpandableListView 控件的 groupClick 点击事件，我们只需要判断当前 JCMethodDecl 是否符合 "onGroupClick(ExpandableListView expandableListView, View view, int position, long id)" 对应的方法描述符规则。我们可以通过添加上述方法对应的方法描述符规则的配置项来实现。

```
sInterfaceMethods.add(new SensorsAnalyticsMethodCell(
    "onGroupClick", "boolean",
    Arrays.asList("ExpandableListView", "View", "int", "long"),
    SensorsAnalyticsInsertLocation.BEFORE));
```

其中，childClick 设置的 listener 是 ExpandableListView.OnChildClickListener 类型，要实现的回调方法是 "onChildClick(ExpandableListView expandableListView, View view, int groupPosition, int childPosition, long id)"。

所以，对于采集 ExpandableListView 控件的 childClick 点击事件，我们只需要判断当前 JCMethodDecl 是否符合 "onChildClick(ExpandableListView expandableListView, View view,int groupPosition, int childPosition, long id)" 对应的方法描述符规则。我们可以通过添加上述方法对应的方法描述符规则的配置项来实现。

```
sInterfaceMethods.add(new SensorsAnalyticsMethodCell(
    "onChildClick", "boolean",
    Arrays.asList("ExpandableListView", "View", "int", "int", "long"),
    SensorsAnalyticsInsertLocation.BEFORE));
```

这样处理之后，我们就可以采集 ExpandableListView 的点击事件了。

至此，一个相对完善的基于 AST 的全埋点方案就已经完成了。

11.6　缺点

❑ com.sun.tools.javac.tree 相关 API 语法晦涩，理解难度大，要求有一定的编译原理基础；

❑ APT 无法扫描其他 module，导致 AST 无法处理其他 module；

❑ 不支持 Lambda 语法；

❑ 带有返回值的方法，很难把埋点代码插入到方法之后。

推荐阅读

Python数据可视化

R语言数据分析

R语言数据挖掘

Python数据分析与数据化运营

实用预测分析

电商数据分析与数据化运营

Python金融数据分析

数据分析思维
产品经理的成长笔记

R语言游戏数据分析与挖掘

推荐阅读

深入理解Android：Java虚拟机ART

这是一部从源代码角度分析和讲解Android虚拟机ART的鸿篇巨著，核心内容和价值体现在3个方面：

第一，细致、深入地分析了ART虚拟机的架构、设计与实现原理，能让读者对ART虚拟机有透彻了解；

第二，能让Andriod系统工程师和应用工程师从底层了解整个Android系统的运行机理，从而写出更高质量的应用；

第三，Java虚拟机是一个"庞然大物"，学习和理解的门槛较高，ART是迄今应用最为广泛的JVM实现，本书为读者学习JVM提供了独特的视角和更为容易的路径。